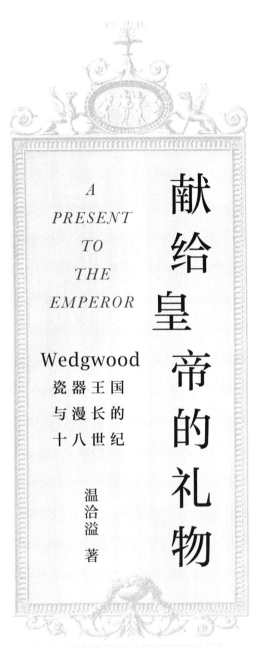

献给皇帝的礼物

A
PRESENT
TO
THE
EMPEROR

Wedgwood
瓷器王国
与漫长的
十八世纪

温洽溢 著

GUANGXI NORMAL UNIVERSITY PRESS
广西师范大学出版社
·桂林·

献给皇帝的礼物

XIANGEI HUANGDI DE LIWU

图书在版编目（CIP）数据

献给皇帝的礼物：Wedgwood 瓷器王国与漫长的十八世纪 / 温洽溢著. -- 桂林：广西师范大学出版社，2024.2

ISBN 978-7-5598-4778-2

Ⅰ．①献… Ⅱ.①温… Ⅲ．①陶瓷工业－工业史－英国－18 世纪 Ⅳ．①TQ174-095.61

中国版本图书馆 CIP 数据核字（2022）第 032049 号

广西师范大学出版社出版发行

（广西桂林市五里店路 9 号　邮政编码：541004）
网址：http://www.bbtpress.com

出版人：黄轩庄

全国新华书店经销

广西民族印刷包装集团有限公司印刷

（南宁市高新区高新三路 1 号　邮政编码：530007）

开本：635 mm × 965 mm　1/16

印张：23.25　　字数：360 千

2024 年 2 月第 1 版　　2024 年 2 月第 1 次印刷

印数：0 001~5 000 册　　定价：108.00 元

如发现印装质量问题，影响阅读，请与出版社发行部门联系调换。

以惊奇震撼世界。

——

约书亚·玮致活

目 录

前　言

　　二〇〇八年金融海啸席卷全球，各国经济陷入萧条，英国也没有幸免于难。二〇〇九年，就在英国名瓷"玮致活"（Wedgwood）[1]即将欢庆成立二百五十年前夕，这家英国百年公司却因资金周转不灵突然宣布破产，当时，英国人以"国难"来形容"玮致活"的重创，认为这是英国的一场"悲剧"。"玮致活"究竟是一家什么公司，为何英国人会把它视为国运的象征，为它申请破产保护由政府接管而发出一片哀号？

　　"玮致活"的创办人约书亚·玮致活（Josiah Wedgwood），是英国陶瓷设计大师、实业家，十八世纪英国工业革命与时尚文化的代表性人物。他富有实验精神，勇于技术创新，把科学理论应用到工业生产，缔造了现代化的工厂制度。约书亚·玮致活深谙他所谓"品位的立法者"（legislator of taste）之贵族的消费嗜好，将古希腊、古罗马的美学元素融入产品设计，带动了英国社会新古典主义时尚的潮流。约书亚·玮致活不仅专精生产技术，还是一位市场行销的天才，擅长通过灵活新颖的广告手法，为他的产品造势。他所创办、以自己的名字为名的陶瓷公司"玮致活"，拥有两百年以上的历史，是"漫长的十八世纪"英国工业创新与美学资本主义的象征。根据经济史学家弗里斯（Peer Vries）的解释，对英国而言，所谓"漫长的十八世纪"，是指一六八八年至一八四九年，也就是说随着光荣革命，英国国家组织方式的诸多重要变革开始制度化，迄至废除《航海条例》，解除贸易限制，开启了新经济政策的时代；正是在这期间，英国经济起飞，跃升成为世界第一个工业化国家。[2]

本书讲述的是约书亚·玮致活与其产品的故事。约书亚·玮致活拥有一般成功企业家的特质。他全心全意投入研发新技术，追求产品的完美；他行事风格一丝不苟，令下属敬畏；面对市场瞬息万变的效率环境，他懂得通权达变；他高瞻远瞩、充满雄心壮志、拥有决断魄力。尤其是，借由"社会动力学"（social dynamics）[3]的方法，即通过勾勒约书亚·玮致活生活世界的家庭史、他的宗教信仰、他的价值观、他的社会地位、他的交友关系等，我们还可以进一步看到他与众不同的一面。约书亚·玮致活的人际关系网络与社交生活，就如同英国小说家狄更斯（Charles Dickens）笔下的主人翁，常常令人惊叹。醉心都市题材的狄更斯，其小说中的主角，总会在剧情的末尾，与从阶级结构上考量最不可能在一起的成员，彼此相互联系。[4]约书亚·玮致活也有相同的本领与特质，他的人际关系网络往往超越阶级结构的限制。

就社会地位、宗教信仰、教育背景等范畴来看，约书亚·玮致活都隶属英国社会的边缘，但他总能够超越英国社会严格的阶级结构藩篱，与上流精英和知识阶层交往、交流。约书亚·玮致活出入宫廷，是王室御用的陶匠。他与才华横溢的班特利（Thomas Bentley）结交、建立事业伙伴关系，优游在班特利所隶属的"文人共和国"（Republic of Letters）圈子。约书亚·玮致活还定期出席由他与伊拉斯谟斯·达尔文（Erasmus Darwin）、博尔顿（Matthew Boulton）等实业家、科学家共同组成的"月光社"（Lunar Society）聚会；月光社拥抱卢梭的思想，可以说是英国"工业启蒙"（industrial enlightenment）与科学文化传播的典范。约书亚·玮致活和“月光人”高谈阔论科学知识与科学实验，他甚至还成为英国皇家学院的会员。大收藏家汉密尔顿爵士（Sir William Hamilton）、画坛巨擘雷诺兹（Joshua Reynolds）从不吝于和约书亚·玮致活分享美学理论，甚至出借珍贵的古董供约书亚·玮致活摹制。约书亚·玮致活可以超越社会阶级的鸿沟，同时轻松自如地在科学与艺术、创作者与实业家之间转换身份，即使是在今天，这种身份的区别不像十八世纪的英国那么壁垒森严，也仍然让人惊叹不已。

这种社交往来是英国社会的重要特征，对约书亚·玮致活来说，从来都不仅仅是“空虚”的闲散，而是社会学家齐美尔（Georg Simmel）所描述的：

> 政治也好，经济也好，出于某种目的组成的社会还是社会；但只有“社交性”（sociable）群体才是一个没有适当形容词加以修饰的社会，因为它自己已经体现出了形式的纯粹、抽象的一面，而消除了任何片面的、修饰性的社会内容。[5]

约书亚·玮致活正是寄情这种最纯粹的、最抽象的游戏形式，从中获得自我满足感；同时通过相互交叉、延展的社交网络，孕育启蒙理念，滋养美学品位，进行科学观念与科学实验的公共交流。而层层交织的社交网络与社会互动、被镶嵌在十八世纪英国工业革命的技术创新，以及消费革命和商品美学的生活世界，成为约书亚·玮致活提升雄厚的社会资本（social capital）、奠定事业版图的坚实基础。目前，经济史学界对于促成十八世纪英国工业革命进程，究竟是因为利伯维尔场出现造成丧失土地的无产阶级大量涌现，或者法律制度与产权观念的变化，抑或科学革命与技术创新的成果，存在着诠释典范（paradigm）[6]的竞争，我们可以抛开社会科学理论的曲折深奥，从约书亚·玮致活的生活世界观看、理解英国工业革命与科学传播的面貌。或许，约书亚·玮致活的生活世界与成功事业，是我们窥探"工业革命为什么发生在英国"与"中西大分流"历史之谜的一个窗口。

"人"有传，"物"也可以有自己的传记，本书也是有关"物"或"商品"的故事。当前，学界对"物质文化"[7]的兴趣与日俱增，认为许多"微不足道"的东西，如棉花、糖、咖啡、香辛料、茶，也包括本书所触及的陶瓷器，都有自己的生命史要诉说，它们不仅仅是被动的物品，它们不再缄默不语。[8]

然而，一提到"物"或者"商品"，总不免有放纵恋物贪欲之嫌，从而召唤出马克思的幽灵，增添道德伦理的负荷。

确实，马克思在《资本论》提到资本主义社会"商品拜物教"（commodity fetishism）的神秘性：

> 桌子一旦作为商品出现，就转化为一个可感觉而又超感觉的物。它不仅用它的脚站在地上，而且在对其他一切商品的关系上用头倒立着，从它的木脑袋里生出比它自动跳舞还奇怪得多的狂想。[9]

马克思认为，在资本主义的商品世界，人与人之间的社会关系成为物的关系，处于他所谓"商品拜物教"的状态下，"在生产者面前，他们的私人劳动的社会关系就表现为现在这个样子，就是说，不是表现为人们在自己劳动中的直接的社会关系，而是表现为人们之间的物的关系和物之间的社会关系"[10]。尔后，西方马克思主义者卢卡奇（Georg Lukács），把马克思的"商品拜物教"概念融入社会学家韦伯（Max Weber）的"理性化"（rationalization）诠释架构，得出以下的结论："在资本主义下，物化已然成为人类的'第二自然'——所有参与资本主义生活方式的主体，必然习惯成自然地、以看待无生命之模式看待自己以及周遭的一切。"[11]卢卡奇对这种资本主义物化的病态剖析，开启了法兰克福学派（Frankfurt school）对资本主义商品社会与消费文化的批判。

不过，近来许多历史学家、社会学家和人类学家都强调，"物"有自己的生命，热衷探索阿帕杜莱（Arjun Appadurai）所谓的"物的社会生活"[12]，认为由生产者端，经过商人中介，抵达消费者端，"物"在社会中的意义和角色已经改变。在"物"的交换中，借由追寻"物"的流动路径，可以作为联结各社会、大陆之间的方法。就像学者西敏司（Sidney W. Mintz）对"糖"这一产品的历史探索，为历史学家建构了商品的传记模式。[13]

随着对"物"与"商品"视野的拓展，学界对消费现象的分析也有了不同的观察角度。例如，法兰克福学派的阿多诺（Theodor W. Adorno）、霍克海默（Max Horkheimer），延续马克思主义传统的分析，认为资本主义商品的大量生产，创造了惊人的文化消费，让文化平庸化、同一化，公式化的电影、流行音乐、广告，成为布尔乔亚社会将其商品化生活方式扩散至全社会的一种媒介，结果，造成了生活世界的标准化、麻痹和顺从，想象力与自发性的退化。[14]然而，对人类学家玛丽·道格拉斯（Mary Douglas）与伊舍伍德（Baron Isherwood）来说，欲望的生产，已经从生产者、广告人转向消费端，消费者自己可以创造符号与价值的意义，并且从中建构自我认同，[15]甚至如范伯伦（Thorstein Veblen）、布迪厄（Pierre Bourdieu）所做的分析，商品与消费也是一种社会权力与社会地位的展示。[16]

所以，为"物"作"传"，根据社会学家科普托夫（Igor Kopytoff）的阐释，可使本来暧昧不明的东西慢慢浮现出来，揭示丰富的文化讯息。[17]就像英国诗人布莱克（William Blake）的著名诗句，"一沙一世界"，即使细微的沙粒，都能自成一个世界，蕴藏宇宙的浩瀚。瓷器也是如此。一件瓷器，它是如何被制造，它采取什么原料制造，装饰哪种图案纹样，消费者如何购买它，消费族群是哪些人，消费者购买它的用途是什么，在什么场合使用它，这种种看似细枝末节的问题，却共同交织出十八世纪英国工业革命的技术创新、科学知识的传播与流通、商业文明、消费革命、审美资本主义、美学情趣、社交礼仪、社会阶级结构以及洲际贸易等大历史的场景，这些也全都是约书亚·玮致活生活世界不可或缺的重要面向。

从全球史的角度来看，瓷器曾经是重要的全球化商品。借由瓷器的贸易，将西太平洋、印度洋，乃至大西洋连成一个流动空间，串联了欧亚大陆之间的贸易往来。这也就是布罗代尔（Fernand Braudel）所强调的，商品，特别是像瓷器这类奢华商品的流动，在资本主义形成过程中所扮演的角色。[18]然而，这一空间，既有商品的运动与交易，也是人的迁徙流动、社会文化的交流、美学品位相互渗透所构筑的空间，从中孕育了全球化的"初始"阶段。当然，人、物、观念的交流，也会酝酿与滋生误解、龃龉、矛盾、竞争、冲突，从而推动了历史的意外进展。

在这个瓷器商品的流动空间，中国曾经扮演重要的角色，主宰了瓷器烧制的工艺技术，左右了瓷器的美学品位与艺术价值，中国瓷器在欧洲成为一种象征身份地位的流行奢华。约书亚·玮致活本人通过各种渠道热切关注来自东方的技术讯息，也渴望他的产品能以优异的工艺技术与优雅简约的美学品位征服中国市场，建立他的全球瓷器王国。

我对约书亚·玮致活的好奇，最早来自从事翻译工作查找资料时的一次意外发现。一七九三年英使马戛尔尼（George Macartney）率领浩浩荡荡的使节团前往中国向乾隆皇帝贺寿，在英国使节团为乾隆皇帝寿辰精心筹备的贺礼之中，就有一件约书亚·玮致活烧制的作品，约书亚·玮致活的产品与中国产生了联结。英国使节团为何会在承担重要外交与贸易使命的场合，挑选约书亚·玮致活的产品作为礼物？约书亚·玮致活送给乾隆皇帝的瓷器究竟是什么样的款式、质地？中国当时是世界最主要的瓷器制造与出口国，瓷器工艺技术精良，瓷器珍品品项繁多，乾隆皇帝身为瓷器大收藏家，眼界品位想必不凡，他对玮致活瓷器会有什么样的观感和评价？这是我个人对玮致活瓷器产生兴趣和探索的开始，也是本书故事的起点。

序 幕

圆明园献礼

英国使节团正使马戛尔尼参观完圆明园后，认为正大光明殿建筑格局富丽堂皇、气派非凡、视野宽敞，是大清帝国"观瞻所系，面积又广大异常"[1]，最适合用来陈列英国使节团为隆重庆贺乾隆皇帝寿辰所筹办的珍贵礼物。

拥有"万园之园"美誉的圆明园，它的结构布局汇集了中国明清林园设计之大成，更兼容西洋建筑美学特色，是"大清帝国的一颗灿烂明珠"，"中国历史上最伟大、也是最有名的大型宫殿式御园"[2]。在这座美轮美奂的宫苑里，尤以正大光明殿最引人注目。它就坐落在二宫门内正中央位置，名称意指"胸襟开阔和崇高"，用以匹配伟大的统治君王，格局完全依据紫禁城内主殿太和殿复制而成。亲临参观圆明园的马戛尔尼副使斯当东（George L. Staunton），他笔下的正大光明殿呈现出"庄严伟大"的面貌：

> 大殿之前有三个四合大院，周围由许多各不相连的建筑环绕着。殿基石四英尺高的花岗石平台上，突出的殿顶由两根粗大的朱红木柱支着。柱头上是油漆成鲜艳颜色的云头和花纹，特别是五爪金

龙……大殿的飞檐和椽条外面由一层不容易看出来的镀金丝网罩着，使鸟不能栖在椽条中损害建筑。大殿内部至少一百英尺长，四十英尺以上宽，二十英尺以上高。殿内南部有一行木柱，柱与柱之间安装窗棂，可以任意开阖。[3]

早在英国使节团出使中国之前，即一六五五年，荷兰人曾致书清朝的顺治皇帝，希望能在中国取得通商特权；为此，荷兰人表示愿意支付二万克朗（crown），"购买"在中国的贸易权利。清廷拒绝了荷兰的这一提议，反而要求荷兰东印度公司商人呈送适当礼物，作为通商的条件。清廷宁可舍弃国库收入、只想要礼物的理由不难理解：如果接受荷兰人的金钱交易，即等于表示中、荷双方是处在交易的对等关系上；而收取礼物，则是要把荷兰纳入臣属的朝贡架构，主导并控制与荷兰的贸易协议，从而暗示双方不对等的商业关系。

一个多世纪之后，马戛尔尼自然非常明白，中国期待的是礼物，以及礼物所蕴含的不对等朝贡关系。既然中国只收取适当的礼物，马戛尔尼就必须决定什么样的礼物才能取悦中国皇帝，让中国皇帝感到新鲜有兴趣，并且符合中国文化所珍视的高价值，让中国人能够以互惠对等的原则接受使节团的要求和条件。同等重要的是，英国人准备的礼物，还必须能够展示英国工艺的精湛技术，彰显英国的国力与国威。英国使节团行前耗费巨资，不惮远洋运送的风险成本，费心筹备送给乾隆的礼物，显然是"期待这方面的损失，可以从在中国取得更多通商港口和建立更多商行获得足够的弥补"。同时，选择以拜寿的名义送礼，也有助于掩饰、淡化背后自利、商业利益的现实动机。[4]

英国使节团精心为乾隆寿辰所筹办的丰盛礼物，斯当东在回忆录里提到，主要是以精密的天文科学仪器和雅致的瓷器为主。根据法国历史学家佩雷菲特（Alain Peyrefitte）的考据，马戛尔尼所携带的瓷器是由英国陶瓷艺术大师约书亚·玮致活推出的"巴贝里尼瓶"（Barberini Vase）复制品，原件是一款著名的古代玻璃器皿，底色为深蓝色，浮凸的人物则是用白色玻璃制作而成。[5] 这件具有复古精神的巴贝里尼瓶复制品，就是让约书亚·玮致活引以为傲、带动十八世纪英国新古典主义艺术风格的"波特兰瓶"（Portland Vase）。这款瓷器堪称英国瓷器工艺史上的里程碑，不论对约书亚·玮致活的个人事业，或者英国人的美学品位，都有深刻、长远的影响。

一七八三年，英国驻那不勒斯公使、大收藏家汉密尔顿爵士买下巴贝里尼瓶，将之带回英国后转售给波特兰公爵夫人；尔后，随着公爵夫人过世，这只花瓶于一七八六年拍卖会上又由夫人的儿子三世波特兰公爵标得，并将这只瓶子出借给约书亚·玮致活以他新开发的"浮雕玉石"（Jasper）工法仿制。当时，英国画坛巨擘雷诺兹赞扬约书亚·玮致活摹制的作品说："这是一件最微妙的、细部都惟

古罗马波特兰瓶，现藏大英博物馆
来源：Wikimedia Commons

玮致活复刻版波特兰瓶
来源：UW Digital Collections

妙惟肖的精致仿制品。"⁶

当然，波特兰瓶不单纯是一种对古希腊、古罗马瓶子的模仿而已，它蕴含了技术的发现和革新。以新古典主义古风设计、包装新的技术创新，强调古典艺术风格的重新发现，不张扬技术的革新，正是约书亚·玮致活开拓市场的行销策略，他要让消费者感受浓浓的希腊、罗马古风，不刻意凸显技术的创新，以博得市场的青睐；也是因为这股怀古情愫，约书亚·玮致活以古代意大利半岛中部的一个城邦"伊特鲁里亚"（Etruria）命名他的工厂。⁷（关于波特兰瓶，详见第二章）

一七八七年，新古典主义画派健将韦斯特（Benjamin West），受托为温莎堡（Windsor Castle）的后阁（Queen's Lodge）设计天井画。在他题为《不列颠制造厂》（*British Manufactory*）的作品中，把约书亚·玮致活的伊特鲁里亚厂转换成古代世界的场景，画面中依稀是"古典"作坊的前方，女性装饰师身穿古罗马妇女的服饰，在瓶子旁边摆出慵懒的古典姿态，有位裸体小男孩用手环抱约书亚·玮致活烧制的波特兰瓶仿制品。于是，波特兰瓶从一种代表英国人追逐新古典时尚品位的狂热，跃升成为英国整体工艺技术鬼斧神工的骄傲形象，象征这个国家的现代化工业与文化，已经有能力让古典世界的伟大成就恢复勃勃生机。⁸

在所筹办的礼物中，英国人选择天文科学仪器作为贺礼比较容易理解，因为这有前例可循。自从西洋传教士利玛窦（Matteo Ricci）以自鸣钟为礼物，让万历皇帝龙心大悦，开启在中国传教的契机，尔后直到清初，以西洋传教士为媒介，大量欧洲精致的科学仪器流入紫禁城的后宫，帮助皇帝精准制定历书，建立统治天命的正当性，同时也满足了皇帝对西洋科学的个人癖好，西洋传教士成为大清国认识西方科技文明的独特窗口。

然而，正如研究中国科技史的英国学者李约瑟（Joseph

Needham）对马戛尔尼选用瓷器作为贺礼发出的质疑，"在乾隆的眼中，英国瓷器与当时的中国瓷器相比，可能还太原始、太粗糙了"[9]，英国使节团为何会选择以本国瓷器作为礼品，尤其送礼的对象是像十八世纪中国这等的瓷器大国，这就比较令人费解。从瓷器发展的历史来看，中国是瓷器的原乡，瓷器作为一种全球化商品，一直由中国人独领世界瓷器市场的风骚。中国出口的瓷器，垄断了欧洲市场。在瓷器烧制工法方面，几百年来欧洲各国的技术都无法和中国相提并论，想方设法要破解中国瓷器制造的秘方。在美学方面，中国瓷器的品位情趣同样主宰了欧洲人的文化生活与流行时尚。所以，在当时的欧洲，中国瓷器价值连城，向来就是社会地位和奢华精品的象征，也就自然成为国际间外交场合竞相选择为礼物的珍贵物件：

> 外交礼物是近代早期的一种流通货币，每一位统治者都迫切需要特殊的物件（例如他自己制造的产品）当作礼品使用。这可以是一种天然的产物，比方说俄罗斯的沙皇送毛皮，或者汉诺威选帝侯培育特种的马匹；要不然就像法国人那般，使用工坊里打造出来的奢侈品。勃兰登堡选帝侯甚至有两项独特物品可作为珍贵礼物：他们在波罗的海沿岸发现的琥珀，以及从十七世纪下半叶开始有办法提供的中国瓷器。[10]

马戛尔尼此行肩负英国政府重要的外交和贸易使命，使节团为何对约书亚·玮致活的瓷器有如此信心，而在这么重要的场合选择他的产品作为国礼？对这一困惑，从约书亚·玮致活建立他的事业王国，以及成功摹制波特兰瓶赢得文化精英、王公贵族的赞赏中，自然可以获得解答。

韦斯特，《不列颠制造厂》

来源：Cleveland Museum of Art

第 一 章

玮致活王国崛起

以惊奇震撼世界。

——

约书亚·玮致活

事业开端

约书亚·玮致活的出生地斯塔福德郡（Staffordshire）伯斯勒姆（Burslem），[1]这个地方在十八世纪的英国，怎么看都不像是孕育天才大师的风水宝地。一七三〇年，整个伯斯勒姆只有一头驴子、一头骡子，一七六〇年全区人口仅六千余人，燃料用的煤主要都是靠人力驮负。即使有车子，但因为道路状况不佳，难以通行，其实也无用武之地。

根据法国经济史家芒图（Paul Mantoux）对英国前工业革命时期交通状况的描述，英国"道路确实不少，但是，大多数几乎是难于通行的。人们既不会把它们修筑好，又不会把它们保养好"，道路泥泞，再加上雨水、洪流、潮水（如果附近有海水），就会使之成为一条河流，特别是"英格兰中部地方的黏土地带……车辆成为很慢、很贵、不实际的运输工具，商人通常宁用驮马而不用车辆"。英国不像旧时法国、德国存在种种人为的壁垒，但英国各郡却处于长期隔绝的状态，芒图认为"唯一的原因是交通困难"。[2]这也是斯塔福德郡的写照。在交通恶劣的条件下，斯塔福德郡这片偏远地带几乎与英格兰及其他地区相互隔离，难以接触到外来和南部的文化。

伯斯勒姆当地人的桀骜不驯和举止粗鄙，历史早有记载。"卫理公会"（或称"循道宗"，Methodism）创办人卫斯理（John Wesley），十八世纪中叶正往来于伯斯勒姆附近寻找能够对他的灵魂讲述生活意义的人，他早已有切身的体会。一抵达他所形容的"山顶上错落的小镇，居民全都是陶匠"，卫斯理发现一处空地，他放下临时演讲台，开始向"一群人"传教。"每个人脸上流露出专注的神情，尽管同时也透露出茫然无知"，卫斯理在日记里写道，"不过，只要心向上帝，假以时日，他们便能豁然理解"。但是，很快地，卫斯理就发现，这恐怕还需要好长一段时日。隔天，星期日，清晨五点，他又回到这片空地，开始传教，随后就开始出现骚扰。"我开始传教后，五六个人一直说说笑笑"，有个小伙子掷了一坨泥巴，"命中我的后脑勺"。但他还是设法镇定，若无其事继续讲道。

然而，对于穷乡僻壤的伯斯勒姆，上帝却赐予当地人谋生的必要资源。该地区蕴藏丰富的煤和黏土，使得包括玮致活家族在内的当地居民世世代代以陶瓷业为生。斯塔福德郡的土属红色黏土，即地质学家所称的"伊特鲁里亚层"（Etruria Formation），形成了英格兰中部特有的地貌。十七世纪末，来自荷兰台夫特的艾尔斯兄弟，约翰·菲利浦·艾尔斯（John Philip Elers）和大卫·艾尔斯（David Elers），就是看中这种红色黏土材质，追随奥兰治王子前往英格兰，在斯塔福德郡偏僻的布莱德威尔（Bradwell）设立陶瓷厂。

当时，英国饮茶时尚风行，但伯斯勒姆生产的器具质地粗糙，远逊于荷兰，艾尔斯兄弟认为在英国发展陶瓷业可以创造庞大商机；同时，艾尔斯兄弟又通过化学家波以耳（Robert Boyle）的徒弟德怀特（John Dwight），发现了独特的红色黏土原料。艾尔斯兄弟引进"盐釉工法"[3]，而斯塔福德郡的红色黏土很适合这种新工法。这种黏土经仔细磨光，涂上优质釉彩，所生产出的红色陶器类似中国的宜兴紫砂壶，质地硬实，设计精妙，大幅改善、精进了英格兰的陶瓷艺术。

艾尔斯兄弟的陶瓷工坊为了防止技术外泄，是在完全秘密的状态下从事陶瓷烧制的。他们的陶瓷工坊严禁陌生人进出，窗户全都密封，涉及关键性技术的脚动陶车，全都雇用傻子操作，而聘雇的其他工匠即使不是傻子，也都必须发誓保守烧制工法的秘密。他们上工时全身都铐上锁链，离开时也都必须经过仔细的搜身检查。艾尔斯兄弟处心积虑预防工艺机密外泄，以确保自身的商业利益，然而，所谓"百密一疏"，屡见不鲜。

艾尔斯兄弟工坊严格保密的措施引发了伯斯勒姆陶匠的侧目与好奇。其中，阿斯特伯里（Astbury）装疯卖傻假装是傻子，受雇于艾尔斯兄弟从事脚动陶车操作的工作。为求扮演逼真，他甚至经常故意出错，默默忍受其他工匠对他的拳打脚踢。但阿斯特伯里还是全神贯注观察整个工法的施作流程，翔实记录下每一个细节。如此工作两年，阿斯特伯里已经彻底掌握了艾尔斯兄弟工法的诀窍。尽管并非以光明磊落的手段取得艾尔斯兄弟的工业机密，阿斯特伯里其实是一位具有发明才能和原创力的工匠，他率先在罐体内外涂上白陶土（pipeclay），且无意间发现可以在烧制陶瓷时运用燃烧过的燧石（flint）。日后，这位陶匠的儿子萨缪·阿斯特伯里（Samuel Asturby）娶了约书亚·玮致活的姑姑伊丽莎白·玮致活（Elizabeth Wedgwood）。

除了阿斯特伯里，还陆陆续续有人试图窃取艾尔斯兄弟工坊的工业机密并且得逞，结果包括玮致活家族在内的伯斯勒姆匠人，渐渐洞悉艾尔斯兄弟的工法和流程，艾尔斯兄弟恼怒于伯斯勒姆的遭遇，终于在一七一〇年选择离开，迁移到切尔西（Chelsea），和白金汉公爵主导的威尼斯玻璃制造商合作，重启瓷器事业，直到约书亚·玮致活建立他的瓷器王国，艾尔斯兄弟烧制的瓷器还是获得了极高的评价。

约书亚·玮致活是这个家族的幺儿，在九岁生日前一个月，他便顶着萧瑟寒风，出席父亲托马斯·玮致活（Thomas Wedgwood）的葬礼。可以想见，哀戚的愁绪是如何弥漫在这一家人之间。毕竟葬礼太过频繁。母亲玛丽（Mary）已经为她两个女儿、两个儿子竖立过墓碑，这时候又得强忍哀伤的情绪、打起精神和八个子女朗诵悲怆的赞美诗，感谢牧师如长辈般慈祥地给予安慰。

对于那个时代的英国人，死亡司空见惯，正如历史学家劳伦斯·斯通（Lawrence Stone）所形容的，"死亡居于生命的中心，就像墓地居于农村的中心一样"[4]。父亲去世后，长子托马斯·玮致活（与父亲同名）继承谈不上巨额的家产和陶瓷事业，供养母亲和人丁旺盛的一家人。

玮致活家的婚生情况颇符合一般英国人晚婚、多生育的家庭模式。由于十八世纪中叶之前英国人的死亡率极高，尤其是一到五岁的儿童死亡率高达18%，所以为了延续家族的血脉，只能靠多生小孩，寄望其中有人能活到结婚生子的年龄，来延续家族香火。但另一方面，为了完整保有家族遗产，避免分割零碎，就必须仰赖严格的长子继承制度来维系。像约书亚·玮致活这样的幺儿，由于成人的高死亡率，所以对父亲或母亲的情感往往比较淡薄；同时，基于立业的经济因素，通常都比较晚婚，平均是三十到三十五岁之间。[5]这样的人口统计数据，确实也是约书亚·玮致活个人及其家族生活、家庭结构的写照。

英国人当时晚婚的重要理由之一，是要把小孩送去当学徒，学习一技之长，作为谋生的依靠，[6]约书亚·玮致活也走上这条漫长的学徒之路。十四岁，约书亚·玮致活就在母亲签署的契约之下，当了哥哥托马斯的"学徒"。[7]根据桑内特（Richard Sennett）的解释，大体上，欧洲的行会制度是由学徒、见习工、师父三个等级所构成，学徒期通常是七年，其间学习各项基本技能，七年期满，学徒必须提交一件"杰出作品",通过考核,就晋升为见习工。随后,必须再熬五到十年,直到他提交一件"最杰出的作品",证明他有能力取代师父的位置。在评审和擢升的过程中,师父拥有绝对的权威,学徒和见习工没有上诉的机会。师父在收学徒时,必须发誓保证倾囊传授技能给学徒,相对地,学徒也必须发誓绝不会泄漏师父的独家绝技。行会是各行业"知识资本"传承的重要制度。[8]

但是,有别于传统学徒制的七年期限,约书亚·玮致活的学徒契约是五年。[9]他若想成为一位陶瓷大师,首先就必须学会、精通"旋制"(throwing)的技艺和诀窍。这一技术,需要脑力、手力和脚力的充分协调。当时,玮致活家总是用两只脚转动轮子来从事旋制的工作:一只脚支撑身体,另外一只脚(通常是右脚)操作脚动陶车。然而,不幸的是,天花肆虐伯斯勒姆,几乎夺去了约书亚·玮致活的生命,葬送他的职业生涯。

十八世纪的英国,天花是相当普遍的传染疾病,感染者的死亡率高达16%,患者即便没有死,也可能全盲,或者终生留下瘢痕和残疾。正因为天花疾病的可怕威力,所以有时甚至找不到愿意主持葬礼的牧师,谨慎的家庭也不会雇用尚未感染天花或还没种痘的用人。[10]

约书亚·玮致活熬过天花传染病,但后遗症却使他的右腿失去了功能,无法操作陶车,继续专注于旋制技艺,然而,这却是约书亚·玮致活生涯的转折点。根据约书亚·玮致活传记所引述的感性说法:"那时流行天花,造成他右腿疼痛,甚至最终进行截肢,导致他终身残疾……但仿佛是上帝神奇的眷顾,这场苦难,却是他日后卓越不凡的原因。感染天花,虽然让他当不成技巧熟练的工匠,无法拥有健全的四肢,自如地发挥它们的功能,却使约书亚·玮致活去思考他从未思考过的问题,他可以有独特、伟大的作为,让他更多地倾听内在的声音,驱使他调和技艺的规律和奥秘,结果,孕育了非凡的洞察力。"[11]约书亚·玮致活忍受右腿的痛楚，继续精进他的技艺，由于已经无法从事旋制工艺，他转向塑模（moulder）部门的工作，更注重细微之处，比较、分析各种黏土成分，随着经验丰富起来，他开始研发、探索新的烧制方法，已经流露出实验精神。

匪夷所思的是，玮致活的家人并没有特别看重他的毅力和创造力的价值，也没有预见到这个行业的未来荣景，继承父亲衣钵的托马斯·玮致活，只是一味地拘泥于传统工艺和经营模式，约书亚·玮致活只好在家族之外寻找赏识他天分的伯乐。学徒期满又为哥哥工作两年多之后，二十二岁的约书亚·玮致活离开家族企业与哈里森（John Harrison）合伙。哈里森不是陶匠出身，但有个零售店，他提供资本，约书亚·玮致活贡献脑力。这种合作模式仅维持了两年，想要分得更大比例利润的哈里森退出合伙关系，由惠尔顿（Thomas Whieldon）接手顶替。

惠尔顿本人是杰出的陶匠，事业有成，他卓越的技艺和经商能力，自然对约书亚·玮致活未来事业的拓展有极大的裨益。他们的合伙关系从一七五四年开始，总共持续了五年。从惠尔顿的角度来看，他必须让他的产品能够维持高品质，同时也需要新颖、有创意的点子，他同意与约书亚·玮致活合伙，主要也是因为他需要新血以及实验精神，来继续推动他的事业。从约书亚·玮致活的角度来看，他注意到惠尔顿的事业发展已经遇到了瓶颈："'白色陶'是我们的主力商品，但这类产品已经出产很长一段时间，价格低得无法再低，陶匠都不愿再对这类产品进行改良"；而下一个产品模仿自玳瑁，虽然为惠尔顿赢得赞誉，但销售量也在下滑，理由并不神秘："国人已经厌倦这类产品，尽管为了增加销售量，不时调降这类产品的价格，但这种价格策略还是无法奏效"。[12]惠尔顿的事业需要新点子，而约书亚·玮致活则有能力点燃创意火花。

为了改进产品，约书亚·玮致活把工坊的厨房改造成实验室，自一七五九年二月十三日起，开始不断进行实验，并且详细记载实验过程和结果。这类实验过程自然很耗时。约书亚·玮致活把不同成分的化学物质混和，并把调制而成的釉料涂抹在小件素胎样本上，悉心观察其间的变化。根据他记录的"实验笔记"（Experiment Notebook），一七五九年三月二十三日的第七次实验，结果让约书亚·玮致活感到雀跃："绿色的釉彩涂在白色陶器上"，这一时刻，这种情绪，正是约书亚·玮致活渴望得到的。不过，令人气馁的是，惠尔顿似乎对他独特的绿色釉彩创意无动于衷，这不免让约书亚·玮致活怀疑续弦之后生活舒适的惠尔顿，对事业已经感到意兴阑珊了。这时，对技术愈来愈有自信的约书亚·玮致活觉得，应该是到了自立门户的时候了。

创业维艰

一七五九年，约书亚·玮致活在伯斯勒姆开办自己的工坊"常春藤之家"（Ivy House）。约书亚·玮致活马不停蹄生产经过市场考验、容易销售的产品，例如常见的玛瑙陶器、刀柄和其他器具的把手、瓷砖，以及用他和惠尔顿合作生产的铅釉，烧制的玳瑁和大理石盘子。另外，约书亚·玮致活也开发新的蔬果陶器，如甘蓝、花椰菜，以及其他瓜果、蔬菜造型的茶壶和器具，涂上这时堪称他代表标志的草绿色釉彩。蔬果陶器相对比较容易烧制，因为产品少许的瑕疵和不规则也不会让蔬果的造型看起来显得怪异。约书亚·玮致活还开发出橘黄色釉彩，结合草绿色的"叶子"，烧制出凤梨造型的茶壶。这种水果造型茶壶很受富人的欢迎，他们认为这橘黄色和绿色的色调十分协调。约书亚·玮致活的事业蒸蒸日上，到了一七六二年，他又把工坊迁移到"砖房"（Brick House）。

约书亚·玮致活在产品的开发上从不懈怠，一七六三年，他又精益求精，成功改良奶油色的陶器。这款"奶油陶器"（Cream Ware），形体精美耐久，涂上丰富明亮的釉彩，能够经得起温度冷热的变化，同时烧制过程并不费工，生产成本低，可以说是物美价廉，深受市场的好评和青睐。这种陶器的用料，主要来自英国多塞特郡（Dorset）、德文郡（Devon）、康沃尔郡（Cornwall）出产的白色黏土，混入定量的燧石。胎体必须经过两次的窑烧；第一次入窑时像处理瓷器一样先上釉彩，使用的釉彩含有燧石等玻璃成分，加入白铅予以熔化，成形之后的陶器表面像是包覆一层燧石玻璃，呈现出光泽。

工欲善其事必先利其器。传统陶匠使用的车床都相当简陋，仅用于磨平器物的表面。约书亚·玮致活从法国专家布鲁梅尔（Charles Plumier）的著作《车工的艺术》（L'Art de Tourner）得知新型的车床机器，可以用来处理木头、象牙、金属。约书亚·玮致活于是找人翻译了这本著作，并洽商伯明翰的技师模仿打造这部机器。这部机器成为约书亚·玮致活手中最重要的利器。另外，约书亚·玮致活还得知利物浦的工匠萨德勒（John Sadler）和格林（Guy Green）开发出"转印"技术，可以用来大幅改善他产品的装饰纹样，他也前往利物浦与两人协议合作，取得这项技术。

随着事业的拓展，需要雇用更多工匠，这也给约书亚·玮致活带来管理、训练工匠的难题。事实上，在整个十八世纪，雇主都不断抱怨劳工态度懒散、行为不检、不懂得储蓄；伯斯勒姆当地的陶

惠尔顿风格陶器

来源：The Metropolitan Museum of Art

凤梨造型咖啡壶

来源：Detroit Institute of Arts

献 给 皇 帝 的 礼 物

萨德勒、格林与玮致活合作制造的茶叶罐

来源：Los Angeles County Museum of Art

奶油陶器搭配转印技术

来源：Los Angeles County Museum of Art

瓷工匠，尤其嗜好上酒馆、斗鸡、斗牛等娱乐活动，工作态度散漫。我们从约书亚·玮致活日后在伊特鲁里亚厂规定的罚则，大致看得出当时工厂管理所遭遇的种种纪律问题："凡攻击或虐待监工的工人，解职；凡在上班时间携带麦酒或烈酒前往制造厂的工人，罚款（若干）；凡在装有窗户的墙上玩手球的人，罚款（若干）……"[13]所以，诚如英国史家汤普森（E. P. Thompson）的分析："向成熟工业社会的过渡必须有某种劳动习惯的剧烈重建——新的纪律、新的刺激和这些刺激可以有效地攫住某种新的人类本质的产生并相互协调。"[14]然而，这种新的劳工习惯和劳动纪律又是如何才能被建构和养成？

社会学家韦伯在他那本讨论资本主义与新教伦理亲缘性的经典著作中，特别关注劳工的工作纪律问题。在韦伯对所谓前资本主义时代"传统主义"的探讨中，他说道："人并非'天生'希望多多地挣钱，他只是希望像他已经习惯的那样生活，挣到为此目的必须挣到的那么多钱。无论何处，只要现代资本主义开始通过提高劳动强度而提高人的劳动生产率，就必然遭遇到这一来自前资本主义劳动这一主要特征的极其顽固的抵制。"所以，就韦伯看来，提高或扣减工资的利益诱因，并无法有效抑制前资本主义时代劳工散漫放任的工作态度。而要劳工养成工作纪律，韦伯认为，"劳动本身必须被当作一个无条件的目的来完成，当作一项天职"，使得无论是企业家或是劳动者，"自觉接受这些道德箴言乃是当今资本主义能够持续下去的条件。对于人来说，如今的资本主义经济就是他生活在其中的广袤宇宙，是他必须生活在其中的不可更改的秩序。只要他置身市场关系的制度中，这个秩序就会迫使他遵守资本主义的行动准则"。[15]

韦伯认为新教伦理是工人劳动纪律的内在驱力，但约书亚·玮致活吸引工匠"皈依"的方法不是凭借宗教信仰，而是通过控制劳动时间来约束工作节奏，也就是法国历史学家勒高夫（Jacques Le Goff）所形容的，把《圣经·新约》的"教会时间"，转化成理性化、世俗化的"商人时间"框架，使时间成为可以计量的对象。[16]这种时间的控制和工作节奏，可以说是"泰勒主义"（Taylorism）、"福特主义"（Fordism）现代管理制度的遥远开端。

首先有别于当时使用号角，约书亚·玮致活在工坊竖立一口钟，用钟声来规定劳动时间和节奏，使得工厂钟声不会与其他工坊的号角声互相混淆。所以，街坊邻居都戏称他的"砖房"是"钟声工坊"（Bill Works）。后来，约书亚·玮致活也实施类似现代的打卡上班制度。这一切就是要通过对劳动时间的控制，养成劳工的工作纪律。[17]控制劳动时间，将劳工镶嵌在工作流程之中，使之成为生产的一部分，这种时间框架，或许最贴近韦伯对现代性的著名比喻：理性的"牢笼"。尽管管理工厂的约书亚·玮致活，俨然是一位君临天下的统治者，但事实上他还另有人道主义宽仁的一面。譬如，他曾为工人设置伤残救助基金、开设图书馆、开办公共学校等，施行了一系列社会福利措施。

另外，降低原料运输成本也是约书亚·玮致活有待克服的难题，这方面自然涉及交通运输条件的改善。工坊烧制上等陶器的主要原料都是从远方运送而来，例如，燧石来自英格兰西南部，上等瓷土来自德文郡和康沃尔郡。烧制的成品同样要经由运输渠道，送达消费市场或者供应出口。然而，诚如前述，当时英国道路狭窄、路况恶劣。英国农业经济学家阿瑟·杨（Arthur Young），往来各地进行农村考察，从利物浦前往威根（Wigan）的路上，对英国道路品质恶劣的愤怒溢于言表："在全部的词汇里，我找不到相当有力的词来形容这条鬼路……我要郑重地提醒一切可能要在这个可怕地区旅行的旅客们，都要像避开魔鬼那样地避开这条路：千分之九百九十九的机会是他们要在那儿撞坏头颅或四肢。"[18]由于路况不佳，连带也导致运输成本十分高昂，根据法国经济学家芒图的记载，从伦敦到伯明翰，每吨的运费是五英镑；短程的运费价格更高，从利物浦到曼彻斯特距离约三十英里，每吨的运费至少四十先令。[19]交通恶劣、运输困难，各种商品原料的运输成本高昂，不仅局限了约书亚·玮致活的事业开拓，也成为英国整体商业发展的障碍。

道路建设原属公共事业，约书亚·玮致活懂得通过政治游说的方式来解决自身商业经营的困境，也连带造福了英国其他工商业的发展。一六八八年光荣革命与一六八九年《权利法案》（*Bill of Rights*）的颁布，基本上剥夺了英国王室的特权，议会成为最高权力机关。但由于"腐败选区"和"口袋选区"（pocket borough）等制度的采行，英国议会仍不具备职位轮替的基本民主原则，十八世纪六十年代，英国下议院大体上还是被贵族所控制。[20]然而，根据英国历史学家狄金森（H. T. Dickinson）对当时英国"大众政治"（The Politics of the People）的分析，英国社会商业部门的崛起、城市文化的欣欣向荣、宗教信仰的宽容等因素营造出一种充满活力的政治文化，非贵族精英还是有能力和渠道参与政治、左右议会的决策的。当时，许多工商业巨子形成利益集团和压力团体，通过良好的组织动员，以及凝聚舆论、印刷宣传品和请愿书、鼓动风潮等宣传活动，游说土地贵族控制下的议会通过有利地方商业和经济的法案。

例如，英格兰西部和西北部酿造苹果酒的地区，就成功组织动员阻挡了《一七六三年苹果酒货物税法》。[21]狄金森进一步论证，这类议案多由地方特殊经济利益团体提出，议案通常都是与经贸和商业发展有关的公共建设：修建收费公路、开凿运河、改良港口、疏浚河道、铺设照明、清洁街道等。根据统计，一七六〇至一七七四年期间，英国议会便通过了至少四百五十二项有关道路建筑和保养的法令。[22]当时，就政策与阶级利益的关系来说，套用英国左翼历史学家的说法，"工业利益已能够左右政府政策"[23]。

约书亚·玮致活在创业之初便十分关注交通运输的状况。一七六二年，他发起、领导向议会请愿的行动，使得从切尔西郡的罗顿（Lawton），通往斯塔福德郡克利夫堤岸（Cliff Bank）的道路得以修缮并拓宽，让当地的陶瓷工坊可以利用收费公路。可想而知，要游说通过这项法案困难重重，因为这条道路如果建成，势必会影响到当地驮运业的生计，客栈的店家也可能因为交通顺畅，住宿生意一落千丈，所以这项法案遭逢相当大的阻力。然而，在约书亚·玮致活大力奔走之下，这项法案最终还是获得议会的通过。对约书亚·玮致活来说，这样的结果无疑是一大斩获，但随着他事业的蒸蒸日上，这样的成果还远远不够。

一七六五年，约书亚·玮致活又领导其他工业团体进行政治动员，敦促英国议会批准在特伦特河（Trent River）和默西河（Mersey River）之间开辟一条运河。为了克服运输业、客栈业和拒绝被征收土地的地主对这项计划的反弹、阻拦，约书亚·玮致活还联合友人撰写了《关于内河航运优势的意见》小册子[24]，并且将运河的规划发表在伦敦、利物浦、伯明翰、诺丁汉等重要市镇的刊物上，争取舆论支持。另外，约书亚·玮致活还陪同开凿运河的工程师布林德利（James Brindley）[25]前往伦敦，在负责初步勘查的议会委员会上做证，声明这条运河不仅有利于斯塔福德郡的陶瓷业，也会让运河沿线的冶金业受惠，因为冶金业是一种高耗能的产业，需要廉价的煤炭作为能源，而开凿运河有助于降低运输煤炭的交通成本。若是没有这条运河便利交通、降低运输成本，可预期这些工业都会萎靡不振。[26]这条运河"大干线"（Grand Trunk）于一七六六年开始施工，全长一百四十英里的河道直到一七七七年才全线通航。

支持约书亚·玮致活这项游说案的工商业巨子，如伯明翰的嘉贝特（Samuel Garbett）、瓦特（James Watt）、博尔顿等，都明智预见运河航线的扩张对他们的事业发展可能带来的正面效益，也前仆后继鼓吹游说开凿运河。长期以来支离破碎的交通运输网和相互割裂的英国国内市场，因而畅行无阻地贯通。[27]在一七五九年之前，英国没有任何一条运河河道，比起法国的运河开凿整整晚了一百五十年。然而，随着像约书亚·玮致活这类实业家团体的倡导游说，筹资设公司冒着风险开凿，十八世纪末英国涌现出一股"运河热"，这样的交通建设热潮，足以和下个世纪西欧的"铁路热"相提并论。

在十八世纪的英国，存在各式各样的游说团体与组织，通过游说活动以达到政策目的是一种常见的现象。例如，十八世纪中叶，一群爱丁堡商人便聘请代理人，游说修改破产法与度量衡标准化的相关法律。十八世纪中叶之后，新兴工业家纷纷成立较为正式的游说组织，以反映工业革命兴起后所创造的工商利益。其中，势力最庞大的是由约书亚·玮致活与制铁业巨子嘉贝特共同发起、组织的"制造业总商会"（General Chamber of Manufactures），他们聘请律师、议会官员为他们诉求的案子撰写、散发请愿书，一旦他们觉得自己的诉求未能获得认同，便转而鼓动媒体，影响公众舆论的走向。这种游说现象，反映了十八世纪英国大众政治的生态。同时，为促进地方经济发展所进行的游说，可想而知，总不免杂糅个人私利的计算。譬如，斯塔福德郡陶匠利益的最有力支持者高尔伯爵（Earl Gower）格兰维尔·莱韦森（Granville Leveson），是约书亚·玮致活的好友，他个人在斯塔福德郡拥有庞大地产，他的地产价值也因斯塔福德郡蓬勃的陶瓷业所带动的经济发展而水涨船高。[28]这种现象，似乎印证了亚当·斯密的理论，人的自利动机创造了公共利益。

进入班特利的"文人共和国"

随着市场蒸蒸日上，伦敦与利物浦两地对约书亚·玮致活的事业发展愈来愈重要。为了满足日渐增长的市场需求，约书亚·玮致活在伦敦开设办公室，委托他的哥哥打理所有商务。另外，他也在利物浦派驻商务代表，帮忙采买多塞特郡、德文郡出产的燧石。约书亚·玮致活自己频繁前往利物浦，目的除了要与工匠萨德勒和格林会晤，商讨转印技术，他还必须与当地商人洽谈产品出口至美洲新大陆的事宜，所以前往利物浦对约书亚·玮致活的事业发展有绝对的必要性。对英国的贸易来说，当时利物浦的重要性与日俱增，诚如历史学家威尔森（Ben Wilson）的解释，因为它拥有"所有的贸易要素，而且它们全都近在咫尺"[29]。利物浦的后方是世界工业腹地兰开夏郡（Lancashire）与约克郡（Yorkshire），前临大西洋，全世界的贸易都从这里流向欧洲市场，同时它就位于英格兰、爱尔兰、苏格兰的交会点上。不过，碍于前述道路路况恶劣，旅程往往并不是那么惬意舒适。

就在一次前往利物浦的旅途中，约书亚·玮致活的马车行至沃灵顿（Warrington）附近、阿瑟·杨所形容"最恶名昭彰"的道路上，他驾驶的马被绊倒，约书亚·玮致活从马车上坠落，猛烈撞击到原本就十分脆弱的腿。约书亚·玮致活强忍肉体的疼痛，继续行程，最终抵达目的地。住进客栈后，心急如焚的店家请来医生特纳（Matthew Turner）为他治疗。

特纳的年龄与约书亚·玮致活相仿，在宗教信仰上和约书亚·玮致活一样都属不奉国教派（Dissenters），政治上是辉格党（Whig）的坚定支持者。他是一位医术高明的医生，也是专精的解剖学者、实用化学家、古典学家。在交谈中，特纳提到他即将到约书亚·玮致活发生事故的地点附近刚成立的沃灵顿学院（Warrington Academy）教授解剖学；而这所学院主要是为不奉国教派信徒和类似宗教信仰的业余人士设立的教育机构。约书亚·玮致活听得心往神迷。约书亚·玮致活的家人也都属不奉国教派，早在与惠尔顿合伙时期，他就曾经动过念头想要推动类似的教育计划。同时，约书亚·玮致活也热衷从事化学实验。他和特纳志趣相投，话题渐渐从医疗转向智性的交流。

随后，在特纳引荐下，约书亚·玮致活又认识了利物浦的商人班特利，这可以说是约书亚·玮致活人生和事业的另一重要转折点。班特利年纪大约书亚·玮致活几个月，但出身较为优渥，他的父亲是地主绅士，双亲都属不奉国教派。他们把这位独子送到长老会学院（Presbyterian Collegiate Academy）就学，悠闲读了六年的书。班特利具备博雅的教育训练：他研究希腊、罗马的古典学，学习意大利文、法文，练习谱曲、数学计算。正是有这样广博的学识背景，他在管理沃灵顿学院财务时，有能力协助其他年轻人接受同等的教育训练。班特利也有灵活的生意头脑，十六岁完成学业后，他的父亲就把他送到曼彻斯特的纺织厂去当学徒，在七年的学徒生涯期间，班特利学会会计和经商之道。二十三岁，班特利完成远赴意大利、法国的"壮游"（Grand Tour）后，在利物浦租了一间办公室为纺织厂从事船务代理的工作，并和友人合伙开了一间羊毛仓库。

班特利个性极富魅力，做事稳重，深受朋友的信赖。他可以毫不费力地和约书亚·玮致活侃侃聊天数小时，天南地北无所不谈：轮船、陶器、文学、教育、宗教和政治。约书亚·玮致活发现，班特利的观点带有浓厚的自由派倾向，致力解决与他事业有关的奴隶贸易问题，反省商业活动有时会滋长的兽性是如何泯灭人性的良知。另外，他也得知班特利正在为利物浦草拟一个宏伟的计划，试图仿效伦敦的文化制度，如大英博物馆，促进利物浦的发展。突然间，约书亚·玮致活觉得这趟利物浦之行，尽管旅途并不舒适，甚至还给他的肉体造成创伤，但一切都值得了。班特利拥有丰富的从商经验，并且认识许多值得约书亚·玮致活结交的奇人异士。沃灵顿学院的学人如艾金（John Aikin）、塞登（John Seddon）、怀科（John Wyke）等人，经常在班特利漂亮的宅邸聚会，等到约书亚·玮致活身体康复，班特利家里的座上宾又增加了一位新的成员。

约书亚·玮致活在班特利的"文人共和国"认识了年轻的普里斯特利（Joseph Priestley）。普里斯特利是英国化学家、自然哲学家、神学家。在宗教信仰方面，和约书亚·玮致活一样，都否认正统基督教圣父、圣子、圣灵三位一体的神学理论，主张"上帝一位论"（Unitarianism）。一位论派的信仰对科技抱持乐观的态度，坚信机械与工程可以促进人类的进步，虽然这一教派自十六世纪以来从未得到政治的认可，但有许多英国实业家都皈依这一教派。尔后，这一教派在英国广设技术学校，其宗旨在于主张以科学和工业增进公众福祉。[30]普里斯特利在不奉国教派创办的学院学习洛克（John Locke）、牛顿的理论，掌握了推动英国启蒙运动的经验主义、自然哲学、自然神学知识基础。旅行巴黎期间，普里斯特利认识了法国化学家拉瓦锡（Antoine Laurent Lavoisier），拉瓦锡就是经由普里斯特利水银燃烧实验的启迪而发现了"氧气"。普里斯特利在政治和宗教方面拥护启蒙运动，在科学方面则倾向于实验主义、经验主义。约书亚·玮致活和普里斯特利都嗜好科学实验，有着共同的话题，两人相谈甚欢，时常进行科学知识的交流。

班特利学识渊博，游历各国，又广泛浏览各种理论，他引领约书亚·玮致活涉猎启蒙运动的思想，开启他对政治和社会议题的批判眼界。班特利十分推崇汤姆森（James Thomson），他史诗般的长篇巨构《四季》（*The Seasons*）和《统治吧，不列颠尼亚》（*Rule, Britannia*）脍炙人口，成为当时英格兰的文学经典。班特利更让约书亚·玮致活领略汤姆森长诗《自由》（*Liberty*）的人道主义关怀和启蒙精神，并在他往后的生涯发酵茁壮。

除此之外，启蒙运动思想家标榜言论自由的天赋人权，挑战权威的教育模式，导致他们的作品受到禁止，譬如卢梭（Jean-Jacques Rousseau）的《爱弥儿》（*Emile*），也引起关心教育的约书亚·玮致活的重视。

卢梭在这本书中颠覆了有关儿童天性和儿童教育的传统方法，提出许多激进的主张。卢梭认为，除了笛福（Daniel Defoe）的《鲁滨孙漂流记》（*Robinson Crusoe*）能够教导儿童学会生存技能和自给自足，儿童应该远离包括《圣经》在内的所有书本。另外，卢梭还认为孩子成长过程根本不需要教士，只要通过他所谓"内在之光"（inner light）的内省和自我检视，便可以亲近上帝。在宗教真理面前，教士与常人无异，不该拥有特权；在发现宗教真理的道路上，教士只不过是绊脚石。[31]卢梭有关教育的"异端邪说"遭到法国大主教的严厉谴责，《爱弥儿》一书则被公开烧毁。

卢梭不仅得罪教会势力，就连强烈批判教会、宣扬科学和理性的百科全书派，也与他发生龃龉，双方唇枪舌剑、你来我往。卢梭鼓吹隐逸生活，却受到友人狄德罗（Denis Diderot）的揶揄讽刺，在他的剧本《私生子》（*Le Fils naturel*）中影射卢梭与世隔绝并批判："问问你自己的良心，它会告诉你，好人生活在社会里，只有坏人才形单影只。"[32]结果，卢梭同时开罪了法国当时激烈对立的"圣""俗"两界。一七六六年，通过英国哲学家休谟（David Hume）的居间协助，卢梭流亡英国。

卢梭流亡英国期间，曾定居在约书亚·玮致活家乡斯塔福德郡的伍顿庄园（Wootton Hall），并在此完成他的自传《忏悔录》。[33]当地盛传伊拉斯谟斯·达尔文与卢梭会晤的一段轶事。伊拉斯谟斯·达尔文就是提出进化论的查尔斯·达尔文（Charles Darwin）的祖父，也是约书亚·玮致活的至交好友，查尔斯·达尔文娶了约书亚·玮致活的孙女艾玛（Emma Wedgwood），两家更进一步结成姻亲关系。

很快地，卢梭就成为约书亚·玮致活圈子里最受仰慕的思想家，他们是《爱弥儿》最早的英国读者群之一。在《爱弥儿》一书中，卢梭的教育理念主张儿童天性善良，成人应该"鼓励游戏，促进儿童欢乐温和的本能，借由儿童本身的经验而非外界指导的方式来进行学习"。约书亚·玮致活对卢梭教育理念的服膺，也遗传给了他的儿子约书亚二世，他全盘依据卢梭的教育方法来养育子女。至于其教育效果，据其友人对玮致活家族教育方式的观察，约书亚·玮致活的孙女艾玛和她的姐姐"快乐、爽朗、友善、识大体，还有……在学习方面不是特别有活力"[34]。

卢梭不像他的同胞伏尔泰（Voltaire）是个"英国痴"。[35]身为法国启蒙运动的重要思想家，伏尔泰出身巴黎资产阶级，他的庞大财富主要来自定期的收益和投资。一七二六年五月，伏尔泰前往伦敦，一直待到一七二八年秋天。置身欧洲强大商业力量中心的伏尔泰，在他的《哲学书简》（*Lettre philodophique*）第十篇盛赞道：

> 在英国，贸易使国民富庶，因而它促进了国民的自由。这种自由反过来又加快了贸易的扩张，由此实现了国家的强大。英国人通过贸易逐步建立了海军，当上了海上霸主……

伏尔泰对英国的礼赞，自然和他的社会出身有关。就像法国思想家托克维尔（Alexis Henri Charles Clérel de Tocqueville）的《论美国的民主》（*De la démocratie en Amérique*），表面上长篇大论美国民主存在的社会经济条件，但实质上是在对比、阐释法国政治；伏尔泰借由英国的自由贸易政策，颂扬英国的个人自由，目的是借英国的经济和政治现况，抨击法国的君主专制政治制度和重商主义经贸政策，对个人自由和商业自由的干预。但正如法国历史学家罗什（Daniel Roche）的评论，伏尔泰对英国的赞美是"真诚的"。[36]

然而，卢梭对流亡落难时伸出援手收容他的英国却迭有批评，实在很难想象约书亚·玮致活和其友人们会如此推崇卢梭的思想，他们大概没读过卢梭在《社会契约论》（*Du contrat social ou Principes du droit politique*）一书中批判英国代议制民主政治的幻象："英国人以为他们是自由的，他们是大错特错了。他们只有在选举国会议员的期间，才是自由的；议员一旦选出之后，他们就是奴隶，他们就等于零了。"[37]约书亚·玮致活他们或许还忘了《爱弥儿》对瓷器这个行业似乎存在偏见。卢梭在书中建议爱弥儿学一门职业时，应该学习有助鲁滨孙荒岛求生的那种实用性手艺，"我愿意他去修马路而不愿意他在瓷器上绘花卉"[38]。况且，卢梭赞美自然状态，否定现代文明，标榜隐逸生活，追寻自我的存在感，这种生活理念和约书亚·玮致活他们开启工业革命，乐于享受思想交流的机锋和睿智，显然背道而驰。卢梭攻击科学和艺术促长奢侈之风，造成道德的堕落；[39]约书亚·玮致活他们致力将艺术品位融入工业科学，双方也显得格格不入。而卢梭认为财产权裂解自然状态的静谧生活，这样的观点恐怕也会让像约书亚·玮致活这类的实业家感到刺耳。

根据历史学家波特（Roy Porter）的研究，到十八世纪末，启蒙运动的参与者大致可分为上层社会与平民阶层，前者以精于世故的伏尔泰为守护神，后者则以批判上流社会的卢梭为代表，精英主义的启蒙运动与大众文化之间开始出现互动，甚至关系趋向于紧张矛盾。[40]实在很难想象，约书亚·玮致活和其友人所倾慕的启蒙思想家会对上流社会的阶级与文化抱持敌意，鄙视英国的政治制度。不过，在实践启蒙运动理想、追求事业发展与治理企业时，约书亚·玮致活或许应该会对《社会契约论》开宗明义的那句名言"人生而自由，却无时无刻不在枷锁中"感到心有戚戚焉，有刻骨铭心的体会。[41]

"王后御用陶器"

约书亚·玮致活一方面拓展陶瓷事业，一方面忙着开凿"大干线"运河工程，因此时常有机会与拥有连接曼彻斯特和利物浦的布里奇沃特运河的所有权人布里奇沃特公爵（Duke of Bridgwater）会晤，并为布里奇沃特公爵烧制奶油陶器。能为布里奇沃特公爵这样有名望的王公贵族烧制陶器，对约书亚·玮致活自然是无上的光荣，但他的目标是要为大不列颠最有权势的人服务，那就是之后派出马戛尔尼使团的英王乔治三世及其妻夏洛特王后（Queen Charlotte）。一七六五年，约书亚·玮致活经由斯塔福德郡的德博拉·切特温德（Deborah Chetwynd）获得王室的第一张订单。切特温德是贵族之后，品位高雅，她以这位同乡的陶瓷大师为荣，乐于向王后推荐约书亚·玮致活的奶油陶器。

约书亚·玮致活的奶油陶器虽然刚实验成功，但夏洛特王后一收到成品便表示满意，于是进一步表达希望能够拥有同样质地的全套餐具组。约书亚·玮致活又进呈了几件不同款式的陶器，经过完善后，最终获得王后的高度赞赏。夏洛特王后主动提议这套餐具以"王后御用陶器"（Queen's Ware）为名，而烧制这套餐具组的工匠应被授予"王后御用陶匠"（Potter to Her Majesty）的称号。在夏洛特王后这位强而有力的买家推波助澜之下，这款陶器立即涌现在王公贵族、名人雅士的餐桌上，赢得市场的好评，被广为使用。于是其他陶匠也纷纷群起仿效，使得"王后御用陶器"成为英格兰最重要的陶器产品。就在"王后御用陶器"即将完工时，乔治三世也为自己订制了类似的餐具组，但并没有给予特殊的标签和名号，而称作"皇家式样"（The Royal Pattern）。

乔治三世的人格特质和嗜好，套用历史学家奥萧内西（Andrew

Jackson O'Shaughnessy）的说法，"似乎具备了我们认为属于启蒙时代的修养、胸怀和好学"[42]。这位伊丽莎白一世之后在位时间最久、评价两极化的英国国王，对科学的兴趣超越任何一位先辈。他热衷天文，搜集许多科学仪器，建立天文观测所，赞助赫歇尔（Friedrich Wilhelm Herschel）的天文观测活动，而后者发现了天王星，改变了人类对太阳系的认识。国王同样追逐机械装置，尤其钟情钟表，是个精通的行家。另外，有心重树君王权威的乔治三世，十分明白如何"结合个人的节俭和公开场合的富丽堂皇，从而在海外令人敬畏和尊重，在国内受人爱戴"。他扩建皇家林园邱园（Kew Gardens），延揽植物学家班克斯（Joseph Banks）主持这座林园的研究工作。国王还雅好艺术，创办皇家美术学院，启用新古典主义画家韦斯特为温莎城堡绘制一系列大幅历史壁画，以礼赞英国和神化英国的历史。乔治三世通过美学品位来营造、追逐流行时尚，毕竟"以帝王金碧辉煌的寒意，平衡家庭壁炉的温暖"[43]，最能激发公众热烈的反应。而约书亚·玮致活的作品，正符合国王伉俪希望让汉诺威王朝（House of Hanover）吸引人、打动人的高雅需求。

国王、王后的惠顾采用，引起了公众对玮致活家乡斯塔福德郡陶器的吹捧和追逐，这为相关产业的许多人创造了财富，也进一步打开斯塔福德郡陶器的国内外市场。一七六九年，约书亚·玮致活接受高尔伯爵等友人的强烈建议，在伦敦开设一间展示厅，展览他的"王后御用陶器"、仿伊特鲁里亚的瓶瓮，以及其他实用性和装饰性作品，并发出豪言壮语宣称他要成为"全世界瓶瓮的总制造商"。到了一七七四年，约书亚·玮致活又进一步把展示厅迁移至空间更为宽敞的希腊街（Greek Street）。约书亚·玮致活的展示厅往往门庭若市、人声杂沓，其盛况让皇家学会公开举行的科学实验相形失色。

完成王室的订单后，约书亚·玮致活接下来最重要的目标之一，就是要复活古希腊时代的陶器作品。他模仿富裕的矿主蒙福孔

（Elizabeth Montfaucon）和其他收藏家发现的精致陶器，以及他那个时代最上乘的作品。约书亚·玮致活之所以能够把他复古的构想付诸实现，主要还是有赖于国王陛下和贵族愿意打开他们的橱柜，让约书亚·玮致活自由自在地复制他们旅游各国时所搜集到的精品。大约在一七六六年，约书亚·玮致活首度尝试烧制黑色胎体，并于一七六八年上市贩售实验成功的无釉彩黑色陶器，他因这款作品具有石头般的特质而命名为"黑色玄武岩"（Black Basalt）。此外，还有斑驳的红陶，类似白蜡的白瓷，以及其他各式各样的创新，以满足不同市场的需要。古伊特鲁里亚人以耐久的颜色涂在瓶子上，然后经过窑烧，这被视为消失的古老艺术。然而，约书亚·玮致活以卓绝的毅力和实验精神，重现了消失的技艺。当它被应用在全新开发的材质上，立刻就吸引了大众的目光，使得约书亚·玮致活的产品供不应求，在陶器市场上又掀起一阵跟风热潮。

随着"王后御用陶器"的成功，约书亚·玮致活又接获来自俄国凯瑟琳大帝（Catherine the Great）的订单。一七七〇年，第一次订单的二十四人餐具组让凯瑟琳大帝十分满意，之后，她又在一七七三年订制了一套五十人的餐具组。

凯瑟琳大帝对她所订制的餐具组并没有特别指示，但根据约书亚·玮致活的最初构想，这套餐具组以奶油陶器烧制，餐具构图以英国的风光、花园和哥特式（Gothic）建筑物为主体，绘上绿蛙盾形纹章，镶黑边、边缘点缀橡树叶图案。摆设这套餐具组的切斯马宫（Chesme Palace），位于圣彼得堡附近的"Kekerekeksinen"地区，"Kekerekeksinen"是芬兰语，意指"蛙泽"，所以日后这套餐具组又被称作"绿蛙餐具组"（The Frog Service）。

凯瑟琳大帝本人对英格兰式地景花园特别倾心。她虽不曾到过英国，不过通过情人波尼亚托斯基（Stanislas Poniatowski）[44]的搜集，有了英式花园的第一手资料。一七七二年六月，凯瑟琳大帝在给法

伊特鲁里亚厂生产的"黑色玄武岩"

来源：The Metropolitan Museum of Art

凯瑟琳大帝订制的"绿蛙餐具"

来源：Wikimedia Commons

献 给 皇 帝 的 礼 物

国思想家伏尔泰的信中表示："我热爱英格兰式花园到了疯狂的地步：蜿蜒的小径，平缓的山坡，沼泽化为湖泊，干燥的小岛，而我十分厌烦笔直单调的路径。我痛恨喷水池，那扭曲的水柱完全违反自然；换句话说，我的灵魂是十足的英格兰迷。"[45]

十八世纪，英格兰开风气之先，继而法国、德国群起效法，扬弃了几何布局的林园造景，竞相追逐不规则、非对称性、多样性，曲径通幽、不受拘束的自然情趣。从深层的观念角度来看，根据洛夫乔伊（Arthur O. Lovejoy）的诠释，这种英格兰林园时尚的流行，所对应的是英国人自然观的深刻转变。十七世纪的上帝（或者大自然），"总是按几何原理工作"，简洁、清晰、一目了然的几何美感被视为一种自然美。到了十八世纪，对哲学的重新思考，对美学的不同体验，尤其是钱伯斯（William Chambers）自东方引进中国式林园造景的设计观念，已经让欧洲人领略、惊叹大自然有机构造的随意性、无序的优雅和美感。于是，浪漫主义的上帝，"在他的宇宙中，事物疯狂地生长且不加整理，按照它们全部丰富的多样性的自然形态生长。对不规则的喜爱，对充满理智的东西的反感，向往逃进朦胧的远方"[46]。从给伏尔泰的信可以了解，俄国的凯瑟琳女皇显然也拥抱了英国浪漫主义的上帝。

对一个主权国家而言，约书亚·玮致活的构想是值得称道的爱国主义；英式花园、景观、古建筑物，以及结合这类景观呈现出来的图像，强化了大不列颠希望建构的自我形象。但这实践起来却是一项艰巨的任务，因为众多的风景图案必须避免重复出现，所以，有相当大比例的风景图案必须是原创。于是，约书亚·玮致活花了很长时间探勘风景和建筑物，邀请艺术家绘制图案。另外，这桩生意也存在相当大的商业风险，约书亚·玮致活有理由担心凯瑟琳大帝的政治地位不稳固，他可能拿不到款项，即使拿到，利润也可能非常微薄。不过，对约书亚·玮致活来说，最重要的是尽量利用与俄国的这桩生意，把握机会强化与国内上流社会的关系，对这些王公贵族而言，他们自然渴望自家的林园宅邸烙印在俄国女皇用餐的餐具上。

凯瑟琳大帝收到成品后十分满意，支付约书亚·玮致活三千英镑（约为二十一世纪初的二十八万美元[47]）。对比约书亚·玮致活在这套九百五十二件餐具组上所投入的心血和时间、人力和物力，其实并不敷成本。然而，一七七四年，这套餐具在送抵俄国之前，曾在伦敦短暂展示，夏洛特王后也亲自莅临观赏，成为英国一道灿烂的风景，是约书亚·玮致活产品的最佳宣传广告。这套"绿蛙餐具组"是英国，甚至全欧洲最耀眼的成就，它不仅带有英式风格，同时也是一个国家理念的彰显和传达。艺术评论家雷朋（Michael Raeburn）认为：

> 毋庸置疑，自由、个体性、不带偏见的科学思想、勤勉、公共精神和社会意识，仅仅依稀反映在十八世纪英国日常的政治和生活中，这套"绿蛙餐具组"，作为汇集了数百不同的个人、陶匠、画家、绘图师、塑模师、买主、出版商的艺术、文化价值和商业意图，是属于观念史而非社会史的一环，它代表了买主和制造商的乐观信仰，即艺术和工业制造大大裨益于国家的财富和权力，工业与商业日新月异，而人还是尚未开发的处女地。[48]

身为一个陶匠，约书亚·玮致活的产品能够陆续获得英俄两国王室的垂青，已经是个人生涯的无上荣耀，他的作品甚至还成为英国工艺技术的象征。但是，约书亚·玮致活并没有因此而感到满足，他还要进一步精益求精、努力不懈，通过创造震撼世人的作品，把他的事业版图与艺术成就推向另一个巅峰。

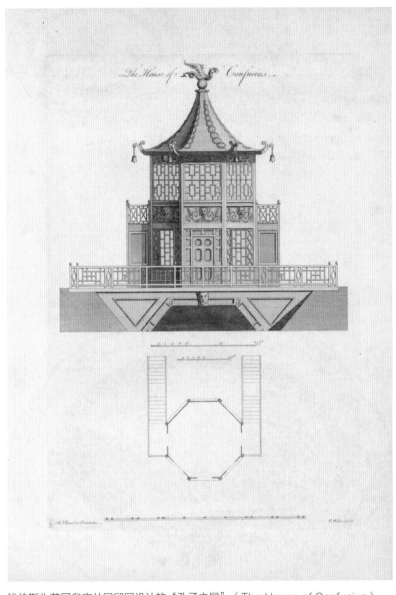

钱伯斯为英国皇家林园邱园设计的"孔子之屋"（The House of Confucius）

来源：Beinecke Rare Book and Manuscript Library, Yale University

（左）英国皇家林园邱园湖景；（右）取材自邱园湖景的"绿蛙餐具"

来源：（左）Beinecke Rare Book and Manuscript Library, Yale University；

　　（右）Hilary Young, ed., *The Genius of Wedgwood*, p. 155.

取材自伦敦牛津大学附近的迪奇里庄园（Ditchley Park）

来源：Sean Pathasema/Birmingham Museum of Art

第 二 章

波特兰瓶

无须借力于被模仿之物的价值,

高超的模仿本身便能撑起绘画作为一门艺术的尊贵。

——

亚当·斯密,《论所谓模仿艺术中模仿的本质》

伊特鲁里亚厂

对"王后御用陶器"和约书亚·玮致活其他产品需求的高涨,给伯斯勒姆带来空前的繁荣。包括艺术家、陶匠和其他劳工的大量进驻,导致当地人口激增,原本的住房已经不敷需求,约书亚·玮致活陶瓷厂的空间愈来愈拥挤,迫使约书亚·玮致活必须另觅厂房。然而,伯斯勒姆空地有限,但是约书亚·玮致活又不愿迁离家乡,离开陶瓷业所需原料和技术的中心地区。一七六六年,约书亚·玮致活选择在家乡附近、邻近尚且在规划中的"大干线"运河的位置,耗资三千英镑购买了三百五十亩土地,开办新的厂房,于一七六九年开始营运。约书亚·玮致活把他的新厂房命名为"伊特鲁里亚",并与班特利正式结为商业合伙关系,委由班特利管理伊特鲁里亚厂装饰用产品的生产。另外,他把实用性产品委交另一位亲戚合伙人管理,好让自己可以把全部心力放在市场的扩张和产品的实验上。

约书亚·玮致活这一阶段的事业拓展,除了得到事业伙伴班特利相助,莎拉·玮致活(Sarah Wedgwood)是另外一位重要功臣。莎拉是约书亚的远亲,父亲是富有的奶酪商,两人在一七六四年结婚。莎拉与约书亚的婚姻很和谐,为他生了八个小孩。[1]莎拉全心全意支持丈夫的实验工作，和他共商企业的财务，对他的陶器设计提供建议，协助他了解女性消费者的品位偏好。例如，莎拉曾建议约书亚在转印的茶壶、糖罐原本单调的盖子上做一些装饰设计。约书亚曾告诉班特利，如果他不了解女性的品位，只会是个一事无成的陶匠，而他对女性品位的了解，主要是来自莎拉的认可。[2]

然而，就在约书亚·玮致活马不停蹄拓展陶瓷事业，四处招兵买马增聘各类陶瓷人才时，他的身体健康却亮起红灯，让他不得不停下脚步来。约书亚·玮致活年少时代感染疾病导致、复又因交通意外加重的腿疾，常常因骨髓炎发作而使他感到疼痛，渐渐萎缩的骨头让他几乎无法正常走路。理性地评估，一劳永逸的解决办法就是进行截肢。在没有麻醉手术的年代，进行这类手术不仅非常疼痛，还深具危险性。即使熬过疼痛，还得面对大量出血和滋生坏疽的风险。约书亚·玮致活坚持亲眼观察手术的一切过程，他服用鸦片酊维持镇定，挺直坐在椅子上，没有发出呻吟声，眼睁睁看着两位手术医生

玮致活装饰用陶器的利润与周转，1769至1775年（英镑）

年度	商品销量	制造与销售成本	年终库存	利润
1769年8月—1770年8月	2404	1921	3164	2561
1770年8月—1771年8月	3955	2372	4411	2830
1771年8月—1772年8月	4838	2924	8187	5691
1772年8月—1773年8月	4244	2303	9069	2823
1773年8月—1774年8月	6168	2937	10144	4307
1774年8月—1774年12月	2065	946	10261	1235
1775年1月—1775年12月	6481	3804	11190	3545

资料来源：Nancy F. Koehn, *Brand New: How Entrepreneurs Earned Consumers' Trust from Wedgwood to Dell*, p. 29.

为他绑紧止血器，动作利落地从膝盖上方锯断他的腿。约书亚·玮致活的手术非常成功，不久，工坊里的工人就听到他木制义肢嘎嘎作响的走路声，看到他用拐杖打碎陶器的画面了。

约书亚·玮致活把新厂命名为"伊特鲁里亚"，显示出他对复古风格的青睐与向往。公元前九百年，扑朔迷离的伊特鲁里亚人在意大利中部创造了带有近东色彩的独特文明，一度成为统辖地中海区域，敢于和希腊人称雄抗衡的先进文明。二十世纪英国大文豪劳伦斯（D. H. Lawrence）倾心伊特鲁里亚的文化艺术，曾对该文化有过深入的研究，留下一本有关伊特鲁里亚文化的考古游记。

在书中，劳伦斯形容伊特鲁里亚文化艺术充满纯粹的自然性，其"自然之风震颤着人的灵魂"；而这种自然之风又带有浓厚的象征意义，呈现半观念性、半固定性的状态，所以，伊特鲁里亚人的图像永远感情充沛，身体的肢体动作总是流动、变化不居的，永远不可能被固定。劳伦斯进一步提到伊特鲁里亚人会烧制漂亮的陶器，融合了古希腊文化色彩，至公元前一世纪，"罗马人已经形成一种从伊特鲁里亚人，特别是从伊特鲁里亚人坟墓中搜藏希腊和伊特鲁里亚彩绘陶瓶的热潮"。劳伦斯还特别描述了伊特鲁里亚人名为"巴契罗"（Bucchero）的黑陶艺术，说它们"带着完美的柔和线条及活泼的生命力、为反叛习俗而开放的黑色花朵，或以令人愉快的流畅、大胆的线条所画的红黑相间的花朵，它们完全像遗世独存的奇葩在绽放"[3]。

约书亚·玮致活可能是这个国家头一位认为可以借由设计，引导公众凝视古代艺术作品，通过复制、传播古代精华之作而使其永垂不朽的艺术陶匠。约书亚·玮致活对古希腊、古罗马艺术作品的精准慧眼，主要来自他精益求精钻研古希腊、古罗马的艺术作品，同时又不眠不休从事化学实验的结果。对艺术讲究的约书亚·玮致活，聘请不少专业艺术家为他创造陶瓷器，其中以斐拉克斯曼（John

Flaxman）最具艺术天分、最为杰出。

斐拉克斯曼是英格兰著名的雕塑家和插图画家，他的父亲是约克郡的建筑装饰模具制造商，他并未受过正规教育，自学成才。斐拉克斯曼十二岁开始作画，那年即赢得皇家技艺学会（The Royal Society for the Encouragement of Arts, Manufactures and Commerce）的奖章，三年后，成为新近成立的皇家美术学院学校（Royal Academy School）的第一批学生。一七七〇年，十五岁的斐拉克斯曼，年纪轻轻便在皇家美术学院举行个展，四十年后，成为这所学院的第一位雕塑教授。

斐拉克斯曼在皇家美术学院学校研习期间或许听过学院院长雷诺兹的演讲。雷诺兹心目中艺术的最高境界是典雅、简约，他引用古罗马哲人西塞罗（Cicero）对雕塑家菲狄亚斯（Phidias）的评论，"仅仅是自然的复制者，绝不可能创造出伟大的作品"，他建议学生"用心仔细模仿古代的雕塑家"。[4] 斐拉克斯曼成长于巴洛克（Baroque）和洛可可（Rococo）的艺术风潮，但他与雷诺兹，还有约书亚·玮致活，却都如饥似渴钻研古希腊、古罗马艺术作品，这种激情的回归也带有深思熟虑的思考，可说是一种理性的抉择。文艺评论家斯塔罗宾斯基（Jean Starobinski）解释说："巴洛克的繁盛剧情和洛可可的细腻奢华，没有让艺术家们发现理性思维的特性；这只是快感的混乱发泄，灵魂是缺席的。因此，艺术家们希望排除惺惺作态和矫揉造作的诱惑……为了找回简洁和生机，为了让灵魂摆脱过多浮夸衍生物的困扰，它们转向大自然、理想、早期世纪的艺术。"[5]

当时的艺术家格林（Grimm）于是大声疾呼："今天一切按照希腊人的方式去做！"古希腊人所谓"美"的理念，反映在德尔菲（Delphi）神庙墙上的四则圭臬，亦即"至美即至公""遵守界限""毋骄傲""毋过度"的价值，强调和谐、对称、比例均匀，在

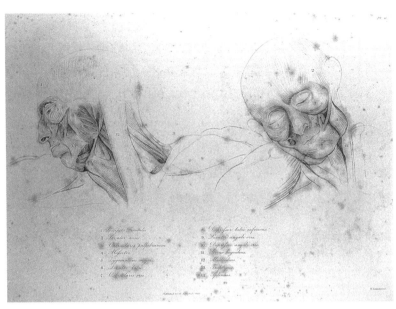

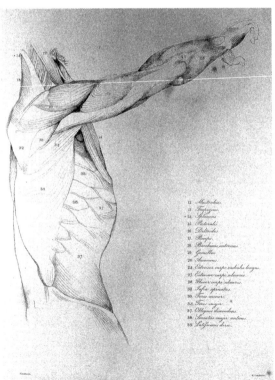

斐拉克斯曼绘制的
人体解剖素描
来源：Wellcome Collection

献 给 皇 帝 的 礼 物

玮致活制造、斐拉克斯曼设计的浮雕玉石作品

对立中寻求平衡。[6]古希腊人所推崇的美，显然与巴洛克、洛可可奢华繁复的风格对立。约书亚·玮致活确实听到了格林的呼吁，他以不屈不挠的韧性，以及丰富饱满的才情，全心全意响应格林的号召，为他的工艺技术与事业版图树立了新的里程碑。

浮雕玉石

约书亚·玮致活在这期间所开发的浮雕玉石尤其适合复制古希腊、古罗马的作品，展现新古典主义的风情。约书亚·玮致活开发浮雕玉石的过程，就像精炼奶油陶器一样并非侥幸的结果，他经过精心研发，并使用容易取得的原料，烧制精致的白色胎体，烧制原理为使用高比例可熔物质硫酸钡（barium sulphate），在1200至1250摄氏度高温窑烧制，与瓷器的制作工法类似。某些细薄捏塑、高温窑烧的浮雕玉石其实符合中国人与欧洲人所定义的瓷器，约书亚·玮致活自己就曾形容浮雕玉石是"我的瓷器"（porcelain）。基于这一事实，很容易让人以为浮雕玉石是约书亚·玮致活实验烧制中国硬质瓷"真瓷"的意外副产品，然而这也是不容忽视的推论。

欧洲瓷器主要分为硬质瓷与软质瓷两种形式：前者配方主要含有高岭土、长石、硅石，且高岭土的比例高；后者高岭土含量非常少，甚至没有，主要原料是石英。在温度的差别方面，两者的分界在1350摄氏度，前者在1350至1460摄氏度间烧成，后者则是介于1100至1350摄氏度。[7]烧制"真瓷"的秘诀，欧洲直到十八世纪初才终于由梅森瓷厂（Meissen manufactory）破解。软质瓷以白黏土和毛玻璃为原料，欧洲人在十六世纪末就懂得如何烧制。先由佛罗伦萨开始，到万塞讷（Vincennes）达到巅峰。在英格兰，切尔西、堡区（Bow）的工坊把骨灰掺入胎体，伍斯特（Worcester）地区的工坊自一七五〇年即在胎体上加入皂石。

一七六八年，英格兰的药剂师、化学家库克威尔兹（William Cookworth）以近似中国瓷器材质的康沃尔郡的白色黏土进行实验，并取得了使用这种原料的专利权。一七七二年，库克威尔兹把工坊迁移至布里斯托（Bristol），并在一七七四年把专利权卖给切姆皮恩

（Richard Champion），切姆皮恩进一步申请将专利权延长十五年。消息一出，约书亚·玮致活马上领导被排除在使用权之外的斯塔福德郡的陶匠们，向议会请愿否决延长专利权的期限。面对强力的反对声浪，况且还有冗长辩论攻防垫高的隐形成本，切姆皮恩态度软化妥协，修正他的专利申请，把使用康沃尔黏土的保护仅局限在烧制瓷器范围之内。到了一七八一年，切姆皮恩经营不善破产，对烧制瓷器不再感兴趣的约书亚·玮致活协助切姆皮恩把专利权卖给八位斯塔福德郡陶匠合开的公司。[8]

开发软质瓷和浮雕玉石之间其实并没有连带关系。约书亚·玮致活当然知道如何烧制软质瓷；当时他的"实验笔记"已经记载了堡区工坊的配方（一七五九年二月十三日），同时他也并未对软质瓷表示兴趣。就商业层面来说，开发软质瓷存在相当大的风险。一来，就像该产业的许多失败个案所显示的，这领域已经有相当多的竞争者，竞争激烈；二来，瓷器产品势必也会排挤"王后御用陶器"的销售市场。所以，对约书亚·玮致活而言，他根本不必要冒这种商业风险去开发软质瓷。

不过，这并不表示约书亚·玮致活对开发"真瓷"兴趣缺缺，他一直相当关注取得开发"真瓷"的知识、技术和原料的资讯，尤其是来自瓷器之乡中国的讯息，他尽可能设法通过直接和间接渠道了解中国制造瓷器的奥秘。一七六九年，有位名叫Tan Chit-qua[9]的广州陶匠，搭船经由巴达维亚，前往伦敦经商，在英国社会造成轰动，当时媒体《绅士杂志》（*Gentleman's Magazine*）都有大篇幅的报道，引起了约书亚·玮致活的重视。

英国林园设计大师钱伯斯在他的著作中曾经提到过Tan Chit-qua。一七七三年，钱伯斯再版其名著《东方造园论》（*A Dissertation on Oriental Gardening*）时，为了强化他在中国林园艺术的权威地位和可信度，又增附了一篇长文《广州府Tan Chet-qua的解释性论述》

佐梵尼，《皇家美术学院会员群像》，
这幅画后来被乔治三世搜购收藏

来源：Wikimedia Commons

（*An Explanatory Discourse by Tan Chet-qua of Quang Chew Fu*），并
在文章导言介绍Tan Chit-qua。有可能是通过与英国王室关系密切
的钱伯斯的引介，Tan Chit-qua初抵英国即受到乔治三世与夏洛特
王后的款待，让国王贤伉俪"感到非常愉快"。或许，同样也是钱
伯斯把Tan Chit-qua介绍给他出力甚多、刚刚成立不久的皇家美术
学院。Tan Chit-qua造访英国皇家美术学院，甚至获邀在学院举办
的展览中展出他的作品，并出席展览之前学院所举行的盛宴。出席
这场宴会的贵宾熠熠生辉，其中包括在墨菲（Arthur Murphy）《中
国孤儿》（*Orphan of China*）一剧担纲演出官员角色的演员盖瑞克
（David Garrick）、政治家兼哲学家伯克（Edmund Burke），以及集政

治家、作家、古文物研究者于一身的沃波尔（Horace Walpole），他曾在一七五七年仿效法国思想家孟德斯鸠的《波斯人信札》（*Lettres Persanes*），发表颇受好评的著作《旅居伦敦的中国哲学家叔和致北京友人连齐的书简》（*A Letter from Xo Ho: A Chinese Philosopher at London, to His Friend Lien Chi at Peking*）。由于Tan Chit-qua与皇家美术学院的这段渊源，所以画家佐梵尼（John Zoffany）把Tan Chit-qua画进他的作品《皇家美术学院会员群像》。在艺术家济济一堂的虚构场景中，可以看到左边靠在画家韦斯特肩上、在迈耶（Jeremiah Meyer，头转一边和旁人交谈者）身后的人就是Tan Chit-qua。[10]

在广州经商、自己拥有店铺的Tan Chit-qua，能够以英语交谈，这是他之所以能够出入伦敦上流社会，获得艺术界青睐，甚至在伦敦从事商业活动的缘故。不过，根据时人的记载，Tan Chit-qua的英语并不是那么地道流利。广州是中国当时对外唯一的通商口岸，当地因与洋人进行商贸往来的需要，自然而然衍生出一种夹杂葡萄牙语、印地语、英语和地方方言的所谓"广式洋泾浜""皮钦英语"（Pidgin English）[11]，在广州洋行地带营生的Tan Chit-qua，也许就是以这种不纯正的英语和伦敦人进行交谈。

班特利在一七六九年十一月写信告诉约书亚·玮致活："我们天天都在找一些当地人或工匠的巧手妙作，以提高我们制成品的品位，务求精益求精。我没有时间说我们看见什么，但有一件十分新的事是我不能不提的，我指的是最近从广州来的一个塑像工匠。他就是制造那些运来英国的中国官员塑像的艺术家之一。你也许还记得，你在沃利先生（Mr. Walley）的商店见过一对这样的塑像。"班特利信里提到的这位广州塑像工匠就是Tan Chit-qua，他还注意到Tan Chit-qua穿的"主要是丝缎，我看到他的衣服是深红色和黑色"。约书亚·玮致活很可能还曾请Tan Chit-qua雕塑了一个塑像。[12]

一七七三年初，约书亚·玮致活就开始着手进行相关的实验，他

莫蒂默（John Hamilton Mortimer）为Tan Chit-qua绘制的画像

来源：Wikimedia Commons

从摩尔（Samuel More）那里取得原料样本高岭土和白不（墩）子（petuntse），这可能是通过博物学家布莱克（John Bradby Blake）从中国取得的。布莱克曾经在英属东印度公司任职，后担任广州商务总监。他对中国的工艺技术兴趣浓厚，公余之时也积极搜集中国植物标本，雇请当地画师绘成植物画，并不断将这些标本和植物画送回英国。布莱克对中国瓷器十分感兴趣，还把中国制造瓷器的原料寄给约书亚·玮致活，帮助他破解制造硬质"真瓷"的诀窍。另外，约书亚·玮致活也找人翻译耶稣会传教士殷弘绪（Peter Francois Zavier dEntrecolles）所披露的景德镇烧制瓷器工法、流程细节的书信。（详见第四章《欧洲的时尚中国风》）

在一封详细涉及技术的不寻常的信里，约书亚·玮致活向班特利评述了瓷器制造的流程，概述他对材质原料的偏好，并继续说道："我已经向你说明我有关制造完美瓷器的最佳方案，只要时间许可，

Tan Chit-qua制作的人偶塑像

来源：Rijksmuseum

这就是我想要进行的计划，但我可能会在其他计划理想实施之前，先制造一个白色的器皿（white ware），以便上彩釉……我会寄给你几个七十四号瓷器，好让你请罗德斯（Rhodes）先生运用他的技术在瓶子上上釉彩。"信中提到的"七十四号瓷器"，就是浮雕玉石。坦白说，这浮雕玉石的作品已经相当成熟，但此刻的约书亚·玮致活还未放弃研发烧制硬质"真瓷"的念头。不过，浮雕玉石的成功反倒让约书亚·玮致活中断了实现这一目标。根据专家的分析，这有可能是，即使约书亚·玮致活在一七七七年时已对浮雕玉石的胎体十分有信心，但他还必须试验各种不同的上色和装饰技术，导致他十分忙碌；同时，他的工坊也没有足够空间和余力来实验"真瓷"产品。最后，约书亚·玮致活充分认识到开发"真瓷"本身可能带来的商业风险，以及为他已经多样化的产品增添生产流程的复杂度。尽管约书亚·玮致活起初的兴趣和目标是在寻找生产"真瓷"的方法和原料，但基于他对技术与原料的知识和试验，他十分清楚实验的可能结果，所以自一七七二年底开始，他的工作重心已经转向这种新的器皿素胎。这种器皿素胎无疑是一种近似瓷器的"炻器"，但就其本身成分而言，并不属于严格定义中的瓷器。探索开发这种新的器皿素胎耗费了约书亚·玮致活两年的时间和精力，考虑到他还必须料理他的事业，并且投入精力，督导为俄国凯瑟琳大帝生产"绿蛙餐具组"，这就难怪他会三番两次在信中抱怨沉重的压力和工作过度了。

浮雕玉石是约书亚·玮致活追寻"真瓷"奥秘途中，于一条岔路上意外发现的美丽风景，虽然无心插柳，但也是经历过五千次有记录可查的实验成果，得来并非侥幸。浮雕玉石是约书亚·玮致活对陶瓷艺术的最重要贡献，可说是自中国人发明瓷器以来最有意义的创新。浮雕玉石的材质尤其适合用来制造带有古希腊、古罗马风格的新古典主义作品，而成功仿制古罗马艺术文物波特兰瓶（或称巴贝里尼瓶）正是约书亚·玮致活一生事业的巅峰之作。

波特兰瓶

最先让约书亚·玮致活注意到波特兰瓶的人可能是斐拉克斯曼。在信里，斐拉克斯曼告诉约书亚·玮致活说："你应该尽快进城去瞧瞧汉密尔顿爵士的瓶子，它称得上是被带到英国最精致的艺术作品……由深色玻璃、白色装饰人物所构成的。"[13]

波特兰瓶可能是现存古罗马文物中最负盛名者，它是一只深蓝色的玻璃瓶，装饰白色浅浮雕，高24.8厘米、直径17.7厘米。据传，它是在十六世纪末于罗马附近的塞维鲁斯（Alexander Severus）皇帝陵墓中被发现的。不过，有关这只瓶瓮的来历至今仍不明。一般认为，这只瓶瓮应该是在罗马烧制的，创作者可能是亚历山大人，或者曾在亚历山大拜师学艺的匠人，因为亚历山大是古代欧洲的玻璃制造中心。

这只瓶瓮最早的文字记录见于法国学者、天文学家佩雷斯克（Nicolas-Claude Fabri de Peiresc）给友人鲁本斯（Peter Paul Rubens）的信。一五九九至一六〇一年间，佩雷斯克旅居意大利，他在信里提到这只瓶瓮属于枢机主教德尔蒙特（Cardinal Francesco Maria del Monte）的收藏品。二十年后，研究古罗马文物的意大利学者、曾经担任枢机主教巴贝里尼（Cardinal Francesco Barberini）秘书的波佐（Cassiano dal Pozzo），获准绘制德尔蒙特枢机主教的这件收藏品，这幅画目前为英女王所拥有。一六二七年，德尔蒙特枢机主教过世，这只瓶瓮由巴贝里尼枢机主教买下，成为这一显贵家族的藏品。直到十八世纪，为了偿还赌债，巴贝里尼家族又把这只瓶瓮卖给苏格兰的艺术商人拜尔斯（James Byres）。一七七八年，英国驻那不勒斯公使汉密尔顿爵士以一千英镑的代价从拜尔斯手中买下这只瓶瓮。这时候的汉密尔顿热衷搜集古董，往往不计代价、不思谨慎地收购

波特兰瓶瓶底头像

来源：Cleveland Museum of Art

波特兰瓶两侧手柄下方的牧神潘恩

来源：Cleveland Museum of Art

　　　　　　　　　　　　　　　　　　　　献给皇帝的礼物

古文物。一七八四年，他把这只瓶瓮转卖给沃波尔口中"单纯的女人，着迷于空洞瓶子"的波特兰公爵夫人。一七八五年七月十七日波特兰公爵夫人去世，她遗留下的庞大收藏品于一七八六年四月二十四日至同年六月七日这段时间进行拍卖。就在拍卖期限的最后一天，公爵夫人的儿子三世波特兰公爵出价九百八十基尼（guinea，十七至十九世纪英国发行的金币，一基尼相当于8.5克黄金）拍得这只瓶瓮。三天后，这只瓶瓮就交到了约书亚·玮致活手里。为了回报约书亚·玮致活不参加竞标，三世波特兰公爵同意把这只瓶瓮出借给约书亚·玮致活以浮雕玉石进行仿制。

这只瓶瓮两侧都有手柄，推断它原初可能还有盖子。瓶身装饰有白色玻璃浮雕切割而成的人物与场景，但瓶底曾经被打破，又重新修复。瓶底底座直径12.2厘米，上面装饰戴着弗里吉亚无边便帽（Phrygian Cap）的人物头像，一般猜测这个头像很可能是希腊神话人物帕里斯（Paris）。

瓶身两侧的人物图案究竟是谁？几个世纪以来，专家学者争论不休，莫衷一是。而人物图案的扑朔迷离，更为这只瓶瓮增添神秘的魅力。有人即认为，波特兰瓶瓶身带状的装饰，是一道博学的谜题，一种深思熟虑刻意制造的模棱两可，必定是艺术家故意借由这些图案来传达某种诉求。所以，历来专家学者无不殚精竭虑，试图解读出图像所要传达的含义。

在众多假设推论中，以阿什莫尔（Bernard Ashmole）提出的"希腊神话说"最被广泛接受。另外，阿什莫尔也反对长期以来的假设，主张瓶身两侧其实是分属不同的场景，而不是传统认知的同一叙事。根据阿什莫尔的解读，瓶身两侧的场景是各自独立的，这可以从两边外侧人物都面向中间，并且手柄两端人物的头部姿势明显朝向反方向获得印证。另外，波特兰瓶的创造者还制造出一种强烈且垂直的间隔，例如两侧之间的树和柱子，低垂的树枝向内，形成了一种封闭性的布局。假如波特兰瓶创作者的意图是要让两个场景具有延续性，那手柄下方的人脸图案就会很突兀地造成中断、隔绝的效果。换言之，阿什莫尔认为，两个手柄下方装饰的牧神潘恩（Pan）头像，其实具有间隔叙事内容的作用。[14]

检视第一个场景的画面，阿什莫尔认为左边的人物是佩琉斯（Peleus），他正走过一处通道，象征他娶了忒提斯（Thetis）之后从此迈入神的世界。这进一步可以从佩琉斯踮着脚尖走路的姿势得到强化，意味着他对进入未知的世界感到有些迟疑。在佩琉斯的前方，可以看到拿着弓的爱洛斯（Eros），代表爱情，他似乎正在引导佩琉斯。在古希腊文化里，火炬象征婚礼。中间把手伸向佩琉斯、表示"接受"之意的女人，就是忒提斯。忒提斯是海中仙女（Nereid），海神涅柔斯（Nereus）与海洋女神多柔斯（Doris）的女儿。

在希腊神话中，佩琉斯与忒提斯的婚礼，被认为是揭开特洛伊战争的序曲。混乱女神厄里斯（Eris）未获邀请出席这场婚礼，为了报仇，她留下给"最漂亮女神"的金苹果。阿什莫尔的这一解读，刚好可与瓶底帕里斯的头像呼应、联结。帕里斯作为"最漂亮女神"的裁判，把金苹果判给了代表爱情、美丽、性欲的女神阿佛洛狄忒（Aphrodite），而让天后赫拉（Hera）与雅典娜（Athena）不满，大动肝火。这才有后续阿佛洛狄忒出手相助帕里斯诱拐绝世美人海伦，引发阿伽门农（Agamemnon）为了报弟弟失妻之恨，组织希腊联军攻打特洛伊城，奥林匹亚诸神介入混战的剧情发展。对阿什莫尔来说，忒提斯背对着爱人佩琉斯的姿势，可以借此解读出忒提斯面对的人是海神波塞冬（Poseidon）。波塞冬曾表示愿意娶忒提斯，直到后来得知忒提斯生下的孩子将会拥有比其父亲更强大的力量，波塞冬才作罢。忒提斯最后嫁给了凡人佩琉斯。

瓶身的另一边可以看到一男一女坐在岩石或石头上，柱旁年轻男子头朝向背后。阿什莫尔认为这位英雄人物就是阿喀琉斯

（左）第一场景；（右）第二场景

来源：The Metropolitan Museum of Art

（Achilles），他是佩琉斯和忒提斯的儿子，死后被母亲带到黑海的白岛（White Island），岩石或者石头可能是白岛的象征。在白岛的阿喀琉斯并不孤单，引爆特洛伊战争的海伦也在岛上；阿什莫尔认为阿喀琉斯旁边那位就是海伦，她在白岛上与阿喀琉斯结婚，而她手上倒拿熄灭的火炬，则代表着死亡。

　　荷马史诗并未详细交代特洛伊战争之后海伦的下落，有关阿喀琉斯与海伦在白岛相遇、结婚情节的来源，阿什莫尔引述古罗马时代的学者帕萨尼亚斯（Pausanias）的说法，最早可能出自公元前六世纪的古希腊诗人斯特西克鲁斯（Stesichoros）。不过事实上，早在《库普利亚》（*Kypria*）古希腊史诗中，阿喀琉斯与海伦就是特洛伊战争的两大主角，这部史诗甚至暗示阿喀琉斯迷恋海伦。阿什莫尔解释说，就年龄来看，阿喀琉斯太年轻，不可能成为海伦的求婚者，他从未见过海伦，不可能承受海伦求婚者誓约的约束。然而，就在希腊联军无法攻破固若金汤的特洛伊城时，这时的阿喀琉斯"渴望见一见海伦，在忒提斯与阿佛洛狄忒的安排下，两个人终于见面了"[15]。

阿什莫尔认为，右边出现手拿节杖的女神，很有可能是阿佛洛狄忒。就像前一场景佩琉斯穿过通道，标志瓶身叙事的开端，这一静止、直立的人物意味着叙事的终点。创作者的这种布局，为两个各自独立的场景叙事提供一种关联性，这种关联性从女神脚边正在生长的植物及第一个场景柱子背后的树木得到强化。

依照阿什莫尔的"希腊神话说"，从艺术的层面来看，波特兰瓶瓶身两边的人物和场景呈现出一种对称性。被爱的人都位于中间，爱人则站在左边，奥林匹亚的神位于右侧。就希腊神话的层面，第一个场景是希腊最伟大英雄的源起，第二个场景则是他命运的终点。一个场景是特洛伊战争的开端，即佩琉斯娶了忒提斯，生下阿喀琉斯；在他们的婚礼上，厄里斯留下金苹果制造女神们之间的纷争，结果导致帕里斯的裁判及诱拐海伦。另一个场景则是这个故事的结尾，两大主要人物的结合。

根据法国人类学家李维史陀（Claude Levi-Strauss）的理论，人类创造的"神话"，不单纯是天马行空的幻想，它向我们展示心灵是如何从大自然取材，心灵所建构的范畴（生／熟、男人／女人、活着／死亡……）是如何成为一种概念性工具，讲述事物，演绎抽象的观念。[16]阿什莫尔所解说的这种剧情的延续性，颇为呼应法国学者费希（Luc Ferry）对特洛伊战争寓意的诠释，荷马的史诗叙事彰显古希腊人的世界观和智慧，从一片混乱、混沌，重归宇宙失去的和谐。"我们必须生活在一种清晰的状态中，接受死亡，接受我们自身所是，还有超越我们的东西，与我们的同类和宇宙步幅一致。"[17]

要以浮雕玉石来复制波特兰瓶，对约书亚·玮致活确实是一大严峻的挑战。一七七四年，约书亚·玮致活开发出浮雕玉石的材质和工法，再经过三年的时间，约书亚·玮致活已能大规模生产浮雕玉石的产品。到了一七八六年，约书亚·玮致活有能力完美掌握浮雕玉石的技术，但困难之处在于原始波特兰瓶采用的是浮雕玻璃（cameo glass），浮雕玉石的表面欠缺玻璃的光泽，无法表现出原始波特兰瓶瓶体和瓶体上白色浮雕具有的透明度、精致和透视感。另外，原始波特兰瓶是近乎黑色的深蓝色；约书亚·玮致活已经开发出黑色的浮雕玉石，但为了趋近原始波特兰瓶深蓝的颜色，约书亚·玮致活还必须设法取得钴（cobalt）原料。除此之外，原始波特兰瓶历经破损又修复，它的形体已经不如想象中协调。约书亚·玮致活甚至有意更动形状，为此去信汉密尔顿爵士，征求他的意见。最后，约书亚·玮致活还是接受他的建议，维持瓶瓷的原有形状。[18]

约书亚·玮致活必须克服的最大挑战，在于烧窑内温度的控制。英国的窑，通常是采取向上排气的圆形设计，这种构造造价较为低廉，但随着大量热气流从窑顶的排气孔溢出，热量的消耗非常严重，所以对燃料的消耗比较大。相对来说，中国的窑一般设计结构是"向下排气的斜坡式构造"，通常把窑建在倾斜的山坡上。窑是一连串在底部保持相互贯通、顶部互相隔离且呈现半圆形的蜂巢状结构。

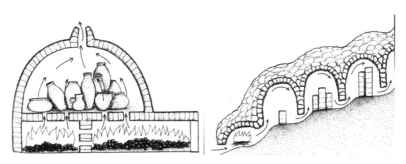

（左）英国窑；（右）中国窑

来源：Robert C. Allen 著，毛立坤译，《近代英国工业革命揭秘：放眼全球的深度透视》，第219—220页。

窑壁砌得很厚，可以防止热气向外散发。同时，每个蜂巢内设有一炉腔，如此一来，热气不会直接向外排出，而是蓄积在窑内，让窑内可以达到很高的温度。当温度稍低一些的空气从第一个蜂巢流入第二个蜂巢，所携带的热量也会随着流入第二个蜂巢。于是，热量就依序不断从一个蜂巢流入另一个蜂巢。通过反复利用余热并不断给每个蜂巢加温，整个窑内可以维持相当高的温度，同时燃料的消耗量相对较少。经济史家认为，中英烧窑结构的差异，反映出两地总体社会经济环境的差别，以燃料、资本、劳动力三种生产要素来说，在英国，由于煤储量丰富、煤炭价格低廉，所以设计烧窑时主要考虑的是节省资本、减少雇用劳动力，煤的消耗量不是主要的考虑；在中国，由于燃料费用高昂，所以烧窑的设计理念主要思考的是如何有效率地使用燃料。[19]

在英国，烧窑内的温度通常都是由烧窑工人粗略估计，尤其是温度在1000摄氏度以上时，无法精准控制，使用的材质浮雕玉石相对瓷器还是比较容易破裂，同时所要复制的这只瓶瓷又相当复杂，从瓶底帕里斯像细腻的手指头就可见其复杂度，实在很难援引传统的方法。为了克服烧窑内温度控制的难题，约书亚·玮致活设计了测量高温的温度计，来测控烧窑内的温度。

约书亚·玮致活认为，烧窑内的温度可以通过黏土受火时的颜色变化加以测量，所以设计了一款他称之为"颜色测温计"（colour thermoscope）的器具，这款器具是一种有刻度的玻璃管，内部填充小的黏土球，在不同温度之下受火时，黏土球的颜色会由米色转变成深棕色。一七八一年，约书亚·玮致活向英国皇家学会提出有关测量温度的论文，但时任学会会长的班克斯爵士批评约书亚·玮致活的方法在区别黏土颜色深浅上太困难，以及由此对应温度变化太不精确。不过，约书亚·玮致活并不气馁。他重新回到他的实验室，同时寻求好友化学家普里斯特利、工业用蒸汽机发明人瓦特、

　　　　　　　　　　　　　　献给皇帝的礼物

在自然科学领域卓有成就的伊拉斯谟斯·达尔文等人协助，最后改良发明了"高温计"（pyrometer），能够较为精准测量高温。

一七八二年五月，约书亚·玮致活在英国皇家学会展示了这支温度计并提出论文。这回，班克斯爵士接受了约书亚·玮致活的论文，并称赞他"将陶匠的技艺转变成一种科学"。正

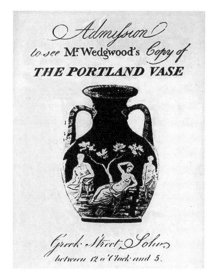

参观波特兰瓶复制品的门票

是因为这项发明，而不是他旗下的庞大事业，让约书亚·玮致活在五十二岁生日前夕获选为英国皇家学会的会员。这是他一生最为重要的殊荣之一，彰显他通过实验寻求大自然原理的成就。约书亚·玮致活不仅凭此赢得班克斯爵士的友谊与支持，得到了后者随库克（James Cook）船长冒险期间搜集到的地质样本，这项创新发明也有助于约书亚·玮致活生产技术的提升与改善。[20]

直到一七八九年十二月，经历过无数龟裂、冒泡的失败复制品之后，约书亚·玮致活终于成功仿制了波特兰瓶。三世波特兰公爵最初答应的借期是一年，但这时距离他借来这只瓶瓮已经超过三年了。一开始准备将波特兰瓶复制品商业化时，约书亚·玮致活就极有策略地行销推广他的产品。他把他所谓"第一版"（First Edition）的波特兰瓶复制品送给夏洛特王后，并且在英国皇家学会会长班克斯爵士宅邸里举办了一次私人鉴赏会。接着又公开展示他复制的波特兰瓶，

成功把波特兰瓶展示会打造成轰动的社会事件。甚至连德高望重的皇家美术学院院长雷诺兹，都公开称颂约书亚·玮致活，撰写文章赞扬他所复制的波特兰瓶是真正具有"原创性"的艺术品。

约书亚·玮致活以超强的毅力、非凡的技术，克服人性的易错、怠惰，征服黏土反复无常的特性，最终为他永无止境的实验精神、万丈的雄心壮志、追求卓越，成功烙下永恒的印记。复制波特兰瓶象征一种启蒙的信念，深信科学知识和技术进步可以让现在临摹过去，而将往昔的文物转化成商品。但是，当代的评论家认为，约书亚·玮致活复制的第一版波特兰瓶虽然是他毕生作为陶瓷匠人最伟大的成就，但它是否可以明智地称作一件艺术品，具有雷诺兹所盛赞的"原创性"，还存在许多争议。对比原始波特兰瓶，约书亚·玮致活的复制品较为扁平、平淡，让瓶身更显得沉重。约书亚·玮致活的浮雕玉石材质很难再现亚历山大匠人的艺术性，斐拉克斯曼为这件复制品所雕琢的浅浮雕尽管鬼斧神工，但受限于材质，还是无法臻至原作的那种光泽度、透明感。况且，"复制"终究不是原创。雷诺兹的这番好评总让人觉得不够真诚。

约书亚·玮致活复制的波特兰瓶是不是艺术品自然是见仁见智，但以"复制"或"模仿"为理由而否定它，似乎是一种脱离时代脉络的批评。

"模仿"概念在西方的艺术思想与评论中一直占有很重要的地位。柏拉图之所以要把诗人逐出他的"理想国"，主要是因为他认为现象仅是"理型"（idea）的复制，而从事现象复制的艺术家，只不过是对模仿的再模仿，并非对高级知识形式"理型"的追索。这种从模仿的概念来定位艺术家的观点，延续到十八世纪中期。前述提到，雷诺兹反对复制自然，他认为自然是一种"低级的有限性绘画主题"，缺乏价值理想。雷诺兹主张，"只有仔细研究古人的作品，才能获取自然的单纯性"。法国启蒙运动思想家狄德罗也主张，

　　　　　　　　　　　　　献给皇帝的礼物

玮致活以浮雕玉石仿制同时代罗马雕塑家的古代主题作品

来源：Walters Art Museum

"必须研究古代作品以学会观察自然"。[21]所谓古人、古代的作品，最主要来自古希腊的创作。同时代普鲁士著名的艺术评论家温克尔曼（Johann Joachim Winckelmann），在他的《关于在绘画和雕刻中模仿希腊作品的一些意见》[22]文章中大声疾呼，要求艺术家重返"真正的古代"，即古希腊那种古代，以重建、转换艺术创作。换言之，雷诺兹、狄德罗、温克尔曼的理念认为最伟大的艺术存在于遥远的古代，而艺术家的伟大就在于他能够模仿古代的伟大艺术家。

在十八世纪的艺术语境中，创造是指一种新奇的形式，而新奇的形式是从模仿概念中衍生出来的。所谓"原创性"，就是一种"对神圣的规则和传统的规则、传统的元素作出重新诠释"。就像法国的洛可可风，吸纳转化了中国元素，可以说是一种"创造性的模仿"。所以，"创新"，不是无中生有，不等于追逐新奇，而是像当代学者哈里森（Robert Pogue Harrison）所形容的，"下至阴间去给已死的语言赋予新声音"，给传统以生机勃勃的风格，它所追求的是一种"寓更新于重复"的境界。[23]

曾在《道德情感论》（The Theory of Moral Sentiments）一书中处理美感与道德关系的亚当·斯密，在名为《论所谓模仿艺术中模仿的本质》的论艺术专文中进一步提出，"艺术的模仿"，而非"奴性的模仿"，总能"引发愉悦感"。亚当·斯密进一步以荷兰大师的静物画为例："图画中绘制的布匹，通过阴影和色彩的巧妙运用，将羊毛织物的绒面和柔软的质感描摹得惟妙惟肖，仅仅是这种相似性本身，便足以赋予它一定的价值，哪怕对象只是一块蹩脚的地毯而已。"[24]可见，亚当·斯密已经把模仿提升到一种创造性行动的位阶，从模仿中看到创造的惊奇。所以，若是根据约书亚·玮致活那个时代的美学观而论，我们不能以"模仿"的理由全然否定他摹制波特兰瓶的创造性。

波特兰瓶在交到约书亚·玮致活手里之前，历经毁损和修复，但这件传奇古文物的多舛命运并未结束。一八一〇年，四世波特兰公爵把这只瓶瓮借给大英博物馆展示。一八四五年，在大英博物馆的"汉密尔顿陈列室"[25]展出时，一个自称"威廉·洛德"（William Llod）的爱尔兰青年，又把这只瓶瓮打破。这个犯人向警方坦承，"一个星期前酗酒无度"，并且"精神亢奋"。滑稽的是，根据当时英国《蓄意破坏法》的规定，很难成功起诉任何毁损价值超过五英镑物品的案件。结果，威廉·洛德（连这个名字也可能是杜撰的）以毁损玻璃展示柜的罪名被起诉。三天后，友人缴交三英镑罚款后，他就被释放了。大英博物馆买下波特兰瓶，后续又经过三次修复：一八四八年，超过两百个碎片，在馆方惊人的耐心、毅力之下，不到六个月的时间就被组合完成；同年，遗失的几个碎片寻获后又被重新黏合；一九八八到一九九〇年间，馆方改采慢干的环氧树脂（epoxy）作为黏合剂。

月光社

约书亚·玮致活曾把最初复制成功的波特兰瓶送给好友伊拉斯谟斯·达尔文，当时他正在构思、撰写鸿篇巨制的长诗《植物园》（The Botanic Garden）。这首诗第一部题为《植物之经济》（The Economy of Vegetation），第二部是《植物之爱》（The Loves of the Plants），其实比起第一部还要早出版。第二部的主旨在于礼赞自然世界，第一部则是强调启蒙精神，颂扬科学进步和技术创新，诗作的重点放在矿业的开发和矿物的应用。《植物之经济》总共分为火、土、水、气四部分，伊拉斯谟斯·达尔文在第二章的《土》这一部分，高度赞美约书亚·玮致活的伊特鲁里亚厂、他怀抱的解放黑奴理想以及复制波特兰瓶，使得约书亚·玮致活俨然成为工业革命的象征。约书亚·玮致活过世三年后，伊拉斯谟斯·达尔文在美国出版这部诗集，从此洛阳纸贵、声名鹊起，约书亚·玮致活生前大概没料到《植物园》会成为他产品行销的利器，他复制的波特兰瓶在美国之所以声名不坠、广为流行，或许是拜伊拉斯谟斯·达尔文诗集畅销之赐。

根据传记作家的说法，约书亚·玮致活是因病而与伊拉斯谟斯·达尔文结缘。伊拉斯谟斯·达尔文定居利奇菲尔德（Lichfield）时即以精湛的医术远近驰名，连伦敦的乔治三世都耳闻他的大名，表示想要找伊拉斯谟斯·达尔文当他的医生。约书亚·玮致活因天花膝盖受到感染，地方上的医生曾找来伊拉斯谟斯·达尔文一同会诊他的恶疾。其实，伊拉斯谟斯·达尔文自己和约书亚·玮致活一样都曾感染天花，皮肤布满愈后的痂疤。同时，两人也都腿瘸，伊拉斯谟斯·达尔文从自己设计的马车上跌落，导致膝盖骨碎裂，走起路来僵直、笨拙。他还有严重的口吃毛病，身材又过度肥胖，五官粗糙。但诚如传记作家所说的，伊拉斯谟斯·达尔文医术高明，又是位发明家、诗人，他才华横溢，总能吸引异性的青睐，让他在情场追猎无往不利。[26]另外，伊拉斯谟斯·达尔文与约书亚·玮致活两人都是月光社的核心人物。

月光社是一个以伯明翰为基地的深具影响力的小型科学群体，成员自比是启蒙运动的绅士，他们相互交流自然知识、实验成果，在经营的事业上彼此奥援，并把他们的科学知识进一步扩散为促进工业化的动力。[27]科学史家玛格丽特·雅各布（Margaret C. Jacob）与斯图尔特（Larry Stewart）形容月光社是一个基于知识交流形成的"创造性社群"（creative community），它的成员构成了英国工业革命的重要实践者。月光社可以说是十八世纪英格兰最重要的私人科学团体。

月光社的出现，反映了十八世纪英国各式各样以文学、科学、艺术、政治……为宗旨之大小团体林立的社交网络与公共生活形态。[28]不过，月光社不像皇家学会，它是一个非正式的社群，没有固定的集会场所，没有领导团体运作的组织，没有会员名册，没有组织规章，没有开会议题，是一种松散的俱乐部形式，主要建立在成员之间志同道合的理念和私人的情谊之上。他们选择在每个月最接近满月那周的星期一，在某个成员家里聚会（起初是选定星期日，后来为了方便成员之一的普里斯特利牧师宣道，从一七八〇年起改为星期一），好方便成员在散会后能够在皎洁月光的伴随下返家，这是命名为"月光社"的由来。

月光社的核心成员[29]，除了约书亚·玮致活、伊拉斯谟斯·达尔文，还有博尔顿，他那英国第一流的工厂位于伯明翰的苏活（Soho），是当时社会名流、知识显贵造访的热门景点，也经常作为月光社聚会的场所，以及总是心神不宁的苏格兰发明家瓦特，他和博尔顿的合伙公司研发、销售改良后的蒸汽机。至于说话严重口吃、但下笔如行云流水的普里斯特利牧师，则通过班特利的介绍，早就与约书亚·玮致活结识，他也是成员之一。这位化学家率先分离出氧气，还是不奉国教运动的领导人。

这五个人构成月光社的核心，但是围绕在这一群人周围的还有其他人。苏格兰化学家凯尔（James Keir），为人笃诚，就像岩石一样坚实可靠，他开了一家玻璃厂，好满足自己热爱化学的激情。发明家、地质学家、外号"狂人"（Lunatick）的怀特赫斯特（John Whitehurst），也是一位"鬼斧神工"的钟表匠。钟表工作性质旨在"分秒必争"，但他却总是梦想追寻地球的"万年不朽"。另外，还有两位医生。斯莫尔（William Small），来自北美的维吉尼亚，是博尔顿的家庭医生，并引荐挚友富兰克林给他认识。具备老练外交手腕的斯莫尔，巩固了这帮人的最初情谊。来自斯塔福德郡的威瑟林（William Withering）医生，利用吉卜赛人用来治疗心脏病的草药，从中发现了洋地黄（digitalis），日后洋地黄成为一种治疗心脏病的常见用药。最后，是全心拥戴卢梭理念的两位青年人，埃奇沃斯（Richard Lovell Edgeworth）和戴伊（Thomas Day）。这再次显示，卢梭是约书亚·玮致活圈子里最为推崇的思想家。（详见第一章《玮致活王国崛起》）

值得一提的是，为了证明卢梭的理念，戴伊以他的人生为赌注，称得上是"豪赌"。服膺卢梭《爱弥儿》理论的戴伊，相信通过教育孕育的理性，可以像控制自然一样改变、形塑人的本性，基于这样的理念，他大胆以自己做了一个"社会实验"。二十一岁、未婚，又继承庞大遗产的戴伊，托朋友从孤儿院遴选了两位十多岁的贫穷女孩，打算培育她们，给予她们良好的语言与人文教育，从中挑选他未来的理想妻子。结果，戴伊的人生实验失败了，其中一个女孩甚至嫁给了他所托付寻人的那位朋友。[30]

戴伊虽然从卢梭的理念中看到不论阶级出身为何，人是可以被教育的启蒙理念，但他却忽略了卢梭在《爱弥儿》一书中所传达的核心价值。爱弥儿的教育是为了自己，培养独立的人格，追求自主的判断，有孕育"自爱""同情""自尊"三种情感，通过反思性之独立和理性的判断，才能建立一种与公共社会一体化的健全人格。然而，反讽的是，唯有戴伊"耸动"的社会实验失败，才能印证卢梭思想的真知灼见。[31]

月光社聚会时常常邀请著名的自然哲学家和重要学术社群的领导人莅临与会，如皇家学会主席班克斯爵士、皇家天文学家赫歇尔、爱尔兰化学家柯万（Richard Kirwan）、激进哲学家及化学家库珀（Thomas Cooper）等，都曾是月光社的座上宾。柯万和库珀，又同时是"曼彻斯特文学与哲学学社"（Manchester Literary and Philosophical Society）和伦敦"查伯特咖啡馆哲学社"（Chapter Coffee House Philosophical Society）的成员，通过人员的交叠，"月光人"与其他各种学会、俱乐部、沙龙建立了广泛的知识网络。

月光社成员的成长背景分殊，政治意见也时常相左，[32]除斯莫尔外，大多是皇家学会会员，且多数未曾接受过正规教育。他们的出身不属于"建制内"（Establishment）精英，也不是社会的权贵阶级。然而，这种不利的处境，反而成为一种前进的动力，使得他们能够不受限于传统价值观的束缚，也不为既有社会制度规范所桎梏。[33]这种社会边缘性，同样反映在他们的宗教信仰大多属于当时处于社会劣势、但具改革理念的"不奉国教派"。这方面很容易让人联想到科学社会学家默顿（Robert K. Merton）所提出的命题：类似社会学家韦伯、托尼（R. H. Tawney）的著名"韦伯-托尼命题"（Weber-Tawney thesis）[34]，即清教教义与十七世纪英国科学兴起、制度化之间存在文化与价值观的亲缘性。[35]

"月光人"大多数是实验主义的信仰者，嗜好、享受科学实验的乐趣，因伊拉斯谟斯·达尔文所称之"小小的哲学兴趣"而相聚一堂。他们浸淫在科学发现的喜悦中，相信每一次的科学发现都有助于拆解大自然难以捉摸的密码。而大自然的每一面向，都值得深思探索。这种对科学理性的崇拜、强烈的科学实验主义风格，完全反映在约书亚·玮致活最喜欢的画家赖特（Joseph Wright of Derby）著名的两幅画上：《哲学家讲授太阳系仪，一盏灯放在太阳系仪中太阳的位置》与《空气泵浦里的鸟实验》。赖特虽然不是月光社的成员，但称得上是"月光人"。赖特生长在德比郡（Derby），"狂人"怀特赫斯特是他的邻居、好友，伊拉斯谟斯·达尔文是他的家庭医生。

在第一幅画中，一盏灯被置于太阳的位置，好让演讲者可以解释日食的现象。这幅画的场景虽然是封闭的室内空间，但绘画所传达的宗旨，即自然哲学是向所有人敞开的，不论男人女人，老人年轻人，从画中正在交谈的白发演讲者、年轻人，到戴着帽子、一脸严肃的女孩，用手环抱哥哥的小女孩即可窥见。这幅画虽然与月光社没有关联，但它传达的主旨呼应了月光社对科学理性所怀抱的希望。

在第二幅画中，一只罕见的"白色鹦鹉"[36]因为空气从关闭它的玻璃瓶中被抽走，痛苦地拍打翅膀，不停颤动。虽然我们可以看到全神贯注、外表仿佛像吟游诗人般的自然哲学家，正在把攸关生命的空气重新灌回瓶内，但此时此刻还是充满紧张的气氛，观画者可以感受到画中两个小女孩畏惧瑟缩的情绪。赖特这幅画的场景，让人联想到十七世纪英国科学家波以耳著名的空气泵浦实验，尤其是波以耳在实验时还有弄死过一只老鼠的记录。[37]这幅画留下了伏笔，它并未表明实验的结果，让人有想象的空间，鹦鹉究竟是生还是死，已经成为西洋艺术史上一个难解的谜。鹦鹉在垂死挣扎，令小孩子们不忍卒睹，成人们则自顾解说、对话，戏剧化的灯光以及如牛顿般科学圣人外表的实验者，更增添了紧绷的张力。整体画面则呈现出科学理性战胜人性情感波动的意念。

"月光人"开设工厂，合作推动运河开凿计划，打造蒸汽机，发现新的气体、新的矿物、新的药物，提出新颖的观念，他们创造美丽的物品，谱写诱人的诗篇，他们展现出惊人的创造力，但他们的身份不属于贵族、政治人物、学者，而是地方上的制造商、具备专业技能的人、天赋异禀的业余人士。他们躬逢英国社会的剧烈变革，以实验主义推动科学知识的公共文化，这种公共文化构成工业革命的动力，而以工业革命作为生产的动力，既顺应也推动了消费主义的潮流。约书亚·玮致活和这群志同道合的"月光人"，正是十八世纪英国工业革命与消费主义的弄潮儿。

约书亚·玮致活的好友兼合伙人班特利，事实上也向他建议进一步开拓中国市场的商机。中国曾是欧洲瓷器奢侈品的重要源头，其烧制瓷器的工艺技术独步世界，英国陶瓷匠也都在摹制中国瓷器的造型与色彩。例如，大英博物馆收藏的一件玮致活烧制的鱼盆，就是中国的器型，中式粉彩装饰，风格与中国外销瓷类似。[38]所以，如果能够反过来征服中国市场，对约书亚·玮致活而言，自然是一种梦寐以求的荣耀。经过约书亚·玮致活三十年披荆斩棘地开创事业，其产品的市场已经超越英国本土遍及全欧洲，并且正在筹备计划进军印度次大陆、美洲新大陆。这时候玮致活的产品当中，有八成是供出口之用，它的市场规模可称得上是全球性的了。[39]开发中国市场是约书亚·玮致活难以割舍的梦，但他这时候却有些犹豫，过去靠着模仿法国、东方式样起家的约书亚·玮致活，反倒担心中国的能工巧匠会剽窃他的陶瓷设计。

尽管有些踌躇，但约书亚·玮致活并没有却步，最终还是通过马戛尔尼使节团把他鬼斧神工的上乘之作波特兰瓶送给乾隆当作贺寿的礼物，希望通过皇室与王公大臣的青睐、使用，进而在中国市场造成跟风效应，以开拓中国的商机。征服中国广大市场的美梦太诱人，实在令人心往神驰，约书亚·玮致活也没能例外，虽然他怀抱的中国梦只不过是虚幻的海市蜃楼。

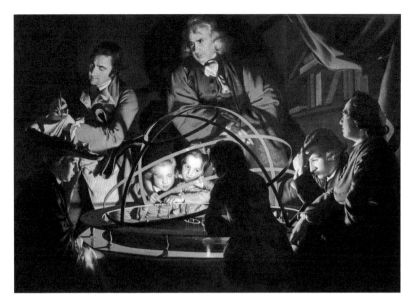

赖特，《哲学家讲授太阳系仪，一盏灯放在太阳系仪中太阳的位置》

来源：Wikimedia Commons

赖特，《空气泵浦里的鸟实验》

来源：Wikimedia Commons

第 三 章

送给中国皇帝的礼物

礼物必须让受赠者感到惊叹那样深受震撼。

———

本雅明,《单向街》

使节团行前准备

筹办礼物

马戛尔尼行前颇耗费一番心思筹办恭贺乾隆寿辰的礼物，启程前还特别针对什么东西最能代表英国科学与技术，和使节团随行人员广征各方意见。马戛尔尼通过大实业家嘉贝特引介，征询知名发明家、制造商博尔顿的意见，并请博尔顿推荐专精冶金技术的工匠与贺寿的礼物。博尔顿是有名的工程师，他和瓦特合作在伯明翰设立了蒸汽机工厂。博尔顿的产品引人入胜，例如银制的茶具、餐具和鼻烟盒等，经常针对客户的特别需求而制作，引领时尚潮流，甚至被世人誉为是一种"流行奢华"（populuxe）[1]。

博尔顿认为，"目前是向世界第一大市场引介我们制造物品的绝佳时机，要达成这一目标的唯一方法，就是广泛挑选、送去我们所制造的装饰性和实用性物品。我不认为挑选的礼物应针对大人物，而是要让所有中下阶级的人都买得起的东西"。所以，博尔顿在推荐物品时，尤其强调实用性、多样化，并且必须多投中国人所好，站在中国消费者的角度，符合他们的品位需求。为此，马戛尔尼还特别参观了博尔顿与瓦特改良、生产的蒸汽机，并由瓦特为他解说蒸汽机的构造和原理。不过，马戛尔尼考虑到蒸汽机体积庞大、展示困难等因素，最后还是作罢，放弃了携带蒸汽机的念头。[2]

马戛尔尼对于筹办的礼物显然也有自己的想法。他很清楚当时中国科学"远远落后于欧洲"，中国人仅仅具备"有限的数学和天文知识"，中国人的天文学"大多仅是占星学的空话，其主要目的是要确定举行某些大典的恰当时间"。但马戛尔尼也明白，自清初以来，西洋传教士因拥有丰富精准的天文知识，并献呈精密的天文仪器，为中国皇帝所重用，几乎垄断了钦天监的职位。所以，正是根据在华西洋传教士流传欧洲的记述、报道，使节团采办的礼物当中大半以上是巧夺天工的天文科学仪器。[3]

马戛尔尼心中还进一步盘算，英国人准备的贺礼，必须能让皇帝和清廷感受到英国泱泱海上霸主的优美工艺与科技文明，博取中国皇帝和官员对英国人的好感，借以建立、增进、融洽双方情谊，尤其要能满足乾隆皇帝的猎奇心理。正如斯当东所说的，使节团准备的礼物：

> 无论在价值上或在手工的精巧上，想超过中国人已经从私商方面购得的，这是不可能的事，中国人大量累积了这些华而不实的东西以后，他们在这方面的欲望可能已经满足了。对于一个上了年纪的君主来说，能发挥实际而耐久作用的现代科学和技术方面的东西应当使他更感兴趣。

另外，斯当东还考虑到：

> 英国名厂制造的增进人类生活方便和舒适的最新产品也是一种很好的礼物。它不但满足受赠者在这方面的需要，还可以引起他们购买类似物品的动机。[4]

换句话说，使节团赠送的礼物，一方面既要彰显英国工艺技术之精湛，另一方面还应成为一种行销英国制商品、打开中国市场的活广告。正是基于行销英国产品的考虑，马戛尔尼特别把哈切特（Hatchett）生产的两辆豪华舒适马车列入使节团的礼物清单，"一辆为热天使用，一辆为冷天使用"，[5]希望借由礼物展示的场合激发中国消费者的购买欲，为英国制造的马车打开中国市场。中国庞大的市场胃纳，将大大促进英国的经济发展。历史学者魏斐德（Frederic Wakeman, Jr.）以略带戏谑的口吻，形容当时英国商人觊觎中国市场的乐观心态："一出广州城，就是四亿人口的中国国内大市场。曼彻斯特的制造商们互相议论说，只要想想这件事：如果每个中国人的衬衣下摆长一英寸，我们的工厂就得忙上数十年！"[6]

为英国商品打开中国市场正是马戛尔尼使节团前往中国的重要使命之一。乾隆时代，中国对欧洲市场的出口造成巨大的贸易逆差，对英国而言，中国三大主力出口商品茶叶、丝、瓷器之中，尤以茶叶最为重要。自十七世纪茶叶引进伦敦之后，英国社会对茶叶趋之若鹜，需求量大幅增长。十八世纪初，对东方贸易具半垄断性质的英属东印度公司[7]每年出售的茶叶不到五万磅；到了十八世纪末，该公司出售的茶叶已增加到两千万磅，也就是说，不到一百年，茶叶的销售量已经增长为四百倍。茶叶贸易占英属东印度公司业务的九成，而英国王室的收入，则有一半来自国家的茶叶税。[8]

然而，清廷虽然开放对外通商，却仅仅局限在广州一口，而且对于贸易季节、居留时间、通商对象等设下种种限制。况且，清廷这种管制型的经贸措施，握有经贸权力的地方官员层层盘剥，自然容易滋生贪污索贿的弊端。因此，英国政府特别期盼借由马戛尔尼出使中国，能在北京与清廷达成贸易协定，打破中国"广州制度"独口通商的贸易限制，扩大英国工业革命之初大量生产的商品在中国市场的占有率，以平衡因自中国进口茶叶、丝、瓷器等所造成的巨大的贸易逆差。

况且，此时英国人也对本国生产的产品愈来愈有信心，自认已经能与东方奢侈品的质与量相媲美。英国制造商借由使用不同的原料，利用像煤这样丰富的燃料，以精细的劳动分工和机械设备，生产出来的"流行奢华"堪称独步全欧洲，饱含科学与技术的丰富性。博尔顿和约书亚·玮致活十分明白他们对比中国所取得的成就，两人都乐观预期他们的产品可以在中国庞大的市场取得商机。马戛尔尼使节团的中国行，为他们提供了一条实现商业梦想的渠道。

此外，英国政府更希望能进一步在北京设立使馆，常驻代表，以避开广州本地官员贪得无厌的敲诈，直接与北京洽商贸易事宜，确保英商在中国的商业利益。[9] 根据英国政府的认知，为了达到扩大英国在中国的商业利益，必须要能与中国就商业问题公平谈判；如果要与中国公平谈判商业问题，就必须能与中国平起平坐、国家地位对等，而非仅仅是前来乞怜中国施惠的朝贡国。换句话说，对英国政府而言，使节团的目的虽然有二，但其实是一体之两面。

使节团阵容

除了礼物的巧思，使节团此行能否成功，关键还在于特使的人选。过去中国人之所以普遍对英国人观感不佳，认为英国人野蛮，原因就出在他们所接触到的英国人，都是一些粗鄙、目不识丁的海员和下层人士，他们还没有见识过真正受人尊敬的高雅绅士。就这点而言，斯当东认为马戛尔尼的出身、举止与历练，足以令他们对英国人的恶劣印象大为改观。

马戛尔尼本人多才多艺，被认为是那个时代的青年才俊，他是英国"文学俱乐部"（Literary Club）的会员。这个俱乐部成立于一七六四年，是由乔治三世的宫廷画家、皇家美术学院首任院长雷诺兹所创立，与马戛尔尼同时代的会员，还包括东方学家琼斯（William Jones）、政治哲学家伯克、博物学家暨英国皇家学会会长班克斯、历史学家吉朋（Edward Gibbon）、政治经济学家亚当·斯密，等等。这些人可以说是所谓"知识贵族"（intellectual aristocracy）[10]的典型。马戛尔尼除了富有人文涵养，还长年担任公职，外交事务历练丰富。他在俄国凯瑟琳大帝的宫廷中，在西印度群岛、爱尔兰、印度屡建奇功。就是任职印度期间，马戛尔尼和英属东印度公司的经理们建立了良好的工作关系，并且受到英国首相皮特（William Pitt）的赏识，成为率领使节团出使中国的绝佳人选。[11]

使节团副使斯当东具备优秀的外交能力，与马戛尔尼关系深厚。斯当东拥有法国医学研究员的证书，他曾在西印度群岛的格林纳达（Grenada）置产，并结识了新任总督马戛尔尼，这是两人友谊弥坚的起点。尔后，马戛尔尼赴印度担任马德拉斯省（Madras）总督，斯当东也以秘书的身份随行。后来，斯当东入选皇家学会，擅长植物研究的斯当东，也是"林奈学会"（Linnean Society）的会员。[12]随行团员丁维提（James Dinwiddie）博士是天文学家，使节团总管巴罗（John Barrow）擅长天文、力学，威廉·亚历山大（William Alexander）是著名画家，在爱丁堡大学习医的吉兰（Hugh Gillan）则担任随团医生。除此之外，使节团团员之中，还有机械师、钟表师、冶金学家、园艺和植物学家，人才济济，俨然是英国皇家学会的一支小分队。

由于英国本地缺乏中国专家，所以马戛尔尼先派遣还是秘书的斯当东前往欧洲大陆寻觅中国人，以期对贺礼的筹备提供建议，同时担任使节团的翻译。当时，欧洲的中国专家寥寥可数，中国人更是凤毛麟角，要寻觅中国人或中国专家其实相当不容易。根据历史学家奥斯特哈默（Jürgen Osterhammel）的说法，直到一八五一年都很难在伦敦看到中国人，以至于一个中国妇女和她的两个孩子被当

1

2

3

马戛尔尼使节团 画家威
廉·亚历山大出使中国留
下的画作

来源：

1, 2

Wikimedia Commons

3

The Metropolitan Museum of Art

成"高贵野蛮人"作为活标本展示，一次收费两先令。[13]

十八世纪的欧洲，唯有曾在中国传教的意大利耶稣会传教士马国贤（Matteo Ripa）所创办的"那不勒斯公学"（又称"中华书院"）中，才可能找到知书达礼的中国人。斯当东经由巴黎来到意大利，通过英国驻那不勒斯公使汉密尔顿爵士和当地人德安科拉（Don Gaetano d'Ancora）的介绍与协助，在那不勒斯公学找到两位中国青年李自标（Giaconmo Li）、柯孝宗（Paolo Ke）。[14]李、柯除依东方风格选定了赠送给中国皇帝和大臣们的礼物，提供宝贵、有益的意见，李自标更是全程担任使节团的翻译。（柯孝宗抵达澳门之后因担心替外国人工作而罹罪，所以先行离开使节团。）

使节团的阵容十分浩大，承担出使任务的成员总计一百余人，搭乘配备六十四门炮的英国皇家海军"狮子号"（The Lion）、"印度斯坦号"（The Hindostan）和补给舰"豺狼号"（The Jackal），携带的礼物共装成六百箱，泊靠天津后用了九十辆车、四十辆手推车、二百匹马、三千苦力搬运进北京城。清廷方面对马戛尔尼使节团携带的礼物相当重视，早在使节团泊靠天津之前便要求英方尽早提供礼物的清单，清单上除了罗列礼物的品名，还附加解释说明。这份清单的开场白所强调的是国家之间的和睦交流——英国使节团"拣选数种本国著名器具，以表明西洋人格物穷理及其技艺，庶与天朝有裨使用，并有利益也"[15]，而不是礼物本身的巨额价值。不过，在对礼物详细说明时，使节团还是特别强调它们的巧夺天工和匠心独运。

御前展示礼物

　　鉴于为皇帝筹办的礼物体积庞大，制作鬼斧神工，拼装不易，根据马戛尔尼估算，送给皇帝的礼物，若要一一装配完好，大概需要花费六七个礼拜的时间，[16]恐怕赶不上设宴热河的皇帝寿辰。所以，马戛尔尼与清官员经过几番交涉，最后征得清廷同意，除了携带部分礼物如大小枪、红毛剑、千里镜前往承德避暑山庄，于贺寿时当面进献给乾隆皇帝，其余细巧贵重又组装复杂的礼物就安顿在圆明园内，并留下擅长科学实验的丁维提博士和总管巴罗入住圆明园清廷安排的房子，督导安装礼物，装好之后就不再搬动，因为这些代表欧洲高超技巧的东西，必须保持在最精准的状态，才能发挥其应有功能。等到乾隆过完寿辰回銮京城，再于御前操演展示给皇帝欣赏。

　　使节团筹办的礼物当中，除瓷器之外，最让马戛尔尼引以为傲的是"布蜡尼大利翁大架"，在进呈乾隆皇帝的礼物清单中，使节团还特别费了一番笔墨描述：

> 　　（它）乃天上日月星宿及地球全图。其上地球照依分量是极小的，所载日月星辰同地球之像，俱自能行动，效法天地之转运，十分相似。依天文地理规矩，何时应遇日食、月食及星辰之愆，俱显著于架上，并有年月日时之指引及时辰钟，历历可观。此件系通晓天文生多年用心推想而成，从古迄今所未有，巧妙独绝，利益甚多，于西洋各国为上等器物……同此单相连别的一样稀见架子，名曰来复来柯督尔，能观天上至小及至远的星辰转运，极为显明；又能做所记的架子，名曰布蜡尼大利翁，此镜规不是正看是偏看，是新法，名赫汧尔天文生所造的……[17]

乍看礼物清单上的"布蜡尼大利翁""来复来柯督尔"名称，乾隆可能会觉得满头雾水，不知所云。[18]其实，"布蜡尼大利翁"是"planerarium"的音译，就是演示天体运行的"天体仪"或"天体运行仪"，它是马戛尔尼所进献的仪器中体积最大、构造最为复杂的一件，体现了当时英国天文科技的最新成就。马戛尔尼曾寄予厚望，期待这件礼物能打动乾隆的心。根据丁维提的说法，这件天文仪器是由符腾堡（Wurttemberg）工匠制造，英属东印度公司以600英镑辗转购得；然后，再耗费656.13英镑的巨额工钱，交由伦敦蓓尔美尔街（Pall Mall）的著名钟表匠瓦里美（Francois-Justin Vulliamy）加以镀金和装饰珐琅，并配上凤梨和其他垂花图案，来呈现浓浓的中国风情。所以，这件"布蜡尼大利翁"总价高达1256.13英镑。[19]套用当代学者的说法，马戛尔尼似乎认为，"英国科学这帖猛药必须包裹中国风情的糖衣，在科学方面尚且幼稚的中国观众才会觉得顺口，被他们所接受"[20]。

"赫汁尔"其实就是德裔英国天文学家、前述月光社座上宾的赫歇尔，"来复来柯督尔"则是英文"reflector"的音译，也就是赫歇尔制作的牛顿式反射望远镜。赫歇尔，汉诺威人，原本以音乐为业，因躲避七年战争而逃亡英国。他热爱天文学，自学成功。赫歇尔以他制作的牛顿式反射望远镜发现天王星和土星的两颗卫星而闻名，并获选为皇家学会会员，是英王乔治三世在温莎堡的御用天文学家（年薪二百英镑[21]，对比之下，可见那架"布蜡尼大利翁"的造价有多么昂贵）。赫歇尔后来和妹妹卡罗琳又制造了一架更大的牛顿式反射望远镜，焦距长达四十英尺，主镜直径四十八英寸，重量二千磅，这架牛顿式反射望远镜象征英国天文学研究的整体水准。[22]

赫歇尔的牛顿式反射望远镜被列入礼品清单还有一段小插曲。使节团以科学仪器和工艺制品作为进献给中国皇帝和大臣们的礼物，目的是要让他们感受到大英帝国辉煌的科学成就和精湛的工艺技术，马戛尔尼不能让事情节外生枝，损及他期待礼物的动人效果。当时，广州是中外贸易的重镇，许多西方仪器作为商品流入中国，马戛尔尼担心，西方先进科学仪器如果"落入中国商人之手，并通过渠道进献给皇帝，可能会导致我们的好东西贬值，使之黯然失色"[23]。因此，马戛尔尼一抵达广州，马上又添购了赫歇尔的牛顿式反射望远镜和帕克（William Parker）的透镜作为礼物。

马戛尔尼颇费一番心思安排礼物的展示位置，好让乾隆回銮观赏仪器操演时可以尽收其眼底：地球仪与浑天仪安置在正大光明殿大殿御座的两侧，折光镜数面自天花板垂悬而下，每面折光镜至殿顶中心，距离均相等。大殿北侧安置行星仪一座，马戛尔尼最为重视的天体运行仪，也就是那座"布蜡尼大利翁"，连同风雨表、"玮致活"瓷器、瓷像、弗拉泽（Fraser）的七政仪[24]等，就陈列在大殿的南面。另外，配备一百一十门巨炮的英国战舰"皇家君王号"（The Royal Sovereign）模型和六门小型加农炮，分别陈列在正大光明殿和长春园内的淡怀堂。[25]如果说马戛尔尼使节团的成员好比是小型的英国皇家学会，那么，使节团在圆明园内所陈列的礼物物件，或许让观者仿佛置身"万国博览会的未来英国馆。这是一次西方工艺的非凡展示，尤其是英国在科学与技术方面的工艺成就"[26]。

马戛尔尼要在乾隆御前操演科学仪器的想法，其实是十七、十八世纪英国独特科学文化和知识观的体现。科学史家夏平（Steven Shapin）和谢弗（Simon Schaffer）曾以波以耳与其英国皇家学会的同僚构建实验发现"真实"为例，阐述十七世纪以来英国人的科学观和真理观，他们认为科学命题的真理性部分有赖公众参与的确证。诚如夏平和谢弗在他们有关英国实验哲学的开创性著作中所说的，"'事实'是共有一种实践经验过程的结果，先向自己证实，再向其他人保证其信念是有充分根据的"[27]。所以，对当时的英国人来说，现代科学的事实、知识的真理，既属知识论领域，也是社会性范畴。

这种实验主义、经验主义的科学观、真理观，强调来自不同群体的人自愿做证，可以消除怀疑主义者所担心的个人感知可能存在的偏见，同时唯有证人出于自愿而非遭外力胁迫，以这种方式得到的共识结论才更具有验证的效力。科学知识的可靠性有赖公众的参与，而科学知识的公共性，使得科学家能够验证与辩论，经过公共的程序，才能为科学知识奠定坚实的基础。所以，十七世纪的英国科学家常常选择在实验室以外的公共空间，如咖啡馆、沙龙、俱乐部和其他场所，向公众展示他们的实验成果，以强化这种科学知识的公共性。

布莱恩·考恩（Brian William Cowan）在他的著作《咖啡的社会生活：英国咖啡馆的诞生》（*The Social Life of Coffee: The Emergence of the British Coffeehouse*）一书中说道："咖啡馆为志趣相投的学者提供了一个聚会的场所。他们在这里阅读、相互学习和辩论。"[28] 当时许多著名的学者，都会到咖啡馆和公众进行交流，发表科学成果。例如英国皇家学会首任会长胡克（Robert Hooke）、同样曾经担任英国皇家学会会长的佩皮斯（Samuel Pepys）、建筑大师雷恩爵士（Sir Christopher Wren）、造船巨擘帕特（Peter Pett）。麦克法兰（Alan Macfarlane）谈到十八世纪英国机械科学教育较欧洲其他国家更为普及时，绘声绘影地说道："一七四〇年代末之前，在一家伦敦咖啡馆的系列讲座中可能学到的应用机械学（applied mechanics），比在法国任何一家全日制学院（college de plein exercice）学到的都要多。"[29] 英国这种实验科学的公开展示，可以说是"公共利用理性"的典范，其间预设了参与者的理性沟通与交流。

这种理性沟通与交流或许正是马戛尔尼此行特别期待从乾隆和中国得到的。与马戛尔尼同时代的英国官员、政治经济学家和道德哲学家，都把商业和外交视为两种不同的跨国界交流，诚如何伟亚

（James L. Hevia）所说的，"每一种交流形式都包含了谈判。通过谈判而达成的理性交换会产生'互利'"[30]。这种互惠互利的外交与商业谈判，就是马戛尔尼使节团中国之行的两大目标。

送礼的历史

对于礼物的选择，马戛尔尼显然并未接纳博尔顿的建议，主要还是挑选奢华的钟表、瓷器、天文仪器和科学设备，而不是实用性物品。从礼物清单的内容和寓意来看，英国使节团的想法，可以说是复制了明清时期耶稣会传教士在华的传教策略。[31]就像西洋传教士期盼通过欧洲的艺术与科技，敲开中国人接纳甚至拥抱基督信仰的心扉，英国使节团同样冀望以英国精湛的工艺与科技，扩大英国商品在中国的市场。一六〇一年，万历二十九年，意大利籍耶稣会传教士利玛窦就是以西洋钟表为敲门砖，叩开了紫禁城的大门。[32]

耶稣会在华的传教策略，强调循序渐进、宁缺毋滥，首先在于赢得中国社会主流、文化精英之士大夫阶层的友谊和支持，再借由士大夫上层精英风行草偃的力量，达到宣教的"滚雪球效应"。[33]诚如耶稣会创始人罗耀拉所说："耶稣会愈是接近上层阶级，愈能彰显上帝的伟大荣耀。"于是，利玛窦入华不久，便脱去僧袍、穿上儒服，把归化信徒的对象指向士大夫。而为了接近士大夫阶层，与他们论交，利玛窦宣教的策略重点，就摆在勤勉学习儒家典籍，以书院讲学的方式，隐藏宣道神父的身份，并以士大夫所熟悉的儒家语言，诠释基督教义，同时证明儒家思想与基督信仰彼此相通；另一方面，又以传授欧洲数学、天文历法、地图等西学知识，引发李之藻、杨庭筠、徐光启等上层官绅的兴趣，以适应中国本土主流文化的手段，开辟"学术传教"的独特路径。[34]

利玛窦认为，要想使中国人皈依天主，就必须设法让中国社会的最高统治者皇帝成为教徒，利用皇帝的权威影响他的子民接受基督信仰。为了实现这一传教策略，他必须觐见中国皇帝；而向皇帝献贡，几乎就是当时洋人接近皇帝的唯一途径。

于是，利玛窦委托教友经由澳门打点贡品，通过天津税监宦官马堂的渠道，以"大西洋陪臣"名义，向万历皇帝上呈题本，呈献的贡品包括：三幅宗教画，其一是玻璃盒中的基督三联画，其二是描绘圣母、圣婴及施洗者约翰的画像，其三是圣母与圣婴图像，这幅画是传播福音的圣路加（St. Luke）圣母像的复制品，原画目前收藏在罗马圣玛丽亚·梅杰教堂（St. Mary Major），广受天主教徒的信仰；两座自鸣钟，一座是带有重锤的大钟，一座是较小的桌面座钟，以发条驱动；一本镀金的祈祷书；一部装帧华丽、奥斯特留斯（A. Ortelius）的制图学名著《地球大观》（*Theatrum Orbis Terrarum*）；另外，还有棱镜、沙漏、彩色腰带、几匹花布、欧洲银币、犀牛角（传统中医视为珍贵药材）、玻璃瓶和一张翼琴（原本利玛窦还从澳门订制了手风琴，但当琴制好送到南京时，利玛窦已经启程北上了）。[35]

万历皇帝起初对利玛窦的奏疏并没有特别注意，迟迟未有回音。在天津焦急等候的利玛窦，这时又祸不单行，遭到觊觎贡品的太监马堂软禁。就在万念俱灰，唯恐传教事业毁于一旦时，上帝终于回应了利玛窦的诚挚祷告，事情的进展有了奇妙的转机。根据利玛窦转述近侍太监的说法，有一天，万历皇帝突然莫名想起他看过一份奏疏，问起"那座自鸣钟在哪里"。这时，随侍太监禀告皇帝原委，圣旨不久便传抵天津，利玛窦一行人才获得释放，奉召入宫。[36]

利玛窦进贡的宗教画，风格写实，栩栩如生，让万历皇帝惊得目瞪口呆，连声说道："这真是活神仙。"由于图像逼真，万历皇帝害怕不敢靠近，便把画像送给笃信佛教的母后。没见过欧洲画作的皇太后，对画中神像活生生的形态也感到不安，于是命人把图画收入库藏。太监告诉神父们，皇帝还曾亲自来向画像致敬，命人焚香祭祷。

自文艺复兴运动以来，图像就是天主教在欧洲传播的重要媒介，[37]在华的传教士同样把图像视为重要的宣道工具。所以，中国最早自欧洲引进的艺术作品，就是欧洲的宗教画作、插画和版画。一五七八年，一群西方方济各会士在澳门登陆，他们带来罗马圣母教堂、由圣路加所创作的圣母圣婴画像的复制品。当耶稣会传教士在广州附近的肇庆展示这幅圣母圣婴画像时，中国人往往把这幅画作误以为是佛教的送子观音像。（前述万历皇帝和笃信佛教的皇太后，或许就是把圣母圣婴图与送子观音像混淆了。）

根据学者对中国人观世音菩萨信仰的研究，作为生育女神的"送子观音"，其实是"白衣观音"的一种变体，普遍受到中国文人与一般妇女的供奉。送子观音像的造型，通常被视为中国民间宗教艺术的代表，十七世纪福建德化生产的白瓷，常以送子观音为题材，至今仍广为收藏保存。[38]耶稣会了消弭这种误解，就以救世主为主题的画像取代圣母圣婴图。这幅画的画面，显示出耶稣的上半身，一手持圆球和十字架，一手正在祝福。这幅画是那不勒斯的耶稣会士尼科洛（Giovanni Niccolo）的作品，一五八二年他与利玛窦一起来到澳门。基于传教的便利，尼科洛先后在中国澳门与日本的长崎、有马两地开办绘画学校，培养绘画圣像的中日画家。其中以带有中国血统的日本人倪雅谷（Jacques Neva）最为著名，他曾为北京教堂的主祭坛创作了一幅圣路加圣母像。另外一位是协助利玛窦传教的游文辉，有学者认为，他所绘画的利玛窦像是现存最早由中国人创作的油画肖像，这幅画完成于利玛窦去世之后，目前仍保存在罗马的耶稣会堂。[39]

文艺复兴时代欧洲的宗教画作常令中国观看者感到惊奇，例如万历皇帝和皇太后，不仅画作的意象时常成为中国人的话题，其逼真的画面表现也常常令中国人想要一窥个中堂奥。中国人尤其对文艺复兴时代欧洲绘画讲究光影变化、色彩浓淡、远近比例的透视技巧印象深刻。利玛窦本人对欧洲的绘画技巧颇有自信，为了方便传教，利玛窦不断要求教会寄给他欧洲绘画。利玛窦评论说，中国人天赋虽高，但缺乏与外来文化的交流，艺术还非常原始。"他们对于油画艺术与利用透视作画原理一无所知，结果作品更像是死的，而不像活的。"诚如中国十八世纪学者姜绍书在其著作《无声诗史》中的记载："利玛窦携来西域天主像，乃女人抱一婴儿，眉目衣纹，如明镜涵影，踽踽欲动，其端严娟秀，中国画工无由措手。"[40]

利玛窦进献的贡品有一架西洋古钢琴，即所谓的"楔槌钢琴"，《续文献通考》（卷一百二十）对利玛窦所进献的乐器有以下描述："纵三尺，横五尺，藏椟中，弦七十二，以金银或炼铁为之，弦各有柱，端通于外，鼓其端而自应。"万历皇帝对这架西琴颇感兴趣，命四名宦官乐工向随利玛窦进京的年轻修士庞迪我（Diego Pantoja）学习演奏这架乐器。乐工必须时常回复万历皇帝对乐曲的垂询，利玛窦于是谱写了向皇帝解释西洋乐曲意蕴的文字，即《西琴曲意》八章"道语"，内容多以宗教与道德为主旨，陈述"人心如何趋向天主；青春的飘然逝去，直到我们有心过一种道德生活；天主如何赐予我们荣耀万分……"例如，第一章《吾愿在上》："……君子之知，知上帝者；君子之学，学上帝者。因以择海下众也。上帝之心，惟多怜恤苍生，少许霹雳伤人。常使日月照，而照无私方分！常使雨雪降，而降无私田兮！"[41]中国就像欧洲，宫廷风尚随君主癖好而流行，总会成为上流社会的时髦。利玛窦的这篇《西琴曲意》由于受到万历皇帝青睐，一时之间，在京城里洛阳纸贵，朝野官绅、文人雅士竞相传抄，对利玛窦赞誉有加，这自然有益于利玛窦对传教事业的开拓。

四十年后，这架西洋古琴又在宫廷内库中被找到了。崇祯皇帝或许是为了排遣因国事蜩螗而郁闷的心绪，想听听欧洲音乐，谕令传召传教士汤若望（Johann Adam Schall von Bell）和广州人徐复元（教名Christopher）修士进京修理这架西洋古琴。汤若望借机向崇祯皇帝进献了两件天主教艺术品：一本篇幅一百五十页、用羊皮纸绘画的耶稣基督生活画卷，以及一尊形象逼真、色彩鲜艳的三贤人蜡制雕像。汤若望进一步把第一件物品装饰在图书旁边的福音文字翻译成中文，用金字书写在图画的背面。明朝灭亡后，一位离宫返乡的宫女信徒，还向汤若望提到这两件礼物给崇祯皇帝留下非常良好的印象。[42]

传教士通过绘画、古琴旁敲侧击间接向中国人传达基督信仰的寓意，而机械钟表除了报时的功能，对欧洲的传教士而言，同样还有一种上帝创造、维持宇宙秩序的宗教隐喻。套用法国思想家伏尔泰的话："钟表暗示有钟表匠存在。"[43]结果，这个至高无上的钟表技师，就如同莱布尼兹（Gottfried Wilhelm Leibniz）认为的那个"《圣经》中安息日的上帝"，"完成了自己的工作，发现这个世界是一切可能世界中最好的，因此不用为这个世界再做些什么，或者在其中行动，而只是保持它，维护它的存在"[44]。

在机械论自然哲学初兴的年代，欧洲人相信上帝是造物者，"在'世界时钟'形成的时刻上紧其发条，之后就可以完美运行下去；这是对神的智慧的一种证言，因为他的创作是如此完美无瑕，以至于不需要多余的修补或者管理"[45]。结果，宇宙被莱布尼兹、牛顿装上发条，上帝成为第一因钟表匠，宇宙就像是上帝所创造的一部完美机械，掌握钟表的机械结构与运作原理，就能让人更充分领略上帝创造世界的巧思。耶稣会传教士接受自然机械论的观点，认为当他们把机械钟表进献给外国君王，便找到一条往权力层峰传播圣教的捷径。[46]利玛窦进贡自鸣钟给万历皇帝，可以说是延续这种自然哲学的理念，同时也是自鸣钟为利玛窦的中国传教事业创造了奇迹。

利玛窦进贡的大、小自鸣钟，根据《续文献通考》（卷一〇九）的描述，"大钟鸣时，正午一击，初未二击，以至初子十二击；正子一击，初丑二击，以至初午十二击"。而"小钟鸣刻，一刻一击，以至四刻四击"。明朝时代的谢肇淛，在其《五杂组》（卷二）提到利玛窦所献的自鸣钟，"每遇一时辄鸣，如是经岁无顷刻差讹也"，并赞叹其"亦神矣"。正是这样鬼斧神工的奇器让万历皇帝沉溺其中，诚如李玛诺（Emmanuel Diaz Senior）神父所说，在他看来，"就是自鸣钟确保了神父们在中国的地位"，奠定了传教事业的基础。[47]

当利玛窦在天津等候时，作为贡品已先行送至宫内的两座自鸣钟，小自鸣钟还在走，大自鸣钟因钟摆走到底已经不能动了。逗乐了万历皇帝的自鸣钟不再鸣响，他就像玩具被弄坏的小孩，迫不及待地命令钦天监的四名太监，限期三日修好自鸣钟。根据传授这四名太监调校自鸣钟的利玛窦的说法，他们努力学习，"终于掌握了调整时钟的足够知识，但唯恐有失，他们把讲授的内容和时钟的机械结构详细记下来，因为太监在皇帝面前犯了错误，性命难保……他们首先关心的问题是齿轮、发条和附件的汉语名称"[48]。利玛窦把这些名称都告诉他们，因为任何零件若不慎遗失，这些东西的名称也会被全部忘记。另外，皇宫内没有哪座宫殿有足够的高度安放大自鸣钟，使它的钟摆可以下垂到控制齿轮的位置。于是，万历皇帝传令工部，依据神父们绘制的图样，修建小型的木制钟楼，其中有楼梯、窗户、走廊，耗费巨资，装饰得美轮美奂。

清代学者赵翼在他的《檐曝杂记》（卷二，《钟表》）一书中指出，"自鸣钟、时辰表皆来自西洋"，明朝末年，罗明坚（Michele Ruggieri）、利玛窦等引进自鸣钟之后，[49]中国开始制造机械钟表。到了清康熙年间，中国钟表制造逐渐兴盛，不仅宫廷里设置专门制造修理钟表的"自鸣钟处"，广州、福州以及长江下游的南京、苏州、扬州等地，也纷纷兴起机械钟表制造业。其中，尤以广州通商口岸居中西贸易地利之便，成为中国机械钟表的制造中心。乾隆年间，根据传教士的报告，宫廷内"充斥钟……表、钟乐器、发条自鸣钟、风琴、地球仪以及各式各样的天文钟，总共有四千多件，都出自巴黎和伦敦的名工巧匠之手"[50]。对以收藏自鸣钟为乐的现象，清宗室昭梿不无忧心地在《啸亭续录》（卷三，《自鸣钟》）书中提到自鸣钟"来自粤东，士大夫争购，家置一座以为玩具"。自鸣钟表在士大夫之间的流行，反映了清初上流社会的品位爱好，同时也是一种社会地位的象征，像《红楼梦》也有涉及钟表的情节，小说中描述贾家因拥有机械钟表而强化了他们的上流地位。[51]

马戛尔尼以及使节团的团员如斯当东、巴罗在他们各自的回忆录里，不约而同都提到在正大光明殿内御座附近的角落，看见英国生产的报时钟摆设，这座报时钟是十七世纪伦敦里登哈尔街（Leaden Hall）"乔治·克拉克钟表店"所制作，能够轮流奏出十二首曲子，其中包括盖伊（John Gay）创作的《乞丐歌剧》（The Beggar's Opera）乐曲，[52]都是英国当时流行的音乐。巴罗在他的回忆录中嗤之以鼻地讽刺说，圆明园内的老太监甚至还"厚着脸皮"告诉使节团，这座报时钟是中国人制作的。[53]

老太监蒙昧，但这并不表示清朝对英国与英国人一无所知，从乾隆谕令编纂的《皇清职贡图》[54]来看，清廷其实在十八世纪中叶便知道英国与英国人的存在。不过，文献中清朝对英国人的认识实在太过浮泛，甚至还出现谬误，错把英国人与荷兰人混为一谈："英吉

《皇清职贡图》中的英国人画像

来源：Wikimedia Commons

　　　　　　　　　　　　　　　献给皇帝的礼物

利亦荷兰属国，夷人服饰相似，国颇富。男子多着哆啰绒，喜饮酒。妇人未嫁时束腰，欲其纤细，披发垂肩，短衣重裙，出行则加大衣，以金缕合贮鼻烟自随。"[55]马戛尔尼使华的年代，诚如后叙，借由西洋传教士的居间媒介，包括英国在内，整个欧洲正笼罩在浓烈的"中国风"（Chinoiserie）潮流下，对中国典章制度、道德文化推崇备至。然而，正是通过对物的亲身接触，英国人似乎已经隐隐约约感受到"中国风"的虚有其表，清王朝作为"中央王国"的地位恐怕只是一种迷思。巴罗本人，以及马戛尔尼、斯当东等，尔后返回欧洲，都把他们在中国的所见所闻形诸文字，付梓出版，反映了中国的真实面貌，从而对中国在欧洲的形象由正转负，起到了推波助澜的作用。

第 四 章

欧洲的时尚中国风

时尚在限制中显现特殊魅力，它具有开始与结束同时发生的魅力，

新奇的同时，也是刹那间的魅惑。

——

齐美尔，《时尚的哲学》

欧洲洛可可[1]中国风

　　英国盘算借由贺寿的名义觐见中国皇帝，直接商议改善英商在中国的贸易制度，以平衡英国对华的严重贸易失衡。然而，对英国商人而言，解决严重贸易失衡的问题，不仅在于中国调整其应对洋商的贸易管制政策，另外也必须与弥漫欧洲的中国风潮流相抗衡。

　　利玛窦借由献钟敲开了紫禁城的大门，他虽然并未真正与久未上朝的万历皇帝谋面，仅仅是跟着朝贡团对着皇帝的御座下跪叩头，但踵继利玛窦之后抵达中国的西洋传教士，大体上还是依循利玛窦的传教策略，也就是"利玛窦规矩"，为传教事业奠定基础。

　　西洋传教士意识到为求方便传教，他们必须先认识中国文化传统，介入中国人相关问题的对话，找到中国文化与基督信仰的共同基础；他们钻研中国思想，传回欧洲大量报告、书信、回忆录以及有关儒家思想典籍的翻译，让欧洲人有系统地"认识"（或者"曲解"）中国的社会与文化传统。[2]另一方面，为了让中国人接纳他们的教义，他们也把大量的欧洲科学知识和仪器带进中国，促成中国对欧洲科学的接纳。[3]结果，出乎意料地，西洋传教士超越了原本肩负的宗教使命，同时扮演了汉学家、语言学家、人类学家、翻译家、外交官、中国

　　　　　　　　　　　　　　献 给 皇 帝 的 礼 物

通、文化工作者，体现出所谓"文化翻译"（cultural translation）⁴的功能。

正是传教士，特别是耶稣会的传教士，自从文艺复兴运动时代以来，扮演了东西方文化交流的桥梁角色，推动欧洲的中国风艺术风格，也就是把中国的风格与元素注入家具、瓷器、林园、居家生活设计的种种奇思妙想中。这股流行时尚一直延续到十九世纪末，仍然层出不穷、历久不衰。⁵耶稣会传教士作为传播欧洲中国风艺术风格的媒介角色，具体体现在这件名为《天文学家》（*The Astronomer*）的中国风挂毯。

在这幅中国风挂毯中，奇妙的叙事图案所显示的北京传教士，极有可能是汤若望和南怀仁（Ferdinand Verbiest），而一同出现的人物普遍被认为是康熙皇帝。画面中，这群人正在检查天文仪器，有个地球仪放置在雅致的花园凉亭中，背景可以看到包括宝塔在内的许多建筑物。欧洲的观看者自然能够了解这幅挂毯图案的叙事含义：要让这个帝国皈依基督的信仰，全得仰仗皇帝的善意和积极支持。耶稣会传教士适时以皇帝宠臣的身份融入了画面中的场景。耶稣会传教士身穿朝服——众人正在小心翼翼地检视科学仪器，这些科学仪器都是依据实际的模式绘制。任何欧洲的观看者一眼就可以认出人物位阶的高低、康熙个人所散发的庄严威仪气息，以及种种充满异国风情的中国风物品：凉亭顶上的鸟、周遭陌生又令人印象深刻的建筑物。这挂毯的画面呈现出中国朝廷生活讨喜的景象，同时也传达了耶稣会传教士支持罗马教廷意图使清帝国皈依的重要策略。这幅中国风挂毯，一目了然展示了欧洲传教士在中国由上而下、风行草偃与以天文科技为工具的传教策略。

《天文学家》中国风挂毯是在著名的博韦挂毯厂（Beauvais Tapestry Factory）织成的，属于维尔南萨勒（Guy-Louis Vernansal）、蒙诺耶（Jean-Baptiste Monnoyer）和其女婿丰特奈（Jean-Baptiste

《中国皇帝的生活》系列挂毯　　　《天文学家》挂毯

来源：J. Paul Getty Museum

维尔南萨勒、蒙诺耶、丰特奈，《觐见中国皇帝》挂毯

来源：The Metropolitan Museum of Art

　　　　　　　　　　　　　　　　献 给 皇 帝 的 礼 物

Belin de Fontenay）所共同参与设计、题为《中国皇帝的生活》（*The Life of the Emperor of China*）系列中国风挂毯之一。在这一系列挂毯当中，另外还有《觐见中国皇帝》（*Audience of the Emperor of China*）的挂毯十分受欢迎，曾经被多次复制。这系列挂毯的设计和细节都是典型的洛可可风格，反映出十八世纪法国对东方异国情趣的想象。[6]

著名的艺术家布歇（Francois Boucher）也为博韦挂毯厂设计过另一版本的《觐见中国皇帝》中国风挂毯。比较前后两个版本可以发现，前一个版本中所觐见的也可能是印度君王，他头上的华盖像是摩尔式的，也像是哥特式的，宝座后方还有一只大象。对比这个版本所呈现出宫廷的富丽堂皇，布歇的版本所展示的反而是一种田园般的诗意。

布歇设计的中国风作品不单单有挂毯，他也创作油画，并为诺维尔（Jean-Georges Noverre）的芭蕾舞剧《中国节庆》（*Les Fêtes chinoises*）设计舞台。布歇的中国风构图主要是参考当时人在北京的耶稣会艺术家王致诚（Jean-Denis Attiret）[7]寄自中国的画稿，尽管如此，他的创作只是借鉴其中服装和配饰的一些细节，其余大体上是他的想象。他的中国风没有过去的庄重神秘感，流露出的是一种轻快淫逸的气氛。这种异国情调虽然让人愉悦，但显然与中国并不相干。法王路易十五曾把布歇设计的这组挂毯送给乾隆皇帝，乾隆皇帝将其安置在带有浓厚欧洲林园风格的圆明园内，和路易十四、诸位罗马教皇、欧洲各国统治者所送的礼物收藏在一起。艺术史学者昂纳（Hugh Honour）有些啼笑皆非地描述说，对于勾勒他生活其中的世界，乾隆皇帝可能会认为这些挂毯所呈现的是凡尔赛的宫廷景象，与他的生活世界一点也不相似。而路易十五为何会选这类有问题的礼物，他究竟是怎么想的，也实在令人摸不着头脑。日后，布歇的博韦中国风挂毯组连同众多其他的外交礼物，毁于第二次鸦片

布歇，《觐见中国皇帝》挂毯（局部）

来源：Wikimedia Commons

布歇，《觐见中国皇帝》版画

来源：The Metropolitan Museum of Art

　　　　　　　　　　　　　　献 给 皇 帝 的 礼 物

布歇的中国风油画

来源：（上）WikiArt；（下）Web Gallery of Art

战争期间洗劫圆明园的英法联军。[8]

十八世纪的法国，除了布歇，还有华多（Jean-Antoine Watteau）、于埃（Christophe Huet）、皮耶芒（Jean-Baptiste Pillement）等才华杰出的艺术家，影响了巴黎乃至全欧洲的中国风设计。这种设计风格，出现在化装舞会、室内设计、家具、瓷器、林园、建筑、雕塑等事物之上，无不散发出"魅惑优雅"和"精巧的骄奢淫逸"氛围。

中国风在欧陆的盛行，另外还得归因众多欧洲思想家对中国的憧憬与向往。马勒伯朗士（Nicolas de Malebranche）、沃尔夫（Christian Wolff）、莱布尼兹、伏尔泰、狄德罗、魁奈（François Quesnay）[9]等思想家，迷恋中国的哲学思想、传统文化、官僚体系、教育制度等，并推崇孔子的理性主义以抗衡教会的迷信权威，以东方中国为镜像，审视、纠正自身的谬误。中国成为欧洲重整道德秩序，重建政治制度的典范。法国中国风艺术家最重要的赞助者蓬巴杜夫人（Madame de Pompadour）是魁奈的密友，就是在魁奈的建议下，蓬巴杜夫人成功说服路易十五模仿中国皇帝的做法，在春耕时亲自扶一回犁柄。

英国的中式林园

马戛尔尼的家乡并未同享欧陆启蒙思想家对中国典范的深度激情，英国人对中国的神往，主要表现在当时英国文化与艺术领域所掀起的中国风潮流，钱伯斯正是英国这股中国风潮流的代表。

活跃于十八世纪的英国建筑家、林园和家饰设计家钱伯斯，早年任职瑞典东印度公司，曾随商船两度造访广州，采撷中国建筑与林园设计的风貌，出版了影响欧洲林园设计观念的《东方造园论》一书。[10]在书中，钱伯斯强调中国林园设计"对比、变化、惊奇"的美学体验，以更自然、更自由、"洒落伟奇"（sharawadgi，意指巧妙的杂乱无章）[11]的风格，破除了占据启蒙运动时代主导地位，强调拘

华多的中国风油画

来源：Web Gallery of Art

皮耶芒的中国风装饰画

来源：The Metropolitan Museum of Art

第四章 欧洲的时尚中国风

谨、工整的建筑理念，以及中规中矩、几何造型的林园设计。对于像利奇温（Adolf Reichwein）这样的历史学家，钱伯斯的林园设计新时尚，所蕴含的不仅仅是林园设计观念的转变，还是一种"划时代观念的巨变，象征由奥古斯都时代的古典对称、平衡观念，向浪漫主义时代更为解放、更富想象、更强调自然生成的观念的巨大转折"[12]。

事实上，直到二十世纪初，还可以在英国的文学作品中读到这种中国式的林园和建筑。维吉尼亚·伍尔夫（Virginia Woolf）的小说《邱园纪事》（*Kew Gardens*），有一段文字刻画七月午后的邱园景致，字里行间杂糅浓郁的中国元素：茶、兰花、白鹤、宝塔、丹顶鹤。

> "喝茶的地方在哪？"她问话的口气激动得很古怪，含含糊糊四处张望，顺着草径走去，阳伞拖在背后。她这边看看，那边瞧瞧，把她的茶都忘了，只想先到这里，再到那边，仅记得野花丛间有兰花、白鹤，以及一座中国式宝塔和一只丹顶鹤。[13]

维吉尼亚·伍尔夫小说中提到的"邱园"，就是十八世纪威尔士亲王、弗雷德里克王子（Prince Frederick, Prince of Wales）与奥古斯塔王妃（Princess Augusta）所拥有的皇家林园。钱伯斯当年曾受雇于亲王与王妃参与这座林园的设计，小说中的宝塔建筑，就是钱伯斯最成功、最负盛名的中式建筑代表作，至今依然屹立在伦敦的邱园。钱伯斯为邱园设计的中英混搭风格和中式建筑，带动了十八世纪东方风格，尤其是宝塔和圆形建筑的流行时尚。邱园的设计，表明了在马戛尔尼启程出使中国的四十年前，英国人就已经关注中国的艺术元素了。[14]

有学者评论，从建筑史的角度来看，钱伯斯的主要贡献，倒不是他匠心独运的创造天分，而在于他是一位擅长媒介、综合异国理

于埃的中国风装饰画

来源：The Metropolitan Museum of Art

画中的宝塔即钱伯斯为英国皇家林园邱园设计的中式建筑

来源：The Metropolitan Museum of Art

邱园宝塔实体

来源：Wikimedia Commons

献 给 皇 帝 的 礼 物

念的大师，他的一生都致力从事这种"文化翻译"的工作。大卫·波特（David Porter）强调，《东方造园论》以及由此衍生的林园风格，其实是一种跨文化翻译的实践，对这部著作及其影响的解读，重点不仅仅在于它"精准刻画'真实的'中国实践，同样至关重要的，还有它是一种有关中国差异性之主观体验的叙事图示"[15]。钱伯斯挪用了中国的林园设计与艺术，又在这过程中把中国的元素与风格融入欧洲林园体验的美学，模糊化中国的指涉与痕迹，丰富了自己的林园设计理念。像这种英、中文化遭遇的表现方法，还体现在英国持久不衰的"青柳式"（Willow Pattern）瓷器。

青柳式瓷器

十八世纪席卷英国市场的中国产品，除了上一章提到的茶叶，还有中国瓷。英国陶匠虽然在十八世纪八十年代成功烧制出类似质地的瓷器，但仍然很难与从广州进口的中国瓷器匹敌。面对既要在本地市场寻找商业利基，又要和进口自中国的瓷器竞争的局面，英国陶匠于是顺应这股中国风瓷器的品位，大量仿制带有中国风格的山水画，运用转印的新技术，把中国风格的风景构图烧制在各式各样的瓷器上，其中尤以青柳式图绘最受英国消费者的青睐。

至今我们仍无法确定这种青柳式构图的起源，但通常认为不是出自"考利工坊"（Caughley Factory）的特纳（Thomas Turner），就是曾受雇于考利工坊的明顿（Thomas Minton）。[16]由于当时设计图案并未受到专利权保护，所以设计师或者工坊之间经常相互抄袭，很难确切考证出谁才是原始创作者，但学界普遍认定青柳式瓷器最早是由考利工坊烧制的。这种模仿中国山水的青柳式瓷器，其实有许多不同版本，构图的模式也不一，不过主要元素大致相同。图画中间一株垂柳，右侧竖立一幢中式阁楼，阁楼旁边有一座小建筑物和几株树。前方通常可见到围篱。柳树下方有座桥，桥上三个人，正

青柳式瓷器

Koong-Shee, fell in love with her father's secretary, Chang, who was a poor man. But the father of Koong-Shee wanted her to marry a rich man, and because she would not give up Chang

away. They had to cross the bridge to get out of the garden, and as they were half-way across Koong-Shee's father saw them, and hurried after them. Koong-Shee went first with her

Two pigeons flying high,
Chinese vessel sailing by,
Weeping willow hanging o'er,
Bridge with three men, if not four.

Chinese temple, here
it stands,
Seems to cover all the land,
Apple tree with apples on,
A pretty fence to end my song.

青柳式图绘

来源：Wikimedia Commons

献给皇帝的礼物

走向前方的小凉亭；隐约可以看见其中一个人拿着工具，一个人拿着盒子，一个拿着皮鞭。桥的上方有一叶扁舟，船夫正向右方划行。扁舟后边有座小岛，岛上有一或两间房舍。通常会有两只鸽子飞越图画的中央。[17]

英国制青柳式瓷器还缺乏一个可以与自中国进口瓷器竞争的条件，亦即为其增添中国瓷器那种神秘而浪漫的东方情调。为了弥补其中异国风情的阙如，英国制青柳式瓷器的构图，逐渐衍化出各种虚构的中国传奇，其中最著名的是千金小姐孔茜与家里年轻账房张生的恋情故事，这对苦命情人反抗父亲包办婚姻，最后殉情化为爱情鸟，情节类似中国家喻户晓的梁山伯与祝英台故事。[18]

日后，在英国，这则故事还推陈出新有了不同的形式，如童谣、儿童故事，甚至还演绎出戏剧版本。根据学者派翠西亚·劳伦斯（Patricia Laurence）的记述，十九世纪中叶，在利物浦威尔士王子剧院（Prince of Wales Theater）演出的《青柳瓷盘之中国狂想》（*An Original Chinese Extravaganza Entitled The Willow Pattern*），即改编自孔茜与张生的故事，演员就在巨大的青柳式瓷盘背景前表演这出诙谐剧。剧中的角色有倾城闺秀和文书公子，他们为反抗老父安排的婚事而逃跑。另外，还有帮助小姐出逃的丫鬟、追捕这对年轻情侣的捕快，以及一位法术高强的神秘道士。故事的地点发生在"中国某地"，时间是"很久以前"。[19]孔茜与张生的故事后来还随着英国青柳式瓷器出口，漂洋过海来到美洲新大陆，演变成美国妈妈朗诵给孩子听的诗歌：

> 妈妈讲一个古老的故事：
> 在一个黄金成堆的国家，
> 有一位富有的员外，
> 还有美丽的孔茜，善良的张生，

他们苦苦相恋，躲进茅屋，

私奔到一座美丽的小岛上。

狠心的父亲追到那里，

要把绝望的恋人伤害。

老天救了可怜的人儿，

孔茜和张生变成美丽的小鸟。[20]

对美国消费者来说，青柳式瓷器就是中国。设计是中国风格，故事内容是中国传奇，青柳式构图及其传说的叠加，掩饰了这种瓷器的源头，而这正是英国烧制厂所希望的。许多美国人都相信这则故事的真实性，他们在餐桌上讲述这则故事，给平日菜肴注入了中国传奇色彩作为作料，细细咀嚼品尝异域的风味。

青柳式瓷器的风行就像是人类学家所说"商品本地化"的过程，通过这一过程，进口产品的意义被重构，与其进入之地的文化保持一致；另一方面，依附于进口产品的原产地意义，在它们被进口之后依然存在，并增强了它们的吸引力。[21]套用科普托夫的概念，青柳式瓷器在英国生产与发展的历史，仿佛是一种"物的文化传记"（the cultural biography of things），通过这种"物的文化传记"，原本暧昧不清的东西浮现，展现出丰富的文化讯息，其中，"和接受外来思想一样，接受外来物品过程中，重要的不是它们被接纳的事实，而是它们被文化重新界定并投入到使用中去的方法"[22]。

青柳式瓷器在中英文化张力之中成为一道无声背景，承载了两国文化与商业交流的历史，蕴含着英国人对中国青花瓷幽微的迷恋。考利工坊的能工巧匠生产加工，将各种中国元素点滴拼贴，最终"制造"（Manufacture）[23]出"属于他们自己"的东方中国。直到十九世纪末，我们还可以在惠斯勒（James McNeill Whistler）的现代主义印象派画作中一睹青花瓷的身影。青花瓷与青花瓷上的图案画

惠斯勒，《紫色与玫瑰色：六字款瓷器上的修长仕女》

来源：Wikimedia Commons

惠斯勒，《瓷国公主》

来源：Wikimedia Commons

像，正是西方观看者建构自我与中国之差异性，辨识、认知"中国性"的重要来源，化身成为一扇观看的"中国之窗"。

追寻瓷器的奥秘

欧洲人迷恋、追捧中国瓷器，除受中国风的潮流影响，还因中国瓷器作为一种进口的奢侈品，代表尊贵的身份地位。中国瓷器工业技术精湛，欧洲人始终无法烧制出可以同中国瓷器品质比肩的硬质"真瓷"，所以欧洲各国一方面苦思破解中国瓷器烧制的秘方，另一方面则自行研发烧制的工法。

然而，欧洲人殚精竭虑苦思掌握"真瓷"的制造工法，除了追求地位和利润，也涉及了当时的贸易争论，尤其是各国普遍采取重商主义（mercantilism）思维和策略。欧洲海上强权葡萄牙、西班牙、荷兰、法国、英国的相继崛起，促进贸易制度的创新，并输出成品以交换原物料，如棉花、巧克力、糖、香辛料、烟草、毛皮、稀有金属和其他殖民地商品，但在这种以欧洲为中心的商业星系中，中国与日本则是自成体系，特别是到了乾隆年间，中国局限广州一口通商，德川日本实施锁国政策，欧洲与中国、日本的瓷器贸易愈发困难。欧洲海上霸权国家贸易胃纳日渐扩大，但明清时代中国却因军事或政治因素导致贸易港口反而萎缩。欧洲霸权国家对于这种困境一筹莫展。欧洲霸权国家无法像征服中南美洲古文明一样用武力讨伐国势鼎盛的"中央王国"，想要协商谈判，却又总是被拒于门外，中国自外于欧洲中心的体系，怡然自得地处在一种当代所谓的"例外主义"（exceptionalism）状态。

所以，欧洲人寻求破解烧制瓷器之法，动机不仅止于事业心的启迪和国家工艺技术的荣耀，另外还有为经济窘境所迫的原因。欧洲自东方大量进口瓷器之后，结果可能导致国库金银枯竭，所以，自行研发烧制工法在本地生产即是一种防止国库空虚的治本之道。

根据历史记载，《马可·波罗游记》可能是欧洲最早报道中国瓷器烧制方法的文献。马可·波罗来到刺桐城（泉州），在附近的"Tiunguy"（汀州或德化）处处可见制作瓷碗、瓷盘等器皿，当地人告诉他制造的方法："先在石矿取一种土，暴之风雨太阳之下三四十年。其土在此时间中成为细土，然后可造上述器皿，上加以色，随意所欲，旋置窑烧之。先人积土，只有子侄可用。"[24]

马可·波罗对中国瓷器制造方法的描述太过泛泛，其实对欧洲工匠了无帮助。同时，相对于中国瓷器的珍贵质地、外形优雅古朴的器皿，马可·波罗的记载又显得不够浪漫。尔后，欧洲人又在马可·波罗平淡无奇的记载中加油添醋，增附许多奇说异谈。譬如，断言中国瓷器是以蛋壳、龙虾壳作为制作的原料，甚至声称中国瓷器具有排毒的功效。[25]

在欧洲，最早尝试生产陶瓷的也是意大利人。事实上，这一结果并不意外。诚如前述，自文艺复兴时代以来，由于传教士作为东西文化交流的主要媒介，罗马便成为当时欧洲的汉学研究重镇和中国风潮流的发源地。大约在一五七五年，佛罗伦萨大公弗朗切斯科·德·美第奇（Francesco Maria de' Medici）在自家开办的工坊烧制欧洲第一批"原始瓷器"，即当今所通称的"美第奇瓷"。

美第奇是中世纪意大利半岛，甚至是全欧洲驰名的权贵家族，这个家族靠着金融事业发迹，在他们实际统治佛罗伦萨的二百年间，出过三任主教，两位法国皇后。这个富可敌国的家族，也是意大利文艺复兴运动的重要推手、举足轻重的收藏家，历代主人都热爱文学、艺术，大力赞助艺术家、文学家、科学家，达·芬奇、米开朗琪罗、拉斐尔、伽利略无不与这个家族关系密切。或许，我们不能说没有美第奇家族就没有意大利文艺复兴运动，但没有美第奇家族，意大利文艺复兴运动绝不会以我们所熟悉的面貌呈现。

然而，到了弗朗切斯科一代，美第奇家族的力量已见颓势，时人对他充满负面评价，说弗朗切斯科"不负责任，任性妄为，沉默孤僻"，"没有什么可被称赞的"，是个"不值得尊敬的人"。连他嗜好科学实验，也没有为他赢得众人的赞誉，反而遭绘声绘影诽谤，说他"整天锁在嘈杂的研究室里研制毒药，供女巫比安卡使用"。弗朗切斯科其实把大部分的时间都花在化学实验上，研究炼金术、熔炼、吹制玻璃，发明切割水晶的方法。[26] 弗朗切斯科工坊生产陶瓷所用的配方，包括沙子、玻璃、水晶石、法恩札（Faenza）白土和维琴察（Vicenza）白黏土，加上锡铅溶剂；所形成的胎体是类似炻器那样的浅黄色，有时候则呈现灰白色，这是含有氧化锡的白釉覆盖的缘故。[27]

弗朗切斯科工坊的生产规模不大，大公本人并没有商业野心，他之所以陈列自家工坊烧制的陶瓷，纯粹就是为了要荣耀美第奇家族。目前流传在世、可以识别出来的四十几件美第奇瓷，评论家认为釉面模糊，甚至有细微的泡，不过要比当时意大利生产的花饰陶器精美许多。同时，还可以发现，这批少量的美第奇瓷，设计深受中国瓷器的影响，大多采取明嘉靖、万历年间常见的白底青花图案。

弗朗切斯科工坊在他去世之后就倒闭了，但欧洲人还是继续追寻东方瓷器的奥秘。法国、荷兰、英国等国的陶匠从未停止试验，一心一意想要找出制造"真瓷"的工序，直到十八世纪以前，欧洲各国依然只能做出软质瓷，还无法破解硬质瓷工法的秘方。他们或者自行研发，或者设法从中国取得情报。十八世纪初，在景德镇布道的法国耶稣会传教士殷弘绪寄自中国的两封信，详细介绍了景德镇瓷窑的生产流程，在亟欲了解、破解中国瓷器烧制工序的欧洲陶匠之间引起相当大的震撼。[28] 历史学家艾兹赫德（S. A. M. Adshead）甚至认为，正是殷弘绪这两封信所披露的中国瓷器技术，促成了玮致活所领导的英国瓷器制造业飞跃成长。[29]

根据殷弘绪的自述，他一方面亲身观察，一方面从在景德镇从事生产和销售瓷器的基督徒口中获取资讯，还阅读相关的中国典籍，

美第奇瓷

来源：J. Paul Getty Museum

自认已经"对这门技艺有了全方位、相当准确的了解"。殷弘绪引用地方史料《浮梁县志》，介绍景德镇的自然景观、历史沿革、风土民情、社会经济条件。殷弘绪还澄清"porcelain"（瓷器）这个词并不是如某些法国人所误解的是汉语，他猜测这个词大概是出自葡萄牙文的"porcellana"（指杯子或碗）。其实，殷弘绪的猜测是错误的，欧洲最早使用"porcelain"这个词的是前述的马可·波罗。在亚里士多德时代，"porcelain"一词意指贝壳，马可·波罗在游记里提到他在德化看到当地烧制的精美瓷器呈半透明状，宛如贝壳晶莹剔透，以为是用贝壳磨粉制造的，所以称呼它们"porcelain"。尔后欧洲人就用"porcelain"泛称中国瓷器。

最重要的是，殷弘绪明确指出中国瓷器所使用的原料：白不（墩）子和高岭土，景德镇本身并不出产，主要是通过河船自祁门运来。随后，殷弘绪巨细靡遗解说制备白不（墩）子和高岭土的工序、配方的比例、如何让陶瓷成型、如何制造陶瓷模具、如何调制釉彩并在陶瓷上上色、中国瓷窑的结构和窑场工作的分工流程、瓷器的外销和畅销式样、窑业废渣的处理等。亚当·斯密在《国富论》（*The Wealth of Nations*）一书中开宗明义即以大头钉厂为例，强调劳动分工对提高生产力、完善生产技能的重要性。事实上，景德镇本身瓷器烧制的分工流程，即符合亚当·斯密在《国富论》中的分析。殷弘绪提到景德镇的黏土、瓷釉时说："在工场里绘画工序分工合作，一个画工在器口画上色圈，另一个画上花朵，由第三个上色；这个人画山水，那个人画鸟兽。"

在得知这封信被编入《耶稣会士中国书简集》后，殷弘绪意犹未尽，十年后，又从景德镇寄了一封信到巴黎，对中国瓷器的原料和上釉等工法，进行补充说明。殷弘绪对中国瓷器烧制工序的介绍，相当详细，可以说已经达到"商业间谍"的程度。

在十七世纪与十八世纪之交，整个欧洲都在寻找制造"真瓷"的奥秘。殷弘绪虽然披露了中国瓷器的原料和制造工序，但法国还是直到十八世纪末在利摩日（Limoges）发现高岭土，才开始制造硬质瓷。历史学家普遍认为，在欧洲，揭开"真瓷"奥秘，主要归功于三个人：契恩豪斯（Ehrenfried Walther von Tschirnhaus）、神圣罗马帝国萨克森（Sachsen）选帝侯及波兰国王奥古斯特二世（Augustus II）、波特格（Johann Friedrich Bottger）。[30]

契恩豪斯是德国的数学家、物理学家、哲学家，他成功制造出一种所谓的"蜡瓷"器皿，并游说奥古斯特二世设立瓷器厂。奥古斯特二世爱瓷成痴，是历史上有名的"瓷器病"重度患者，他曾以一营六百名龙骑兵（Dragoon）和普鲁士的腓特烈·威廉一世

（Frederick William I）交换几件景德镇制造的花瓶，并且设计兴建一座规模雄伟的"日本宫"（Japanisches Palais），以陈列他所收藏的中国和日本瓷器。这位好大喜功的"强力王"，集美德与恶习于一身，贪婪地追求锦衣玉食、声色犬马，萨克森的财政自然捉襟见肘。当时瓷器价格昂贵，若能成功研发瓷器制造的方法，设立瓷器厂大量生产并商业化，一来既满足自己的嗜好和虚荣感，二来又可解决财政困窘的难题。于是，奥古斯特二世决定出资支持化学家契恩豪斯。

然而，契恩豪斯始终无法找到制造瓷器的秘方和工法，直到波特格加入他的实验。波特格是个药房学徒，以炼金术闻名，盛传希腊修道士给他红色药酒，使他能够制造黄金。[31] 他的炼金术实验，不仅连上知天文、下知地理的莱布尼兹都感到好奇，而且消息也传到腓特烈·威廉一世耳中。为了躲避腓特烈·威廉一世的追拿，波特格逃到萨克森，反而落到正在为财政短绌发愁的奥古斯特二世手里。奥古斯特二世妄想波特格的"红色药酒"可以一劳永逸解决他的财务问题，便把波特格拘禁在德累斯顿（Dresden）严加看管。波特格不堪忍受，一度逃跑，结果徒劳无功，又被捉回去。最后，在契恩豪斯的监督下，两个人一起从事实验，寻找瓷器的配方。一七〇七年，契恩豪斯和波特格成功制造出一种红色炻器，称作"碧玉瓷"（Jaspis porzellan），这项成果虽然具有鼓舞性，但碧玉瓷终究还不是真正的瓷器，当时荷兰人和英国人已经有能力制造这种东西。来年，就在契恩豪斯过世的六个月前，他们两人才成功制造出欧洲的硬质瓷。

随后，奥古斯特二世颁布命令将瓷器厂从德累斯顿迁移到梅森（Meissen），对于这重要的生财工具，即"秘方"——胎体和釉彩的配方、瓷窑的构造、烧制的方法等全部生产工序，一一严加保密。防范做法万全，胎体与釉彩配方分别交给不同的人保管，生产的每个阶段也都严加隔离，多年来，仅有波特格一人熟悉全部的操作流

梅森瓷厂生产的硬质瓷

来源：J. Paul Getty Museum

献 给 皇 帝 的 礼 物

程。奥古斯特二世不像康熙那般慷慨大度，允许殷弘绪对景德镇进行巨细靡遗的"田野调查"。然而，梅森瓷厂的生产工序尽管绝对保密，波特格本人也几近与外部世界隔绝，但是随着梅森瓷厂的窑炉师傅、彩绘匠、波特格本人的黏土配方助手陆续秘密离开瓷厂，前往维也纳，梅森方面百般担心并采取严格措施保护的软质瓷、硬质瓷秘方，最终还是接连曝光，扩散到全欧洲。

礼物经济

遥望远眺中国高拔有序的帝国形象，笼罩在浓烈中国风的强大"软实力"下，马戛尔尼的策略是精挑细选送给中国皇帝的礼物，建构英中两国的"礼物经济"关系，以便抬高英国在中国人心目中的地位。

根据法国人类学家莫斯（Marcel Mauss）对部落社会的经典研究，不管是个人或者群体，经常处在送礼、收礼与回礼的模式中，而这一礼物的交换，其实是一种具备道德与经济意涵的复杂过程，社会在礼物交换的过程中形成责任共享的关系网络。礼物是用来建构宗教、伦理、法律、经济与美学关系、制度的一种"完整的社会事实"，并赋予它们象征意义。[32]

这种礼物交换、互惠原则和义务的语言，在马戛尔尼对自己出使中国的认知中扮演很重要的角色。诚如莫斯的研究，礼物的赠予表面上虽是自愿的、不求回报，却又有约束力、利害关系，受者与授者必须互惠，礼尚往来。西方人类学文献所发现的一般送礼规则，往往认为送礼者的地位要比受礼者优越，但是中国传统的社会往来，有别于西方人类学家的经典研究成果，某些礼物是由社会地位低的人送给社会地位高的人。一心一意想要通过礼物达到互惠对等原则的马戛尔尼，或许忽略了中国礼物交换的这种文化差异性。[33]从马戛尔尼使节团的礼物清单，以及礼物清单中对礼物细节的详细说明，可以看出，英国人希望能在中国人心目中留下科技霸权的印象。而英国使节团精挑细选送给中国皇帝的先进科技礼物，期待能从中国得到的同等回报，是合宜的贸易条约和在北京常驻使节。

所以，礼物在这场外交交锋中扮演关键的角色。马戛尔尼使节团确实也一再刻意凸显使节团礼物的鬼斧神工与匠心独运，借以向清朝表明英国乃是泱泱海上强权，不是前来向清朝俯首称臣的蕞尔岛国和蛮夷之邦。正因为礼物担负如此重责大任，一路上英国使节团三番两次向清朝表示使节团准备的礼物贵重精巧，为了避免路途颠簸损毁礼物，英国人争取清廷通融，舍弃规定的从广州上岸循陆路北上，而改走海路从天津上岸抵达北京。同时，又叨扰乾隆移驾圆明园，分两次观赏礼物的展示。

使节团十分关心中国人对礼物的反应，令使节团欣慰的是，抵达圆明园之后，"礼物一出箱，放在室内，立即就有各类来客，从皇亲到百姓，每天都要来这里看礼物"[34]。英国使节团成员对约书亚·玮致活的瓷器有极高的好评："无论中国或日本，都不能自夸其瓷器形式之精美。它们比不过天才的玮致活先生为现代使用而引进的希腊、罗马无与伦比的花瓶形式。他们在瓷器上描画的，或不如说涂抹的不过是粗陋、草率、奇形怪状的图案，总之是穷人家妇女和儿童的涂鸦之作。"[35]

中国人又是如何看待约书亚·玮致活烧制的瓷器的？根据斯当东

的记述："礼物送到圆明园后……许多人前往参观，其中有皇帝的三个孙子，他们看了之后非常赞赏。但有些中国官员却故意做出不足为奇的表情。大家的注意力都集中于瓷器上。中国人对于瓷器每个人都内行。送来的瓷器是玮致活先生最新、最精彩的产品，得到大家普遍称赞。"这三位皇孙甚至还要求马戛尔尼评判中国瓷器与英国瓷器孰优孰劣，马戛尔尼不置可否，婉转避开这一问题，仅仅客套强调英国瓷器是出自名家之手，如果不是名品，也不敢拿来献给中国皇帝。[36]

然而，对英国使节团来说，最重要的还是乾隆皇帝对礼物的评价：坐拥世界巧夺天工精品的乾隆帝，他的龙心是否能被英国人殚精竭虑筹办的礼物所打动，从而给予大英帝国对等且体面的商业与外交地位？

让英国使节团感到庆幸的是，乾隆皇帝对英国人筹办的礼物非常重视，自热河起驾后就径直前往圆明园，而不是返回紫禁城去。进了圆明园，乾隆迫不及待前往陈列礼物的正大光明殿，参观英国使节团为他准备的贺礼。使节团认为，皇帝其实非常重视使节团筹办的礼物，绝非如与使节团交涉的清官员的推托之词，皇帝不愿接受两边跑的麻烦。乾隆尤其对英国战舰模型表现出极大的兴趣，还针对英国战舰模型提出不少问题。[37]

本身即是杰出瓷器鉴赏家、非常欣赏宋瓷、收藏了数百件宋代御用青瓷的乾隆帝，[38]对于约书亚·玮致活烧制的瓷器又有何反应？遗憾的是，到目前为止，我们并没有关于乾隆对玮致活瓷器的评语，这或许与双方交流时的语言沟通问题有关。根据斯当东的说法，虽然乾隆对英国使节团准备的礼物兴致盎然，问了许多有关战舰零件的问题，但是使节团的翻译能力太差，许多技术上的名词都翻译不出来，根本无法胜任口译的工作，使得乾隆不得不缩减话题。同样的，乾隆的翻译德天赐（Piero Adeodato）神父是个钟表专家，对航海和造船技术一窍不通，根本就无法把英国人所讲有关航海造船专业术语的拉丁文，翻译成中文，并且再把中文翻译成拉丁文。乾隆的兴趣索然而止。[39]

使节团认为乾隆与马戛尔尼谈话的次数不多，并不是因为受限于朝廷的礼仪，也不是乾隆对欧洲事务漠不关心，完全是因为翻译上的词不达意，让对话无法顺利进行。行前，使节团便意识到这趟中国之行，翻译十分重要；英国方面确实也天涯海角地在欧洲寻觅中文翻译人才，最后，才终于在那不勒斯公学找到中国翻译。可惜的是，这位中国翻译李自标去国多年，中文水平不高，又不谙英语，只懂拉丁文。无论是礼物清单，还是双方官方文书、文件，通过英文、拉丁文、中文的烦琐过程来回翻译（拉丁文与英文之间的转译，主要是由随团的萨克森家庭教师伊登勒〔Johann Christian Hüttner〕负责翻译的工作），其间错译、张冠李戴的现象自然难免。诚如中国文献对中英这段交涉过程的评论：

> 据乾隆六十年粤督朱文正公奏称：有西字正副表二件，伊国自书汉字副表一件，臣等公同开验，其汉字副表虽照中国书，而文理舛错，难以句读。随令通晓西书之通事，将西字副表与汉字表核对，另行译出等语。是该国虽有自书之汉字，诘屈难通。[40]

更何况翻译，不仅仅是文字之间的转换，被转换的还有文化、观念的形式。像"主权""自由贸易"这类概念的意义，存在于千差万别的网络之中，与政治文化与经济制度脉络息息相关。正如历史学家奥斯特哈默的评论："在伊斯兰国度及中国与汉化的越南等书写文化发达的地区，若没有正确的语言，便难以想象能具备成功的外交手腕。"[41]

就像马戛尔尼寄望打开中国市场而送给乾隆的英国马车，完全忽略了中英商品文化、民情风俗的脉络差异，而无法达到他预期的效果。根据使节团总管巴罗的记载，英国马车夫座位高过车厢的结构设计让中国人大惑不解。有位老太监向巴罗解释："大皇帝焉能坐在一个位置比他高、背对着他人的下面？"马戛尔尼送给乾隆的英国马车，从此被打入冷宫，完好地摆在圆明园内，并未如马戛尔尼所期望，为英国马车制造商打开中国市场。[42]

另一方面，英国使节团感受到的盛情，也许只不过是乾隆皇帝出于礼貌的待客之道，或者是皇帝应对远来之客的一种策略。事实上，乾隆对英国人自豪所筹办的礼物并没有给予那么高的评价。乾隆在给大臣的一道上谕里说道：

> 又阅译出单内所载物件，俱不免张大其词，此盖由夷性见小，自为独得之秘，以夸炫其制造之精奇……至尔国所贡之物，天朝原亦有之，且大皇帝不宝异物，即使尔国所进物件十分精巧，亦无足珍贵，如此明白谕知，庶该使臣等不敢居奇自炫，是亦驾驭远人之道。[43]

平心而论，从礼物经济和交换的角度来看，乾隆在这道上谕里所提到的"至尔国所贡之物，天朝原亦有之"说词，并不是一种夜郎自大、自以为是的心态。乾隆的自负其实是有所本的。

早在马戛尔尼出使中国的二十年前，西洋传教士蒋友仁（Michel Benoist）就曾为法国耶稣会士从巴黎携带到中国作为献给乾隆礼品的"反射性望远镜"，即礼物清单上令马戛尔尼引以为傲的那架"来复来柯督尔"做了说明。蒋友仁甚至还在御门前架起这座反射性望远镜，引起乾隆的极大兴趣。由于反射性望远镜比寻常望远镜看得更远，后来乾隆谕令两位官员在他出巡时必须携带这座望远镜，并要蒋友仁教会这两位官员使用望远镜的方法。乾隆甚至还与蒋友仁就牛顿反射望远镜的原理做过细致的讨论。时隔二十年，马戛尔尼再拿反射性望远镜作为礼物向乾隆炫耀英国的国力，这也难怪早已见识过这项新发明的乾隆会无动于衷，甚至讽刺马戛尔尼的自豪"俱不免张大其词"。[44]

同样的，在使节团礼物清单中列名第二，被错误翻译成"坐钟"的天文仪器，正式名称叫"Orrey"，是由英国人弗拉泽（William Fraser）所制作。乾隆朝初期，清廷至少就收藏有两架"Orrey"，记载于允禄奉旨编纂的《皇朝礼器图式》，当时称之为"浑天合七政仪"或"七政仪"[45]。所以，乾隆在拒绝英国所提的商业与外交条件要求而给英王乔治三世的信里说的，"万国来王，种种贵重之物，梯航毕集，无所不有，尔之正使等所亲见"，确实不假；马戛尔尼自己就在日记里提到，他观赏完热河万树园乾隆的珍藏，感叹使节团所携带的礼物犹如小巫见大巫，援引弥尔顿（John Milton）《失乐园》（*Paradise Lost*）的诗句黯然说道："在你的照耀下，群星瑟缩，黯然失色。"

马戛尔尼使节团的中国之行铩羽而归，没能完成预计的贸易与外交使命，拓展英国商品在华的市场，建立对等的外交关系。过去历史学家对马戛尔尼使节团失败的解释，大都强调原因出在正使拒绝向中国皇帝行三跪九叩礼，但其中的实情似乎更为复杂。马戛尔尼究竟有没有依中国朝廷礼仪对乾隆行大礼，至今学界仍没有定论，俨然是中英外交史上的一桩悬案。事实上，英国使节团刚刚踏上中国土地时，就隐隐约约感觉到有不利使命的因素。当时，清廷派兵入藏，排除廓尔喀（尼泊尔）的介入，不料却遇到廓尔喀出乎预期的顽强抵抗，领兵的乾隆爱将福康安怀疑驻印度的英国人在暗中帮助廓尔喀，并上奏乾隆皇帝。马戛尔尼使节团初来乍到，就意想不到地面临了棘手的外交难题。除此之外，乾隆倚重的西洋科学顾问大多属天主教教会（如钦天监监正索德超〔Bernardo d'Almeida〕、监副安国宁〔Andres Rodrigues〕，两人都属耶稣会），其中又以法国人的势力最为庞大，英国使节团一抵达中国即感受到他们的深沉敌意，英国与罗马教廷之间水火不容的宗教对立，英法两国霸权的争夺，似乎也从欧洲延烧到"中央王国"。[46]

另一方面，中国对英国方面提出在北京派驻代表与开放更多通商口岸的诉求，则有不同的考虑。清廷认为，在北京派驻代表的要求并不合理。北京距离广州遥远，如在北京派驻代表，又如何能就近处理英国人所关切的商业纠纷？中国若是为英国人多开放通商口岸，荷兰、西班牙、葡萄牙、美国等其他贸易往来的国家是否也应比照办理，如此一来又会额外增加外贸管理的工作负担。[47]换言之，英国是从欧洲主权国家的原则提出外交与贸易的要求，但中国所思考的是行政管理的问题。这无疑是一种中英的"文明冲突"。

尽管并未达成使命，但英国使节团也并非没有收获。使节团许多人留下关于中国见闻的记录，其中有自然景观、风土民情、军事设施、工艺技术、天然作物等，内容包罗万象。随行画家威廉·亚历山大的画作，既可视为一种艺术，也可以说是一种科学调查记录，本身即是欧洲旅行文化那种具科学调查与民俗搜集的人类学传统，让人联想到库克船长率领"奋进号"上的首席艺术家霍奇斯（William Hodges）。[48]正是有了一番亲身的体验和观察，见证了中国的实情，马戛尔尼才把中国比喻成一艘陈旧不堪的战舰，对中国未来作出悲观的预言。

或许，乾隆后宫收藏的科学仪器，其精致和奢华程度，确实可以媲美英国人煞费苦心筹办的礼物，甚至让其相形失色，但是，清王朝后宫的这些天文仪器和钟表，仅仅是皇帝的个人嗜好，或者王公贵胄的时尚玩品，中国人从未对其中蕴含的科学原理与机械技术产生好奇与兴趣。从科学理论传播的角度，西洋的科学知识和机械原理，也只是闭锁在紫禁城的深宫宅院里，从未超越这一道道高墙而普及民间。约书亚·玮致活以他的产品印证了马戛尔尼的判断。

约书亚·玮致活一方面秉持实验主义的精神，在技术上精益求精，一方面创造、引领新的审美时尚，把生活品位工业化，使得玮致活的陶瓷异军突起，在欧洲、美洲市场上攻城略地，甚至把产品行销到全世界各地。在英国人尚未以印度的鸦片平衡对中国严重的贸易逆差之前，中国瓷器已经渐渐失去了欧洲的市场。[49]

威廉·亚历山大以画作记录清代中国

来源：Beinecke Rare Book and Manuscript Library, Yale University

第 五 章

瓷器的贸易流动与物质世界

我发现我每天愈来愈难配得上我的中国青花瓷器。

——

王尔德（Oscar Wilde）

笛福的"瓷房子"

　　根据英国学者伍芳思（Frances Wood）的说法，第一位创作中国题材的小说家是英国小说家笛福。[1]笛福在《鲁滨孙漂流记》一书大获成功后，乘胜追击、再接再厉，又创作了两部以鲁滨孙（Robinson Crusoe）为主角的故事:《鲁滨孙漂流记续集》(*The Further Adventures of Robinson Crusoe*)和《鲁滨孙沉思录》(*Serious Reflections during The Life and Strange Surprising Adventures of Robinson Crusoe*)，构成了"鲁滨孙三部曲"。在不如第一部畅销的续集里，笛福笔下的英雄鲁滨孙又继续他的海上冒险，这回他游历了包括中国在内的远东。

　　笛福本人其实从未到过中国，他对中国的整体描述，主要是参考法国耶稣会传教士李明（Louise Le Comte）的《李明回忆录与观察报道》(*Memoirs and Observation of Louise Le Comte*)；而从北京横越西伯利亚的那段旅程，则取材自俄国外交官伊台斯（Evert Ysbrant Ides）的《使节雅布兰从莫斯科经陆路到中国三年旅行记》(*Three Years Travels from Moscow over-land to China*)。值得一提的是，属于新教长老会教派、信仰虔诚的笛福，却与当时欧洲盛行的中国热潮流大唱反调，他无法认同李明所属耶稣会在中国传教的"调适主义"策略，拒绝接受在华传教士极尽美化后的中国图像。笛福放大了伊台斯对中国的肤浅批评，刻意错置李明关于中国的负面论述，在小说中对中国与中国人的勾勒，充满歧视、轻蔑、偏见。[2]套用史景迁（Jonathan D. Spence）的说法："所有与中国有关、原本正面的事，全都成了负面，而所有负面的事，则更加不堪了。"[3]这也包括小说中一段对中国"瓷房子"饶富趣味、有创意的描述，这段情节同样一反欧洲人向来对中国瓷器工艺和美学的崇拜与艳羡之情，而运用文学手法加以揶揄嘲讽。

在续集里，鲁滨孙漂洋过海来到南京做生意，只见街上人流熙来攘往，路旁挤满了烧制陶瓷器的匠人。鲁滨孙的葡萄牙籍老舵手发现一幢"瓷房子"，为了逗鲁滨孙开心，便怂恿鲁滨孙去瞧瞧他所以为的"用瓷器（china）营造而成的绅士房子"。随后，鲁滨孙便用"China"（中国）与"china"（瓷器）双关语调侃起来。

> 鲁滨孙说："怎么，他们的建筑材料难道不是他们自己国家的产品，所以都是用中国建造的，不是吗？"
>
> 老舵手说："不，不，我的意思是这幢房子都是用瓷器物料……"
>
> 鲁滨孙说："好吧……这房子有多大？我们能将它装入箱子放在骆驼背上？"
>
> "放在背上？"老舵手朝天伸出双手嚷道说："整整一个家族，三十口人住在里面！"

在亲眼看过这幢房子之后，鲁滨孙发觉它简直是金玉其外："这是一幢木造的房屋，或者像我们英格兰人所说的，是用木板和灰泥造的房子，只不过不是灰泥，而是陶瓷，也就是说，它所用的灰泥是制造中国瓷器的瓷土，房屋的外表，被太阳烤得发烫，涂上的瓷釉，看上去非常华丽，晶莹雪白。"[4]

笛福关于"瓷房子"情节的有趣描述，或许不是想象力天马行空的自由挥洒，他下笔的灵感有可能来自纽霍芬（Johannes Nieuhof）的中国游记。纽霍芬，荷兰人，任职荷兰东印度公司，曾随使团前往北京觐见顺治皇帝，并于一六六五年出版轰动欧洲的《荷兰东印度公司使节出访大清帝国记闻》，披露他在中国的见闻。书中纽霍芬提到他在南京看到一座"瓷塔"，令他叹为观止。十八世纪中叶之后，纽霍芬在他书中所提到的这座瓷塔，在英国广为人知，甚至成为中国风建筑和设计的灵感来源。当时，英国人往往把中国的青花瓷称作"南京"，这恐怕与纽霍芬在书里提到的"南京瓷塔"有关联。[5]笛福在小说中也是把鲁滨孙看到"瓷房子"的地点假定在南京。

这座瓷塔，其实就是明朝永乐帝为了表达对父母亲孝思谕令建造的"报恩寺"。根据纽霍芬的描述：

> 这座塔有九层，到塔顶共有一百八十四级台阶；每一层都饰以布满偶像和绘画的画廊，灯饰漂亮极了。……外面则全部都上了彩釉，涂了好几种漆的颜色，如绿色、红色和黄色。整个建筑是由好几个构件组成的，但黏合处处理得很好，好像整个建筑就只用了一个构件。在整个画廊的各个角落周围都挂着小铃铛，在风的摇动下，它们就发出悦耳的声响。[6]

从鲁滨孙与老舵手的这段对话，我们可以理解，笛福显然是在对"中国"（China）、"瓷器"（china）、"瓷房子"（china house，也可作"瓷器店"解）玩弄一种复杂但诙谐的双关语。另一方面，就认识论效果而言，笛福的意图更是想要穿透当时"中国"（或者"瓷器"）五光十色的虚饰表面，揭示隐藏其中的不堪真相。[7]

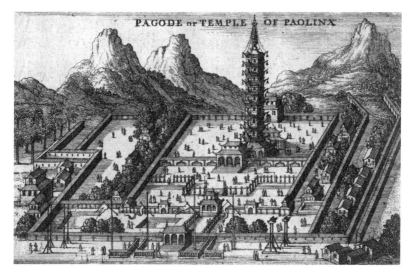

纽霍芬书中的报恩寺瓷塔

来源：University of Toronto Wenceslaus Hollar Digital Collection

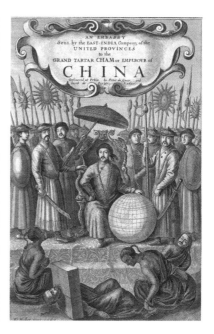

纽霍芬与他的游记

来源：Beinecke Rare Book and Manuscript Library, Yale University

若从笛福生平来看，这段有关"瓷房子"剧情的铺陈，也并非全是凭空而出的异想天开。根据笛福传记的叙述，笛福的生涯就像他笔下的主人翁鲁滨孙，拥有丰富的商业活动经验，他擅长贸易，曾经从事烟草、木材、葡萄酒等买卖。笛福在艾色克斯郡（Essex）蒂尔伯里（Tilbury）投资兴办砖瓦厂，并取得政府的订单，生产砖块与荷兰式波形瓦片，满足一六六六年伦敦大火灾后重建工程的需要，这或许是笛福最为成功的一次投资事业。[8]可见，笛福本人具备烧窑的相关知识，而不是门外汉。

在《英伦三岛环游记》（*A Tour Through the Whole Island of Great Britain*）中，笛福有一段关于英王威廉三世的王后玛丽酷爱瓷器的描述，可以充分展现笛福分辨不同瓷器等级的能力，显示笛福对瓷

荷兰台夫特白釉蓝彩陶；（左）威廉三世，（右）玛丽王后
来源：Rijksmuseum

献给皇帝的礼物

器是有一定认识的：

> 王后陛下有一处雅致的住所，里面有一套只供陛下本人使用的卧房，装饰得十分豪华，特别是一张铺有印花布的床，这在当时算是稀罕物品。另有一件是陛下在荷兰时自己的作品，十分考究，还有其他一些物品。此处摆设着陛下的一套荷兰白釉蓝彩陶器（delft ware）收藏，件数众多且精致无比；此处也摆设了大量瓷器（china ware）精品，皆为在当时英国尚见不到的珍品。这长长的展厅里和其他所有能够利用的地方都摆满了瓷器。[9]

玛丽王后是中国瓷器、日本瓷器和荷兰台夫特陶（即引文中的白釉蓝彩陶器）的狂热收藏家。十七世纪中叶，玛丽王后随夫婿奥兰治家族的英王威廉三世返回英伦，不仅带给英格兰人光荣革命，让荷兰的政府治理与财政策略影响了英格兰，[10]也把荷兰与欧陆的中国品位时尚引入英格兰王廷，带动起贵族与民间社会的流行风潮。[11]十九世纪英国历史学家麦考利（Thomas Babington Macaulay）提到玛丽女王，"在海牙喜欢上了中国瓷器，为让自己开心，她在汉普顿宫（Hampton Court）收藏了大量可怖的图像和花瓶——花瓶上绘制的房屋、树木、桥梁和官吏令人无法忍受，它们藐视所有透视画法的规矩"[12]。笛福文中所提到的"雅致的住所"，指的应该就是汉普顿宫，玛丽王后在宫里的多层壁炉架、储物架和家具上摆设瓷器，影响了英格兰贵族的瓷器收藏风尚和摆设方式。

然而，在欧陆，这种融合瓷器收藏与室内装潢的风格，并不是由玛丽王后首开风气之先。根据陶瓷专家甘雪莉（Shirley Ganse）的研究，这种趋势首先出现在葡萄牙，里斯本桑托斯宫（Santos Palace）的锥形拱顶上就安装有二百六十件十六到十七世纪的青花瓷，形式繁多，图案复杂，堪称一绝，它成为一种财富与声望的象

马洛特的烟囱隔墙设计，饰以大量瓷器

来源：Cooper Hewitt, Smithsonian Design Museum

夏洛滕堡瓷宫设计

来源：The Metropolitan Museum of Art

征。随着瓷器的陈列摆满整个房间，这些房间就成为豪华的陈列室。法国宫廷设计师马洛特（Daniel Marot）把中国瓷器融入欧洲豪宅的设计风格，又造成推波助澜的效应。[13]尔后，路易十四在法国凡尔赛宫为情妇莫内斯潘夫人（Mme de Montespan）修建的特列安农瓷宫（Trianon de porcelaine），以及普鲁士的夏洛滕堡（Charlottenburg Palace）瓷宫等，都可以看到这类"中国房子"（"瓷房子"）的设计风格。这类室内设计"多在房间墙面上摆陈或镶嵌瓷器，并在瓷器背后或中间安置大的玻璃镜面。瓷器莹润的釉面、丰富的图案渲染着浓郁的东方情调，而镜面对空间的扩展和光线的折射，又为装饰华丽的'中国房子'平添了梦幻色彩"[14]。

久经商海浮沉，甚至一度破产的笛福，在这本游记里，还进一步严词谴责玛丽王后带动英国的中国瓷器流行时尚，伤害了英国的产业和穷人的利益，抨击自中国进口瓷器给英国的经济和社会道德造成严重的影响。笛福"认为是她（指玛丽王后）引进了一种风俗和古怪的念头"，用瓷器装饰屋子，这种风气随后又扩散到底层的人民，而且之后达到荒唐的程度：

> 把瓷器叠放在碗柜的顶部，把每一件餐具、炊具一直叠放到天花板，并且制作架子摆放这些瓷器，它们需要这么多地方来放置，最后这些东西成了累赘，对家庭和产业造成祸害。[15]

随着耶稣会传教士对中国道德、哲学的极度美化，中国奢侈品如瓷器进口到欧洲，"中国"（China）文化对十八世纪英国人道德观的冲击，"瓷器"（china）对英国市场的侵占掠夺，笛福一语双关地表达了对国家财政破产和社会道德败坏的预警，以玛丽王后所热衷收藏的"瓷器"（china），象征奠基在进口自东方、新奇的商品所积累的西方财富，其实充满不稳定性。[16]

　　　　　　　　　　　　　　　　献给皇帝的礼物

全球贸易与中国外销瓷

对《鲁滨孙漂流记》的分析，学者刘禾和维吉尼亚·伍尔夫一样，都执着在剧情里细微的琐物"瓦罐"；但维吉尼亚·伍尔夫的解读，是把小说中的瓦罐理解成一种"物神"，象征现代人对大自然的统治意志，而刘禾则是通过欧洲瓷器制造史，认为在笛福的时代，是中国瓷器，而不是瓦罐，扮演"在全球的转喻交换网络"的商品角色，创造出意义，并通过所谓"殖民否认"（colonial disavowal）的修辞手法，掩饰了中国人对英国人商品贸易的主宰，以及英国处于世界贸易的边陲地位，从而维系英国人自我优越感的幻觉。换句话说，对笛福小说的解读，必须把它们放在当时全球贸易的脉络中来分析，而这个世界贸易体系是以中国为中心角色的。

除经济个人主义的形式现实主义与清教寓言的精神自传两种传统途径外（经济与宗教一直都是笛福作品的两大主题），近来有不少文学批评学者援引东方主义（Orientalism）自我与他者的框架，对笛福作品进行后殖民主义（Postcolonialism）的评析。这种后殖民主义分析途径的确提出不少洞见，但若是忽略了彼时世界贸易是以中国为中心，而以过去未有的图像来对往昔搽脂抹粉，一方面尽管批判了欧洲中心主义的政治、经济、文化宰制，但另一方面又有可能陷入新自由主义和马克思主义所蕴含的西方世界殖民霸权叙事的吊诡。学者马克利（Robert Markley）提醒道："'传统'后殖民主义并未从一个中国中心（Sinocentric）的世界来进行解释，所以，不是带有忽略日本、中国的倾向，就是从十九世纪欧洲人主宰印度这段历史的透镜来解读十七世纪、十八世纪初欧洲人和亚洲人的相遇。"[17]

文学评论的匮乏或许可以由史学的研究成果来弥补。近来，已经有不少历史学家，如弗兰克（Andre Gunder Frank）、王国斌

（R. Bin Wong）、阿里吉（Giovanni Arrighi）、滨下武志（Takeshi Hamashita）、彭慕然（Kenneth Pomeranz）等，各自从不同侧面挑战欧洲中心主义（Eurocentrism）经济史的论述，主张直到一八〇〇年之前，是由中国主导世界经济的整合，同时认为必须从根本重新检验新古典主义与马克思主义对西方经济"崛起"的解释。[18]而中国在十九世纪前对欧洲享有种种技术和经济优势的事实，因过去西方学界普遍接受亚当·斯密、黑格尔、韦伯一脉相承以"静滞帝国"图像勾勒中国而被一笔磨灭了。[19]

在这些史学家之中，以彭慕然的研究最具代表性。彭慕然挑战欧洲中心主义的经济史，他援引清代中国经济数据的研究成果，证明了用来支持英国例外主义（exceptionalism）的种种关键判准，同样也出现在清代中国人口稠密的沿海省份，相等或"超越"西北欧的"先进"经济体。中国的劳动市场较英法自由；清廷通过技术改良、农业创新加速生产力的提升。中国农民与城市工人日常的粮食质量，起码与西欧农民、城市工人旗鼓相当。简言之，没有证据支持传统的观点，即认为欧洲工人的预期寿命高过中国人，而一八〇〇年前，欧洲也并未享有优于中国的技术能力。在回答何以工业革命发生在英格兰而不是中国时，彭慕然论证说，英格兰得天独厚、不依人类意志转移的生态条件，如煤矿的丰富蕴藏量，较之社会束缚的解放、金融资本主义、科技创新等因素更为重要。

在以中国为中心的经济体系之下，中国挟其庞大的贸易与金融力量，通过"朝贡贸易体系"在东亚地区扮演类似"霸权稳定"的角色，建立区域秩序与经济交流，同时又经由私人贸易联结了西方世界与全球贸易圈成为重要的经济纽带。从中国长期主导世界贸易的时期开始，巨额的白银从欧洲、美洲、日本流入中国，以交换中国的茶叶、丝、瓷器和其他工艺制品。[20]

回顾世界贸易史，瓷器曾是中国独特的全球化商品之一。综观学界的研究，早在宋元时期，中国就已经形成了一个世界性的瓷器贸易体系。这个体系是以中国南北各大著名瓷窑，如北方的定窑、磁州窑，南方的景德镇，以及浙江、福建、广东诸窑为烧制中心，以泉州、广州为外销港埠，通过民间贸易与朝贡贸易的形式出口至海外。到了十六世纪，随着美洲新大陆的发现、新航线的开辟，葡萄牙人、西班牙人、荷兰人、英国人争先恐后来到东方的澳门、马尼拉、巴达维亚、加尔各答建立贸易据点，经营印度、东南亚与中国、日本的贸易，中国瓷器进一步融入了欧洲贸易圈、美洲贸易圈，扩大了海外市场，从而形成具有全球意义的瓷器贸易体系。在全球化贸易舞台上，中国烧制的瓷器是舞台上的要角。[21]中国出口至欧洲市场的瓷器，又以白瓷、广彩瓷、青花瓷，以及各式各样的订制瓷最具代表性。[22]瓷器的贸易甚至影响它的制作、风格，瓷器的生产本身就是初期全球化的展现。

晶莹无瑕"中国白"

中国白瓷深受欧洲人的追捧，其中尤以福建德化烧制的白瓷为巅峰之作，是中国外销瓷的宠儿。德化白瓷俗称猪油白、鹅绒白、象牙白，欧洲市场则颇富诗意地称呼它为"blanc de chine"——"中国白"。

欧洲人其实很早就通过《马可·波罗游记》认识了德化的白瓷。德化烧制的作品多针对外销市场，在欧洲与亚洲各地都可以见到德化瓷器的踪迹。其中，德化白瓷烧制的人像，造型优美，体态逼真；以观音像为代表，姿态或立或坐，颜色洁白无瑕，充满慈悲为怀的气韵，深受日本、东南亚佛教国家的喜爱。另外，在欧洲人的壁架上，还可以发现一种外形像犀牛角的德化杯。中国人认为犀牛角具有医疗效果，于是把犀牛角颠倒，让宽面在上，窄面在下，呈杯子状。在十八世纪法国画家阿威德（Jacques-Andre Joseph Aved）的

"中国白"

来源：Rijksmuseum

德化犀牛角杯

来源：Hallwyl Museum

献给皇帝的礼物

画作《布里昂夫人饮茶画像》(*Madame Brion, Seated, Taking Tea*) 中，可以看到壁架上陈列了一只德化犀牛角杯（右边摆放的是康熙朝有盖广口瓶），足见德化白瓷已风靡欧洲上流社会，是王公贵族竞相收藏的东方艺术精品。

阿威德，《布里昂夫人饮茶画像》

艳丽缤纷广彩瓷

清人刘子芬在其《竹园陶说》中提道，"海通之初，西商之来中国者，先至澳门，后则径趋广州。清代中叶，海舶云集，商务繁盛，欧土重华瓷，我国商人投其所好，乃于景德镇烧造白器，运至粤垣，另雇工匠，仿照西洋画法，加以彩绘，于珠江南岸之河南，开炉烘染，制成彩瓷，然后售之西商"。这段文字勾勒的正是广彩瓷烧制流程和外销情况。[23]

从刘子芬这段叙述可以了解，清代中国南方的瓷器烧制，已经出现专业分工和区域协作的现象。广彩瓷就是从景德镇购买白胎，在广州依照欧洲人订单的需求和品位喜好烧制，由广州工匠借鉴西洋传入当地的金胎烧珐琅技法绘制成一种釉上彩样式。就地缘来说，广彩瓷以广州为生产和发展之地，主要是依托广州作为贸易港口的地利之便，尤其是清乾隆年间，中国采取广州"独口通商"的外贸制度，广州成为清帝国通向世界市场的唯一门户，洋华商人云集。[24]以风格而论，广彩瓷的产品定位在于海外市场，所以广彩瓷不论造型、彩绘或纹样，主要都是迎合西方人的审美情趣，金彩设色闪耀夺目，呈现出金碧辉煌、炫彩华丽的效果，虽然本地华人讥评为"可厌"[25]，却深受洋人的欢迎。广彩瓷的构图，一方面采取欧洲人特有的透视技法，人物景致体现出西方艺术的写实风格，另一方面又为了满足洋人对东方异国风情的追逐与猎奇，所以广彩瓷的题材除了有西方的基督教故事、希腊罗马神话、历史等题材，往往也融入具有中国元素的林园、孝行故事、"满大人"（mandarin）[26]的纹饰，散发中西合璧的风情。最后，由于广彩瓷主要是因应欧美市场的需求，在造型上除有中国传统样式外，也多出现欧美日常生活的实用器皿形态，如茶具、咖啡杯、啤酒杯、奶油碟、水果盘等。

风雅飘逸青花瓷

青花瓷是中国瓷器工艺令人叹为观止的上乘之作，白瓷上像宝石般的蓝色，烧制后产生的晕染效果，就如同宣纸上挥洒的水墨绘画，气韵淡雅，最能表现出中国"文人画"或苏轼所谓"士人画"[27]那种空灵悠远的意境。但是，作为传达中国文化神髓和鬼斧神工技艺的青花瓷，严格说来，并不全然是中国本地材料的产品。

烧制青花瓷的原料，除了瓷石和高岭土本，最关键的就是青（钴）料。元代青花瓷，作为一种外销瓷，其所使用的青（钴）料，大多数都是从西亚地区进口的；同时，元青花的造型、装饰纹样，也融合了伊斯兰文化。而被收藏家誉为青花瓷中极品的明永乐、宣德青花，所使用的青（钴）料"苏麻离青"（又称苏泥麻青、苏勃泥青、苏泥勃青等），是郑和率领船队下西洋自东南亚伊斯兰文化地区引进中国的。苏麻离青这种青（钴）料，其产地一说是波斯，一说是非洲索马里，但不论出自哪个产地，都是在苏门答腊进行交易。[28]所以，青花瓷作为一种中国传统文化与工艺的象征，实际上吸纳了伊斯兰世界的文化元素。

描绘广州十三行的广彩潘趣碗（punch bowl）

来源：The Metropolitan Museum of Art

艳丽缤纷广彩瓷

来源：

1, 2 The Metropolitan Museum of Art

3, Cleveland Museum of Art

4, Rijksmuseum

欧洲人称中国烧制的青花瓷为"blue and white porcelain"，在欧洲著名画家的画作中，经常可以看到这种所谓的"蓝白瓷"，可见青花瓷在欧洲受欢迎和推崇的程度。例如，意大利著名画家贝利尼（Giovanni Bellini）的画作《诸神的盛宴》（*The Feast of the Gods*），就出现明代风格的青花大瓷盘。[29]根据专家考据，画中的瓷盘应属明代青花瓷款式，青花瓷盘的实物为埃及马穆鲁克苏丹国（Mamluk Sultans）的外交礼品，贝利尼可能是应痴迷中国瓷器的阿方索一世（Duke Alfonso I dEste）的请托而作画。贝利尼使用价格不菲的颜料青金石（lapis lazuli）和群青（ultramarine）[30]来摹制明青花色彩，画家的贵族赞助者想必额外支付了高昂的材料费用，可见这位贵族赞助者必然了解中国瓷器的稀罕与其所象征的社会地位。这幅画中的青花大瓷盘，与荷兰画家毕尔特（Osias Beert）《早餐静物画》（*Breakfast Still-Life*）合并观之，相映成趣。

欧洲人以中国青花瓷为稀罕精品，是一种身份地位的表征，所以常常将之作为陈列的摆设。荷兰画家科奎斯（Gonzales Coques）的画作《访客》（*Dutch Interior with Family Visit*），画中靠近天花板架上的青花瓷器，被陈列在醒目、不易受损且无法取放自如的位置，让观看者尽收眼底，显然是为了装饰，而不是作为日常使用的器皿。画中主人翁属于富裕家庭，这还可以从摆设的进口餐桌布和挂毯得到证明。[31]

事实上，起码在文艺复兴时代之前，欧洲人使用的餐具比较简陋，品项不多，德国社会学家埃利亚斯（Norbert Elias）在其重要著作《文明的进程：文明的社会发生和心理发生的研究》，通过对欧洲当时教人就餐礼仪书籍的分析，例如，荷兰人文主义学者伊拉斯谟斯畅销一时的《男孩的礼貌教育》，阐释欧洲人"礼貌"或者"文明"行为的演进过程。从埃利亚斯援引欧洲人用餐习惯的内容，以及应有的用餐礼仪，可以"间接"了解当时欧洲人餐具简陋的概况：

贝利尼，《诸神的盛宴》

来源：WikiArt

毕尔特，《早餐静物画》

来源：Rijksmuseum

第五章　瓷器的贸易流动与物质世界

"一起吃饭时用手在同一个盘里抓肉，用同一个酒杯饮酒，用同一个锅或同一个盘子喝汤的人们……"[32]

《访客》中的青花瓷，就构图和风格来看，应该是"克拉克瓷"（Kraak ware）[33]。明末清初，中国外销瓷已有了新的重大变化，其一便是开始接受西方构图风格和图案结构，因而出现崭新的样式，克拉克瓷就是其中之一。所谓克拉克瓷样式，是指器物中间有一个主图案，外圈由多个"开光"图案构成边饰的形式。主图案通常是中国传统的花鸟、人物、吉祥图案，后来则出现具有异国风情的郁金香图形、西方神话人物、宗教图案和社会生活画面等。[34]所谓"开光"，又称"开窗"，是指"用花边图案描出若干形状各异的空格，在空格内绘以花卉、风景和人物主题图案，使画面主次分明，衬托绚丽，主题突出"。这种开光或开窗技法，也常应用在前述广彩瓷的构图上。[35]

式样奇巧订制瓷

明末清初，中国外销瓷的另一重大转变，就在于中国瓷匠开始接受欧洲人设计式样的订单，依照欧洲人的需求，加工烧制。

譬如，十八世纪初，荷兰东印度公司委托阿姆斯特丹画家、设计师普荣克（Cornelius Pronk）作画，并请中日瓷器作坊烧制普荣克画作纹样的瓷器，其中尤以"阳伞系列"最为著名。[36]根据附图，可以看到"阳伞系列"的样式与构图，中国青花瓷与日本伊万里彩瓷的洋化造型瓷盘，在瓷盘的边口上有一种精细复杂的荷兰台夫特"蜂窝"纹饰，配以八个开光小图案，画中仕女与仆人撑起阳伞，在河边喂食鸭子。童趣的构图，类似齐白石的画。但景德镇烧制的中国版"阳伞系列"过程十分繁复，"既有青花加砖红，也有金边加粉彩，往往需要二次烧造，制造成本高昂"。由于造价昂贵，销售不易，所以只烧制不同器型共一千二百七十九件瓷器，尔后荷兰东印

科奎斯，《访客》

克拉克瓷

来源：Rijksmuseum

"阳伞系列"

来源：The Metropolitan Museum of Art

普荣克开光小图案及蜂窝纹饰

来源：The Metropolitan Museum of Art

来源：Hallwyl Museum

献给皇帝的礼物

度公司就不再下订单了。尽管如此，中日瓷匠还是持续生产"阳伞系列"瓷器，并销往东南亚与中东地区。

十八世纪欧洲的订制瓷，还有一款是以设计者命名的"菲茨休"（Fitz-Hugh）式样。菲茨休（Thomas Fitzhugh）是英国东印度公司的董事，他在一七八〇年自行设计图案，向中国订制这种图案的瓷器。"菲兹休"式样的特点是，以四组花卉环绕中心，花卉上绘有蝴蝶、蜜蜂等小昆虫，延边环绕着石榴花纹饰。由于广受欢迎，"菲兹休"式样的瓷器也销往美国市场。

在中国的外销订制瓷中，有相当大比重属于"纹章瓷"，即在瓷器上绘制象征个人、团体、家族、公司、城市的符号标志。欧洲中古世纪就出现纹章体系，全身盔甲保护的战士，以盾牌的图案作为识别敌友的标志，盾牌上的图案就是纹章。到了十字军东征时代，成千上万各方领主率领军队东征，纹章更成为各家族、团体的识别符号。家族内长子的继承、家族之间的通婚，诸如此类家族历史的变化，都会造成纹章图案的更动。欧洲各国设有专门管理纹章的机构，纹章学更是一门专业学问。"纹章瓷"多由豪门巨室订制，所以，除一般品质比较讲究外，也算是一种另类的"族谱"。[37]

中国瓷器以其领先的工艺技术成为独特的全球化商品，然而以世界市场为导向的外销瓷，为了附和各地市场偏爱的图像与装饰，在这种文化碰撞、接触、互动、交流的过程中，使得中国外销瓷展现出文化史学者彼得·伯克（Peter Burke）指称的"文化杂交"（cultural hybridity）现象。[38]中国的青花瓷融合了伊斯兰世界的异国色调和元素；广彩瓷吸纳了欧洲绘画的透视技巧。[39]甚至在中国瓷器史上，艺术史家、收藏家所称的"过渡期"，亦即明万历最后一年到康熙二十二年间（公元一六二〇至一六八三年），特别是清初实施海禁、令沿海人民内迁的政策，干扰了中国瓷器的出口，日本瓷器趁势而起，导致中国瓷匠开始群起仿效日本有田的"伊万里瓷"，西方

"菲茨休"式样

来源：The Metropolitan Museum of Art

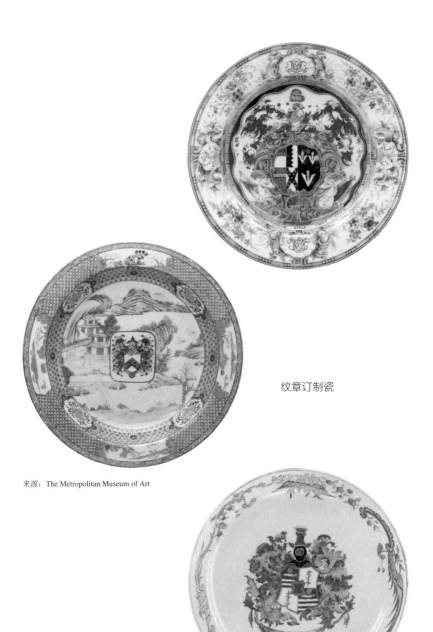

纹章订制瓷

来源：The Metropolitan Museum of Art

来源：Rijksmuseum

学者称之为"中国伊万里"（Chinese Imari）。日本市场的需求，推动了中国瓷器风格的变化，就如同中国瓷器的构图和审美趣味先前因应穆斯林的嗜好，后来又配合荷兰与英国的市场。昔日，日本仿效中国的瓷器，这时中国反过来仿效日本的瓷器，此后，欧洲人又仿效中国与日本的瓷器，但中国为了扩大欧洲市场又仿效欧洲的瓷器，[40]这时已经分不清究竟谁才是真正的原创了。作为商品的瓷器，通过适应、混合、改造的方式本地化，从而符合新的需求和境况，实践了"文化汇流"（transculturation）的过程，它所呈现出的面貌不是赛义德（Edward Wadie Said）东方主义架构中"东方与西方"的截然对立。[41]就在国际市场经济的导引之下，东西方品位与情趣相互混杂、综合、杂交，文化的邂逅使得中国外销瓷器"千姿百态"而"万象缤纷"。

维梅尔的青花瓷

荷兰作为东西方贸易往来的转运角色，促成了东方奢华向欧洲流通，连带也丰富了荷兰人的物质生活，这种蓬勃繁荣的经贸景象，具体而微地反映在荷兰人独树一格的风俗画上。

在荷兰画家维梅尔（Johannes Vermeer）的作品《读信的女孩》（*Girl Reading a Letter at an Open Window*）中，有一只盛着水果的中国瓷盘，从造型来看，它是荷兰人称之"klapmuts"的大汤盘；就质地而论，根据学者的判断，应该是出自景德镇的青花瓷器，画中这种青花大汤盘可能是专门从中国订制的，十分罕见且昂贵。[42]另外，在维梅尔的《被打断音乐演奏的女孩》(*Girl Interrupted at Her Music*)画作中，也出现一只青花瓷罐。[43]我们在这位荷兰画家的作品中，常常可以看到中国青花瓷器的身影。

在静物画大师卡尔夫(Willem Kalf)的风俗画作品《静物：晚明姜罐》(*Still-Life with a Late Ming Ginger Jar*)中，画家把号称"海上马车夫"的荷兰，其贸易所能触及的世界各个角落、迥然不同的物品汇聚在一起，东、西方贸易往来的历史被物质化，化约成令人目眩神迷的商品型录。画面中，除了有一只泡生姜的晚明瓷罐熠熠生辉，还有威尼斯的玻璃制品、荷兰银盘、地中海沿岸的桃子、削了一半的柠檬，共同陈列在一张印度花毯上。桌上的表暗示着时间的流逝。画中物品恣意摆放，但在这种无序之中又增添了几许现实生活的逼真感。[44]

所谓"风俗画"，是指在十七世纪的荷兰，出现的一种以描绘日常生活或展现市井小民风土民情的画派，不管其主题是肖像、风景、静物或风俗，都已经从文艺复兴时代宗教、神话、历史的庄严束缚之中获得独立的尊严，日常生活使用的器皿、花朵、水果、海图、望远镜等，不再只是圣人、伟人、神话角色的点缀和陪衬，反倒取得绘画叙事的主体地位。套用当代法国著名作家马尔罗(André Malraux)的绝妙说法："荷兰人并没有发明如何将一条鱼放在一个盘子里，它们发明的，是如何不再令这条鱼成为使徒的盘中餐。"[45]

就绘画题材来说，这种"去宗教化"的绘画叙事，吊诡地，也是一种宗教信仰投射的结果。荷兰以加尔文教派为信仰主体，贬抑圣像的宣教作用。天主教的神学家推崇栩栩如生的宗教人物画像，以及宗教教义的图像化，鼓励宗教画作的传播，借以对圣徒圣餐的膜拜，达到灵魂的净化与救赎。加尔文传教士强烈反对圣像膜拜，

维梅尔，《读信的女孩》

　　　　　　　　　　　　　献给皇帝的礼物

维梅尔,《被打断音乐演奏的女孩》

来源:WikiArt

卡尔夫,《静物:晚明姜罐》

来源:Indianapolis Museum of Art

他们主张灵魂的救赎完全取决于个人对上帝的虔诚信仰，舍此之外，别无他法。风俗派画家虽然没有像文艺复兴运动时代教会的有力经济赞助，但相对地，在创作的题材上也摆脱了宗教的束缚。另外，加尔文教派重视此岸的世间生活，强调在日常生活中自由体现自身的价值，这对风俗画的题材选择产生重大的影响。

虽然在绘画题材方面，风俗画超脱文艺复兴时代的"神性理想"，追求"人性真实"；但在绘画技法上，风俗画则是延续文艺复兴时代的"写实主义"，[46]通过更纯熟的透视技法，尤其是炉火纯青的光影变化，[47]对活生生的人和他（她）们的真实生活进行直接、客观的再现。这个时期荷兰风俗画人才辈出，群星闪耀，除了维梅尔、卡尔夫，主要代表人物还有伦勃朗（Rembrandt Harmenszoon van Rijn）、哈尔斯（Frans Hals）等。[48]

中国瓷器频频出现在风俗画中，显示不管是作为炫耀性摆设，或者实用性器皿，中国瓷器在当时荷兰人的日常生活中已经占据了一席之地。而讲究如实再现的写实主义技法，使得瓷器的画面十分细腻逼真，甚至还有助于艺术史家从事研究，判断瓷器的烧制年代，从而勘定绘画的年代。

不少风俗画家对中国瓷器有种敏锐的洞察力，同时表达对中国瓷器的追逐热情和珍爱情感。我们可以从静物画大师卡尔夫的许多代表作品看到中国瓷器的身影，领略他对中国青花瓷的嗜爱；而伦勃朗本人则曾收藏过中国瓷器。中国瓷器的颜色，甚至成为启发维梅尔作画的"缪思"。以《戴珍珠耳环的少女》（Girl with a Pearl Earring）这幅名画为例，不少艺术评论家认为，维梅尔作品的典型，就在于他擅长捕捉蓝色与黄色的和谐关系；而维梅尔的同乡画家凡·高，可能是参考了维梅尔的这种画风，通过黄、蓝互补色，[49]让他的画带有和谐与理想的平静之感。艺术史家推断，维梅尔喜欢在画中使用黄色、蓝色互补色，灵感可能是来自中国瓷器。[50]其实，这

　　　　　　　　　　　　　献给皇帝的礼物

种推断也不完全是空穴来风，毫无凭据。维梅尔的家乡台夫特，也是远近驰名的荷兰"瓷都"，因为当地烧制瓷器的精湛工艺而被写入历史。

十六世纪的台夫特原本盛产啤酒，但经过两次大火，啤酒业一蹶不振，而当地蕴藏的优质陶土，却吸引无数法国和比利时的陶工纷纷前往台夫特建窑，从此推动了陶瓷业的发展。台夫特早期生产的陶瓷，主要是以仿制意大利的锡釉花饰陶为主，但随着荷兰东印度公司于一六〇二年成立，紧接着继葡萄牙人之后垄断远东的贸易，欧洲王公贵族和富裕人家强烈追捧东方瓷器，荷兰一方面提升海运大量进口东方瓷器，另一方面强化就地生产烧制。台夫特于是改变生产战略，摆脱烧制意大利锡釉花饰陶，开始仿制中国风格的瓷器。特别是在明末清初这段中国瓷器出口的过渡期，中国战乱频仍、王朝更迭，造成中国瓷器出口大幅衰退，欧洲瓷器市场出现庞大缺口，这进一步给予台夫特窑场发展的良机。

台夫特烧制的荷兰锡釉陶器一般简称"台夫特陶"[51]。早期台夫特主要采取"希诺利兹"（中国风格）纹样，从大量进口的中国瓷器中，选择性地挑选欧洲人所能够理解的纹样，并加以重新组合。台夫特的"希诺利兹"纹样以白底蓝彩为主，纹样多为龙、凤、狮子、仙人、亭台楼阁、庭院花枝、山水风景，显然是模仿自中国的青花瓷。台夫特烧制的白釉蓝彩陶器，工艺精湛，实用性强，深受中产阶级的欢迎。台夫特陶的风行，还得归功于出身荷兰奥兰治家族、继任英国国王的威廉三世和玛丽王后，他们的热心推广，使得台夫特陶受到欧洲人的认可和追捧，日后更影响了英国的陶瓷烧制。随着康熙时代五彩瓷和日本伊万里、柿右卫门彩瓷输入欧洲，扭转了欧洲人对青花瓷的偏爱，台夫特也开始烧制彩绘陶器，主要以黄、紫、黑、绿、茶、红等颜色为主。台夫特烧制的陶器，虽然在纹样风格上模仿中国瓷器，但造型上完全适应于欧洲人的生活习惯，也算是一种东西合璧的产品。

台夫特陶器和当时欧洲各窑场烧制的"瓷器"一样，是有别于中国硬质瓷（"真瓷"）的软质瓷，第二章提过，欧洲人直到十八世纪初，才因德国梅森瓷厂获得突破性的进展，找到烧制硬质瓷的工法。（前文提到笛福的文章透露出他了解台夫特陶属软质瓷，与中国"真瓷"的硬质瓷不同，可见他对瓷器是有一定的认识的。）不过，由于荷兰作为从中国进口瓷器的大国，并没有经济的诱因去研发工法烧制真正的瓷器，台夫特就仅仅满足于烧制软质仿瓷产品。[52]

德国社会学家桑巴特（Werner Sombart）论证，奢侈品消费大大促进了欧洲资本主义的发展；美国社会学家范伯伦著述立说，主张与牟利无关的闲散好奇心，同样是资本主义的动力之一。[53]我们可以发现，作为奢侈品的东方瓷器与风俗画的美学创作，以及科学观察的好奇心，共同在多元化的社会环境中实现创新并积累财富，十七世纪台夫特乃至荷兰整体的发展经验，为海外贸易、艺术、科学三大领域的良性互动与相互催化提供了经典的案例。

风俗画派擅长以写实主义的技巧追求对日常生活的真实再现，画家对视觉空间的测量，对远近比例的掌握，对光和影变化的感知，对不同事物肌理的洞察，都需要以坚实的科学文化和实验观察作为基础。维梅尔在作画时常常借"透镜暗箱"（camera obscura）光学工具作为辅助，观察世界。"在这奇怪的盒子的一边，有一个针孔大的洞，由盒子前面的物体反射出的光线从针孔中射入。在透镜的帮助下，反射进盒子里的光线会被集中到白色平面上，这样就能在这白色的平面上看到物体的影像。"[54]艺术评论家认为，维梅尔《台夫特小景》（View on Delft）画中特别突出的倒影小圆点，就具备了摄影暗箱作用的特点，它使得画面更为生动逼真。这表明了维梅尔观察物体景象的科学性。维梅尔的遗嘱执行人列文虎克（Antoni van Leeuwenhoek），同样出身台夫特，与维梅尔既是同乡，又都沉迷于

维梅尔，《台夫特小景》

来源：Wikimedia Commons

光影与透镜，是发明显微镜的科学家。[55]列文虎克以玻璃透镜为核心，在显微镜的制作生产和纺织业、自然科学之间建立一种相互推动的协同关系。事实上，为了记录科学发现，列文虎克也聘请画家为他的科学发现绘制插图。

科学发明同样支撑了荷兰的海权扩张与海上贸易。荷兰在十七世纪已经取代意大利佛罗伦萨成为科学用玻璃的制造中心，相关人才辈出。[56]玻璃透镜制造能力的提升，光学理论的精进，都有助于制造航海用双筒望远镜，另一方面，生产双筒望远镜的原料铜，也是制造航行所需的铜板画海图的原料。在维梅尔的许多幅画中，都可以看到海图的踪影。荷兰航海技术的提升、海权的扩张，自然有助于荷兰在远东地区的巴达维亚、广州、长崎建立贸易据点，[57]继葡萄牙人之后主宰对东方奢侈品如瓷器的贸易，累积财富，从而让荷兰人更有余裕的时间从事科学与艺术的创新。

不过，在宗教清规与道德戒律的重重束缚之下，突然降临的富裕生活还是让荷兰人感到忐忑、惴惴难安。前文提到静物画大师卡尔夫的作品《静物：晚明姜罐》，画中物品恣意错落，是一种写实；但这种物品的失序、错置状态，在"商品拜物教"的表象背后，寓意了"道德经济"（moral economy）的惶惶不安。[58]十七世纪之前，荷兰人奉行勤俭节约的美德，但纷至沓来的新商品大潮，造成经济史家沙玛（Simon Schama）所谓令人"尴尬"（embarrassment）的富裕。[59]就如同社会学家桑内特的说法："面对唾手可得的物质财富时，人们的反应往往是感到焦虑。商品的极其丰富引起了神学的忧虑，无论是改革派或是反改革派都很担心物质的诱惑：在神学家看来，甚至连儿童玩具这种无害的日常用品也值得忧虑。"[60]

对于十七世纪荷兰的"黄金年代"，或者随之而来十八世纪英国的"消费主义"（consumerism）社会，要纾解宗教与道德的沉重心理负担，怡然自得地放胆消费像东方瓷器这类的奢侈品，都需要在价值观和生活态度方面进行突破，甚至法令束缚的解除，形成一种库恩（Thomas S. Kuhn）所谓的"典范"（paradigm）革命，以新的论述把神学家、道德家向来认为的败德劣行——贪婪、奢侈、堕落，以及王室贵族视之为僭越阶级本分的攀比妄为——转化成为促进国家经济发展的强劲动力。

斯特恩（Jan Steen），《戒奢宁俭》（*Beware of Luxury*）。画中左侧的扁平
钱包点出了这幅画的意义。钥匙下方打盹的女人，从穿着来看应该是掌管这把钥匙
的一家之主，当时的荷兰观念是由女人操持家务，但她却可能饮酒过度睡着了，这
象征家庭生活的消亡 [61]

来源：Wikimedia Commons

第 六 章

英国的消费主义社会与瓷器文化

任何奢侈品都会衰老、过时，

可是奢侈品还会死灰复燃，从失败中再生。

——

布罗代尔,《十五至十八世纪的物质文明、经济和资本主义（第一卷）》

欲望的政治经济学

　　一个国家的消费模式，尤其是像瓷器这类奢华精品的消费，从来就不是凭空发生，而是一系列复杂因素所造成的结果。其中，包括国家的地缘政治与国际贸易的策略，社会阶级结构的转型，社会的模仿行为，性别的偏好，美学的品位，以及道德观与价值观念的转变。

　　对于浸淫在浓浓宗教氛围的基督世界，奢侈消费要能被社会接纳，首先就必须在价值观上摆脱宗教信仰与道德规范的束缚，取得社会正当性的认可。十七世纪令荷兰人感到忐忑的这一问题，其实自文艺复兴时代以来就已经让许多欧洲思想家、神学家争论不休：仁慈万能的上帝怎么能让邪恶的动机来支配人的行为？[1]韦伯在那本讨论新教伦理与资本主义之间存在某种"选择的亲近性"（selective affinity）的经典著作中问道："那种至多仅在伦理上得到容忍的活动是怎样变成了富兰克林意义上的天职（calling）的呢？"[2]也就是说，过去几百年来，在欧洲曾受到谴责的商业行为、金融借贷等营利活动，被贬抑成一种贪得无厌的败德劣行，又是如何摇身一变成为象征上帝恩宠的荣耀行为？

　　无独有偶，晚明时代的中国文人其实也有类似的心理焦虑。当时，随着中国商品出口并与世界市场联结，境外白银大量流入，造就了明帝国商业繁荣的升平景象。[3]文人面对经济、商业、事物观念天翻地覆的转变，也被迫重新省思宋明"理学"的价值意义，并严肃思考道德与财富积累之间的关系。例如，明代文人袁黄的解决方法，就是以儒家思想糅合佛教因果报应之说，认为功德之积累，有助于发家致富、求得功名，并通过建立"功过格"的方式，考评善恶行为，据此衡量个人财富，以缓和道德与财富之间的紧张压力。[4]面对商业利益造成的社会变迁，欧洲人又是如何纾解宗教信仰与道德伦理的压力的？

在文艺复兴时代，欧洲人已逐渐意识到哲学的道德教化与宗教戒律无法有效约束人的欲望，有必要对人性做更细致和坦诚的认识。也就是说，要从"真实的人"来思考人，承认欲望的真实存在，不要妄想根绝它，套用赫绪曼（Albert O. Hirschman）的说法，要设法"驯服"（harnessing）欲望。驯服的手段，就是让欲望自己制衡自己，用相对无害的欲望去压制更凶恶的欲望，或者让欲望分而治之，彼此对抗，来化解或驯服欲望，甚至最终创造公共利益。这种思维模式，体现在当时思想家如马基雅维利（Niccolò di Bernardo dei Machiavelli）、霍布斯（Thomas Hobbes）、斯宾诺莎（Baruch Spinoza）、休谟的论述中，甚至在美国，国父们也用这套知识工具来制定宪法。

赫绪曼认为十八世纪初思想家维柯（Giovanni Battista Vico）阐述了这一知识思维，并且以一种令人振奋的发现而使这种思维别具一格：

> 社会利用使全人类步入邪路的三种罪恶——残暴、贪婪和野心，创造出了国防、商业和政治，由此带来国家的强大、财富和智慧。社会利用这三种注定会把人类从地球上毁灭的大恶，引导出了公民的幸福。这个原理证明了天意的存在：通过它那

智慧的律令，专心致力于追求私利的人们的欲望被转化为公共秩序，使他们能够生活在人类社会中。[5]

这种以欲望驯服欲望、以"恶行"促成公共利益的讨论，在十八世纪的英国十分盛行，例如，荷兰裔英国人曼德维尔（Bernard Mandeville），时人以其名字嘲讽他是"人魔"（Man-devil）[6]，就在他的著作《蜜蜂的寓言》（*The Fable of the Bees*）中以耸人听闻的口吻详尽论证贪婪私欲的邪恶之花，可以开出公共利益的善果，而意图以公共德行来建构繁荣的社会只是一种浪漫的痴心妄想，因为受到私欲支配的恶行才是社会繁荣的根源。[7]亚当·斯密则是以著名的隐喻"看不见的手"，探讨传统上被视为贪婪、贪财的欲望，如何形成公共利益；只不过在修辞技巧上，亚当·斯密后来在《国富论》中以较为温和、中性的"利益"（interest）[8]，避开曼德维尔所采用的惊世骇俗的"欲望"或"恶行"字眼，推演所谓的"曼德维尔悖论"。

亚当·斯密分别在《道德情感论》（一七五九年）与《国富论》（一七七六年）提到"看不见的手"这一著名术语：

　　尽管他们（富人）生性自私贪婪，尽管他们只在意他们自身的便利，尽管他们所雇用的数千人的劳动中，他们所图谋的唯一目的，只在于满足他们本身那些无聊与贪求无厌的欲望，但他们终究还是和穷人一起分享他们经营改良所获得的一切成果。他们被一只看不见的手引导做出的那种生活必需品分配，和这世间的土地平均分配给所有居民时会有的那种生活必需品分配，几乎没什么两样；他们就这样，在没打算要有这效果，也不知道有这效果的情况下，增进了社会的利益，提供了人类繁衍所需的资源。

　　诚然，他（商人）通常并无意去促进公众的利益，也不知道他促进了多少。他宁愿支持国内劳动，而不支持国外劳动，因为他追求的只是他自己的安全；他引导劳动去生产具有最大价值的产物，因为他追求的只是个人的所得，而在这一点上他就像在其他许多场合一样，他总是被一只看不见的手牵引着去促成一个他全然无意追求的目的。而且也并不因为他没有任何这种意图，就对社会更坏。他在追求个人的利益时，时常比其他真实地有意促进社会利益还更有效地促进了社会的利益。[9]

哲学家诺齐克（Robert Nozick）认为亚当·斯密"看不见的手"的解释，"可爱之处"（lovely quality）就在于它可以表现出"某种总体性模式或设计"；但这种总体性模式或设计，又不必像先前诉诸某一个体或集体是有目的地刻意为之。[10]人总是希望能在有序的世界追求幸福圆满，然而，之前的欧洲人，往往"把世界理解为是为了表现或体现理念的秩序或原型的秩序而存在的，理解为是对于神圣生命的韵律、诸神的根本法则或者上帝意志的证明"[11]。这时，亚当·斯密借由"看不见的手"的隐喻告诉世人，人的私欲是可以与多数人的利益相调和而形成秩序的，当个人、群体乃至整个人类都被纳入这个秩序之中，这个自然的秩序便会利用人的私欲，创造出公共利益。这个自然形成的秩序，就像黑格尔所谓的"理性狡诈"（cunning of reason），人在"激情"这一人性的本能催化下，不自觉地成就了更高拔的世界史目的。[12]这种自然形成的秩序，更不必依托在人的自主性之外，倚靠任何全知全能的力量，如《圣经》所宣扬超越尘世之上的上帝意旨。

结果，亚当·斯密市场经济里的那只"看不见的手"，取代了加尔文（Jean Calvin）"预定论"教义中，上帝神秘的、"无所不在的手"（ever-present hand），人们对私欲的追求通过市场机制创造了共同的善，就像上帝在"恶"中创造"善"，在"原罪"里实现"救赎"一样。于是，亚当·斯密挪用了加尔文教派的神意说，以利伯维尔场的狡诈，取代了无所不在的万能上帝。[13]

在观念翻转的过程中，追逐利益的私欲，摆脱了宗教与道德的束缚，商业活动随之也赢得自己的尊严，甚至升华成为一种"温和得体"（douceur）的姿态。孟德斯鸠（Montesquieu）在《论法的精神》（De l'esprit des lois）讨论经济的部分，开宗明义说道："……哪里有温和得体的风俗，哪里就有商业；哪里有商业，哪里就有温和得体的风俗，这几乎就是一条普遍规律。""我们每天都可以看得到，商业……使得野蛮的风俗变得优雅而温和。"[14]这种温和得体的商业观，很快就传遍欧洲，苏格兰与英格兰普遍接受了这一观点。例如，苏格兰历史学家罗伯逊（William Robertson）在他的著作《欧洲社会进步概观》（A View of the Progress of Society in Europe）中写道："商业易于使维持各国之间的差别和敌意的偏见逐渐消失。它使得民风变得温和而优雅。"[15]前文马戛尔尼便是怀抱着对商业正面的价值观出使中国。英王乔治三世在通过马戛尔尼转呈给乾隆的信里即明白表示，商品交换有助于促进相隔遥远国家之间的互利；虽然各民族之间因风俗习惯的差异产生隔阂，但是商品与知识的交流有益于增进彼此的了解，防止冲突。英国使节团就是以这套价值观试图说服乾隆皇帝商业交流有助相互理解，消弭彼此的差异和误会，以便开拓大英帝国在华的庞大商机。[16]

然而，随着商业的扩张与贸易的兴盛，引发了欧洲各国对贸易失衡、经济脱序的疑虑和忧心，特别是，十八世纪欧洲各国从东方进口大量的所谓奢侈品，例如中国瓷器、日本漆器、印度印花棉布等，进而演变成对奢侈、奢侈品与奢侈品消费的大辩论。对于古典时代和基督教世界的传统，奢侈、奢侈消费往往象征女性的柔弱倾向，欲望的潜在颠覆力量。法文"mollesse"一词，意即骄奢逸乐、软弱，可同时应用于道德与身体领域；就后者而言，它暗示女性作风，阳刚之气缺乏，具有强烈的性暗示。批判奢靡之风的法国人认为，骄奢造成性别边界的解体，甚至造成法国人阳刚之气不足，导致人口下降。[17]其次，个人挥霍的逾越身份和道德堕落，扰乱了社会阶级秩序，使得社会标志出现混淆。诚如当时法国哲学家霍尔巴赫（Paul-Henri d'Holbach）的讽刺说法："奢侈是一种冒名顶替，人类同意借此相互欺骗，甚至设法欺骗自己。"[18]对于奢侈行为可能带来世界观的崩溃、性别界线的混淆、社会阶级的瓦解，必须通过禁奢法令[19]予以遏制，以维护社会秩序与阶级结构的稳定[20]。

但是，随着这场大辩论的开展，传统上与贵族的欲望、财富、地位、权力相关联的奢侈概念，逐渐演变成一种对商业、功效、品位、美学、生活风格的认识与接纳，把奢侈、奢侈消费与商业扩张，以及城市新兴中产阶级孕育的消费主义扣连。同时，随着奢侈与奢侈消费观念的翻转与重新定义，欧洲各国的官员与作家开始争辩国家如何回应奢侈消费，国家的社会与经济结构是否有能力创造及吸纳奢侈与奢侈消费的现象。[21]

把奢侈与奢侈消费的论辩，从道德与宗教的传统转向功效的政治经济学，主要的关键是上述提到的曼德维尔。他在《蜜蜂的寓言》一书中论证，因奢侈消费滋长的贪婪恶行，意外地刺激制造业的发达和促进商品的流通，从而增进国家的富裕。在这本书的诗歌部分曼德维尔写道：

> 无数的人都在努力
> 满足彼此之间的虚荣与欲望，
> 到处都充满邪恶，
> 但整个社会却变成了天堂。
> 在这种情况下，穷人们也过着好日子。
> 奢侈驱使着百万穷汉劳作；

可憎的傲慢又养活着另外一百万穷汉。

嫉妒和虚荣，是商业的奖励者；

其产物正是食物、家具和衣服的变化无常。

这种奇怪而荒唐可笑的恶德，

竟然成为回转商业的车轮。[22]

曼德维尔认为，人类的天性自私，追逐欢愉，爱慕虚荣，追求奢华以满足人与生俱来的这些天性，对奢侈品的渴望，使得社会被炫耀性的消费驱动。吊诡的是，有能力追逐奢侈品的富人，却意外促成了商业的扩张，扩大穷人的就业机会，精进商品的品质。观念的翻转，让商品供应与消费需求从道德教化与宗教伦理的束缚中获得解放，为十八世纪英国消费主义的降临敞开了大门。

十八世纪英国这波消费革命，根据社会学家坎贝尔（Colin Campbell）的分析，主要特征之一，就表现在对"奢侈品"的消费上，[23]即曼德维尔书中所谓"并不直接满足人的生存需要的东西"，例如约书亚·玮致活家乡斯塔福德郡生产的陶瓷，伯明翰生产的别针、带扣等小件金属器物，谢菲尔德（Sheffield）制造的刀具，以及其他林林总总的书籍、女性刊物、儿童玩具等。

除此之外，当然，还有来自东方世界进口的奢侈品[24]，例如印度的棉布。十七世纪中叶之后，英国东印度公司开始自印度进口棉布，深受英国王公贵族的青睐，一时之间印染着各式花样、条纹的棉布以其罕见的异国风情，带动了英国社会的流行时尚，形成了所谓的"棉织物热潮""印度热潮"，让毛纺织历史悠久的英国，"以兽皮披身"的"生活"，终于"变得细腻而丰富起来"。然而，到了十八世纪初，印度棉布大量进口的结果，造成英国纺织工人的失业潮与大规模抗议。英国政府虽然祭出《禁止使用棉织物法》法令，但是进口商和消费者还是利用法条的种种"例外"规定钻法律漏洞，在阳奉阴违的情况下使得这项法令沦为空头具文。[25]

社会阶级与模仿消费

　　十八世纪英国消费革命还有另一项特点，即除了传统贵族与富豪，所谓的"中等阶级"（middling classes）构成了新兴的消费主体和消费力量。[26]这个群体的类别十分复杂，成员包括工匠、商人、自耕自食的农夫、工程师和城镇的从业人员等。[27]据此，令人好奇的是，究竟是什么因素促成这一群体扩大消费，形成消费革命的洪流，而庞大的消费需求，甚至带动了英国工业革命。

　　学界在探讨这一问题时，已经注意到消费需求的增加，不单单是人口数量增长与消费能力提升所造成的结果，前文提到消费新观念的酝酿与发酵也是相当重要的因素。换言之，在探讨这一问题时必须区别消费能力与消费意愿；而后者涉及消费者在进行消费行为时的"心理状态"。

　　英国史家麦肯德里克（Neil McKendrick）分析十八世纪英国家庭需求扩大与经济增长时，提到了当时英国女性受薪阶级的消费动机，仿佛她们就是英国消费主义的助产婆："她们渐渐增长的所得释放出与上层社会比肩的欲望，这种欲望几个世纪以来都受到压抑，若不是如此，起码也是被局限在偶尔的铺张行为……然而，正是这种新的需求，纺织女工渴望穿得像公爵夫人，这种需求有助于推动工业革命。"[28]而纺织女工之所以竞相仿效上流社会穿着服饰，同年代的曼德维尔在《蜜蜂的寓言》一书中解释说，"漂亮的外衣最被看重……在没有人认识自己的地方，人们往往会因为衣服和其他随身用品而受到相应的尊敬。我们根据人们的外表华丽去判断其财富，根据人们订购的东西猜测其见识"，其中，人口众多、资讯管道畅通的大城市尤其如此，"在那里，无名之辈在一个小时之中能遇上五十个陌生人，却只能遇见一个熟人，因此可以享受到被大多数人尊重的快乐………这是对贪慕虚荣者一种更大的诱惑"[29]。社会科学家把这种模仿上流社会"炫耀性消费"的跟风，借用对此现象有系统性、开创性研究的经济学家范伯伦之名，称之为"范伯伦效应"（Veblen effects）[30]，认为十八世纪的英国社会，各阶层间充斥着这种社会模仿的消费行为，因而开创了消费革命的风潮。在这种消费模仿与跟风的潮流中，是由少数上流社会的贵族与富豪扮演引领时尚的重要角色。诚如十八世纪经济学家亚当·斯密对流行时尚的观察，"时尚是一种特殊的社会习惯。每个人身上穿的衣裳，不是时尚。但是，有地位或名声的那些人身上穿的，却是时尚。权贵人士那种优雅、从容与威风凛凛的仪态举止，和他们的衣裳一向惯有的贵重与华丽结合在一起，使他们偶尔穿上那个式样，被赋予了某种优美的性质"[31]。亚当·斯密进一步指出，由上流社会所带动的社会习惯与时尚，其影响所及，除了衣裳，还扩展到所有可以品味鉴赏的事物，如音乐、建筑、诗词等。

约书亚·玮致活本人在行销陶瓷时便十分看重这群人引领时尚的影响力，称呼他们是"品位的立法者"。基于行销策略的考虑，他会为王室成员的生日烧制纪念商品，赠送新的商品样式给贵族；然后，再以更为廉价的材质烧制类似的产品，以满足社会各个阶层的需要。平民阶级一旦发现王公贵族在使用一些新式样的商品，也会立刻争先恐后模仿他们的消费行为。约书亚·玮致活在王公贵族之间拥有各种关系网络，经营陶瓷事业时更深谙在英国的中等阶层之间释放出社会模仿效应。他擅长掌握王室贵族的流行品位与渲染能力，鼓动新古典主义品位的兴起，争取设计师的支持，运用媒体广告与专卖店展示的推波助澜效果，创造并激发出上层与中等阶层前所未有的消费欲望，行销策略大胆创新。

传统上对约书亚·玮致活历史成就与贡献的评论，往往着重在他身为实验家、工业发明家、英国皇家学会会员，在技术上的实验与创新、建立大规模生产制度、规训劳动生产纪律与专业分工等领域的创新和建树；近来以约书亚·玮致活为英国十八世纪商业化社会象征的新研究取向，已经开始跳脱前述那种"供给面"的分析，转而注意到约书亚·玮致活如何借由崭新的行销策略，激发出社会集体的潜在欲望，诱导模仿消费，成为英国商业社会"需求面"的开创者。就这点而言，套用麦肯德里克的说法，或许称之为"玮致活效应"（Wedgwood effect）也不为过。[32]

性别消费与审美品位

前述以欲望驯服欲望所孕育的"经济人"（economic man），东征西讨、攻无不克，充满英雄主义的阳刚之气，就宛如十九世纪工业化的序曲。这个"经济人"正如马克思、恩格斯在《共产党宣言》中对其力量所发出的惊叹，"随着生产的不断变革，一切社会关系的不停动荡"，结果，"一切固定的古老关系以及与之相适应的素被尊崇的观念和见解都被消除了，一切新形成的关系等不到固定下来就陈旧了。一切固定的东西都烟消云散了"。

但是，英国学者波考克（J. G. A. Pocock）还是提醒我们，"潘多拉乃是先于普罗米修斯登场"，这个"经济人"在十八世纪时，大体上仍是一个女性化的，甚至柔弱的形象，"他仍然在与自己的欲望和歇斯底里、与其他的幻想和嗜好释放出的内在和外在的力量抗争，这些力量是以打破秩序的女神形象作为象征的命运奢侈"[33]。于是，不知餍足追求欲望的奢华，总被认为是女性扮演的角色。

从消费与流行时尚的历史来看，清楚表明引领消费潮流的社会群体，"性别"因素的分量要大过"阶级"。这也难怪，英国十七、十八世纪最重要的瓷器收藏家玛丽王后、安妮王后、亨丽埃塔·霍华德（Henrietta Howard）、昆斯伯里公爵夫人（the Duchess of Queensbury）全都是女性。[34]约书亚·玮致活的行销魔法，成功激发出女性群体的庞大消费力，诚然，正如学者马克辛·博格（Maxine Berg）的结论："女性是瓷器消费的主力，自然在约书亚·玮致活的成功事业中扮演关键的角色。"[35]

对于女性消费主导消费革命潮流，过去的学者往往以贬抑的口吻把这种消费性别化倾向的刻板印象与女性的情欲联结。桑巴特（Werner Sombart）在《奢侈与资本主义》（*Luxury and Capitalism*）一书中解释欧洲奢华消费的出现，最终把这种消费的驱力与满足感官需求联结，而这种感官需求主要源自情欲。情妇、高级妓女、沙龙文化是消费社会的一种诱惑深渊。[36]事实上，在十七世纪的英国社会，存在一种隐喻，把瓷器等同于女性，代表商品和欲望，而陈列摆设瓷器的"瓷房子"就成为一种象征诱惑、交流和性商品化的场域。[37]社会学家齐美尔在流行时尚中也看到了女性消费的关键作用。齐美尔认为女性的消费行为受到心理驱力的导引，只不过他主张这种心理驱力来自模仿与追随，是一种虚荣心作祟、盲目跟风产生的炫耀性消费。齐美尔看到了社会存在一种矛盾：适应所属社会集团的行为模式和角色，以及个人向上层社会集团流动的渴望。女人追逐流行目的是要创造差异化与拥有社会地位。[38] 根据前面所引述英国史家麦肯德里克的说法，不仅女性贵族和高级妓女，就连纺织女工也都受到"范伯伦效应"的牵引，无法抗拒这种心理渴望。

但是，单从虚荣感贬抑女性的模仿消费，并不足以全面解释时尚流行的历史独特性。首先，可想而知，女性本身必须拥有足以负担这种消费的经济能力。根据经济史家德弗里斯（Jan de Vries）的研究，欧洲家庭主妇是积极的消费者，不是受到流行时尚操弄的被动消费者。女性之所以愿意在市场上购买奇异奢华的商品，首先她在家庭里必须拥有决策权力，这种决策权力则来自女性就业机会的提升，拉抬了女性的所得能力。前工业革命时期与工业革命之初，主要仰赖女性劳动力，女性劳动力又为商业社会创造了消费群体。德弗里斯依据英国的经济与家庭结构解释，家庭主妇扮演决定家庭消费的角色，在生产、消费、再生产的交错中占据战略性位置。[39]

尽管如此，时尚又是如何成功流行？何以某些时尚会在特定时刻成为潮流，被广泛接受，而其他有潜力成为时尚者却不能？这些问题其实同样困扰着有"时尚魔法师"美誉的约书亚·玮致活。约书亚·玮致活有时会觉得纳闷不解，他高度期待的瓷器款式，有些会大为流行，有些则在市场上乏人问津。他体认到似乎在模仿上流社会的"范伯伦效应"发酵之前，就已经存在某种集体渴望。无止境地追求新奇，以及由此得来的声望和地位，虽然在催化这种集体渴望时扮演着非常重要的角色，但还是不如原始的欲求。对于这种原始的欲求，并不是精英的声望促成了设计的流行，而是设计的恰如其分，使得精英因而博得声望。所以，设计就必须迎合消费者的"原初品位"（incipient taste）。[40]

法国社会学家布迪厄通过"审美秉性"（aesthetic disposition）的观点进一步推演这种"原初品位"观念。对于任何的文化产品，不论是音乐、服装还是室内设计，诉求某一阶级群体，前提都必须与其品位生活偏好的特殊形构（configuration）相一致。这种一致性对应于这一群体的社会条件与自我认知。例如，瓷器消费的时尚，一般较易吸引中上层阶级的女性消费者，而体现出一种独特的品位母体（matrix），正是这一特质受到这群人的青睐。对布迪厄而言，阶级与社会认同就是经由群体日常生活众多品位判断的建构与揭示而历久不衰。[41]所以，文化产品的消费行为还涉及审美品位的判断及其蕴含的社会象征意义。

消费模式普遍存在性别化的趋势，这种现象同样表现在十七、十八世纪英国女性对中国瓷器的消费心理动机，大卫·波特根据图像、性别、想象的置换三个轴线，认为英国女性通过消费中国进口瓷器，在心理上建构了一种他所谓"女性中心乌托邦主义"（feminocentric utopianism）的想象空间。

十七、十八世纪，英国进口的中国瓷器，常见"仕女画"的图案，画面召唤出一种受到保护的乌托邦空间。其间，三三两两穿着优雅服饰的女人，慵慵懒懒地在看似是花园的封闭空间活动，时而焚香弹琴，时而作画下棋，呈现出闲散安详的氛围。中国女人优雅飘荡的衣袍，遮掩了肉体具象的形态，在看腻了女人赤身裸体的西方人眼中，给予他们一种诡异的无性征，甚至是雌雄同体的形象，与受到波提切利（Botticelli）、提香（Titian）、布歇长期喂养的男性凝视，形成强烈的对比。就如同约翰·伯格（John Berger）对西方裸体画艺术传统的总结："画家、鉴赏者、收藏者通常是男性，而画作的对象往往是女性。这不平等的关系深深植根于我们的文化中。"[42]在这种根深蒂固的艺术传统之下，裸画中的女性，只是屈从于主人，即男人和画作拥有者的感情或要求。然而，中国仕女画散发出来的女性尊严、自主与亲密的同性情谊关系，超越了这种西方视觉传统的想象界限。

大卫·波特认为，英国人尤其是英国女性这种对中国瓷器异国风情的审美情趣，呼应了当时女性对自主空间的想象与建构。在十七、十八这两个世纪间，英国女性（也有少部分男性），如玛格丽特·卡文迪什（Margaret Cavendish）、玛丽·阿斯特尔（Mary Astell）、莎拉·斯科特（Sarah Scott），创造出许许多多的诗歌、戏剧、小说、散文，直白地关怀女性的生活世界和自主空间的建立。这段时间，对女性受教育机会有限的挫折情绪，对女性婚姻理想的怀疑，以及后宗教改革（Post-Reformation）时期对女修道院制度促进女性情谊、学习热诚、宗教慈悲的缅怀，共同孕育出这段女性主义的史前史。大卫·波特在英国"女性中心乌托邦主义"的社会氛围与想象，以及对中国仕女画瓷器的消费与审美情趣之间，看到了一种象征的扣连。[43]

受到好友兼合伙人班特利的启发，又时常向贵族、鉴赏家请教，

清康熙年间的五彩仕女画瓷器
来源：The Metropolitan Museum of Art

波提切利画作

提香画作

　　　　　　　　　　　　　　　献 给 皇 帝 的 礼 物

约书亚·玮致活已经逐渐有能力掌握这种"审美秉性"，进而推动陶瓷工业生产的美学化，把当时流行的新古典主义艺术风格融入他生产的产品中，引起了消费者追捧和一股热潮。

十八世纪中叶之后，英国的资本主义与工业革命逐渐达到一定规模，但是，不同于后来十九世纪兴起的演化、进步史观，把社会的进步视为一种历史的必然；伴随着当时时代进步而来的是一种迷惘和不安，这种对社会进步的犹豫情绪，具体地体现在那个时代对古典文献的痴迷。这是一个醉心进步的时代，同时也是欧洲人致力研究古希腊、古罗马的时代。[44]英国历史学家吉朋就是身处在古罗马废墟之中，感受到无以名状的毁灭力量、残酷杀戮的历史悲怆，凝视沉睡的垒垒石块，面对羊群漫步的神庙遗迹，对遗忘的关注召唤了记忆的觉醒，而兴起写作《罗马帝国衰亡史》(*The Decline and Fall of the Roman Empire*)的想法："在罗马，当我坐在朱庇特神堂遗址默想的时候，天神庙里赤脚的修道士们正在歌唱晚祷曲，我心里开始萌发撰写这个城市衰落和败亡的念头。"[45]

新古典主义艺术潮流的兴起，正是这种时代悖论的产物。新古典主义渴望摆脱巴洛克、洛可可风尚那种繁复、带有异国风情的审美情趣，而在古希腊、古罗马的艺术中挖掘纯粹的形式与表现，追寻十八世纪艺术评论家温克尔曼所形容的"高贵的单纯、静穆的伟大"，彰显优雅、简约、和谐与平静的审美品位。当时欧洲上流社会，一方面研究古典文献、踏寻古迹、搜集古物，沉醉在与古文明的交集中；一方面又希望压抑时代变化莫测的趋势和心理不安，也就乐见将这种古典的原则与设计融入瞬息万变的生活中。约书亚·玮致活的新古典主义产品，满足了欧洲人这种时代的矛盾情结和想象。

饮茶文化与瓷器消费

英国人之所以习惯把瓷器与女人联结，部分原因是受到英国社会饮茶文化盛行的影响。十八世纪初，英国安妮女王嗜好品茶，她在位期间带动了英国社会饮茶的时尚。英国流行饮茶，是由女王或公主这类贵族女性引领而起，所以饮茶被视为特属于女性的活动。简·奥斯汀（Jane Austen）笔下的女性角色都嗜好饮茶，在她的小说《傲慢与偏见》（*Pride and Prejudice*）中，就出现了八个饮茶的场景。由此可见，英国人对饮茶着迷的程度。在十八世纪的英国画中常常可以看到，举行茶宴时，女主人泡茶仿佛就像是高高在上的

茶宴就像女人的合法帝国。海曼（Francis Hayman），《乔纳森·泰尔斯和他的家庭》（*Jonathan Tyers and his Family*）

　　　　　　　　　　　献 给 皇 帝 的 礼 物

君王，君临茶几四周的男男女女。在男权至上的时代，家庭中的茶室，就是女性自主的小天地。如同英国小说家玛丽·布雷顿（Mary E. Braddon）所说的，"拿走茶几，就形同抢走了女人的合法帝国"[46]。

饮茶是女性重要的社交活动，这种活动可以是公开的，也可以是私人性质的，茶馆于是成为英国女性重要的公开社交场所。在十八世纪中叶英属东印度公司还未从中国大量进口茶叶、茶尚未成为英国国民饮料之前，咖啡馆曾是伦敦最重要的公共空间。当时，咖啡馆是一个浪漫化、理想化的场所，社会学家桑内特形容，咖啡馆"充满欢声笑语，人们之间彬彬有礼地交谈，气氛很融洽，一杯咖啡就能促使人们成为好朋友，而且不像售杜松子酒的店铺那样，顾客喝醉了之后便陷入沉默"[47]。德国社会学家哈贝玛斯（Jürgen Habermas）以咖啡馆作为"公共领域"（public sphere）概念的历史雏形之一，分析西方资产阶级民主政治的崛起，更是强化了咖啡馆的浪漫与理想色彩。确实，如当代学者卡尔霍恩（Craig Calhoun）所做的分析，十八世纪英国的政治与社会关系，乃是哈贝玛斯构思公共领域概念的典范，而英国咖啡馆的确也扮演了实现资讯交流与舆论发声等种种社会功能的角色，人们可以在咖啡馆超越社会阶级身份高谈阔论，阅读书报，甚至获取最新科学知识和研究成果，把科学新知识商业化。

但是，英国咖啡馆的这种"公共性"还是有限度的，它是专属成年男性的天地，女性则被排除在这个公共领域之外。[48]与中国茶馆带有对女性性别歧视的社会规范不同，英国茶馆容许女性入内消费。[49]当时，英国女性如果要饮茶，可以选择到托马斯·川宁（Thomas Twining）开设的"金色里昂"（The Golden Lyon），这是伦敦第一家茶馆，自一七〇六年起即开始销售茶叶。前往消费的有男人也有女人，顾客络绎不绝，生意一直如火如荼。

饮茶当然也在私人空间广为流行。家里的女主人终于有了酒精

川宁的"金色里昂"茶馆仍然屹立在原址，伦敦岸滨街（Strand）
216号，茶馆上方坐落著名的金狮和两个中国人塑像

来源：Wikimedia Commons

饮品之外比较温和、可以沏泡饮用的饮料招待亲朋好友。英国饮茶
风最早流行于贵族与绅士家庭，这种招待过程给予女主人一个可以
展示良好教养、举止、礼仪的场合。"在一个社会阶层分明但各阶层
之间流动性尚可的社会里，语言、动作和外在的细微之处，都可以
被用来判断一个人所属的社会阶层。"在这种情况下，饮茶时的举手
投足，就成为判断一个人所属阶层的重要方法了。

　　另外，对于像英国人这样矜持、社会等级分明的民族，他们使
用的物品、细微的礼貌行为、尊敬和喜好的符号等无法用言语传达
的东西可以传递许多讯息。正如简·奥斯汀、狄更斯的小说情节所
描述的，在气氛亲切和睦的茶宴上，席间即使是要传播飞短流长，
或者恶毒的批评，彼此也都必须心照不宣地刻意维持在一定的礼仪
限度：

席间谈话的方式在很大程度上取决于女主人招待大家所使用的茶。如果是正宗的熙春嫩茶（Young Hyson）……人们的谈话就会活泼、热烈、快乐；如果是珠茶（Gunpowder，外形像炮弹），人们谈话就会有"火药味儿"，肯定会有某个人被批驳得声誉扫地。如果是绿茶……人们的谈话会产生一种毒性，破坏大家的道德标准。[50]

英国女性，特别是中产阶级的女性，就这样借由饮茶的消费行为和社交礼节，表达友谊的美好，进行观念的交流，排遣寂寞的时光。

英国人对饮茶的痴迷，是不分性别的。茶甚至渐渐演变成为一种普及社会各个阶级的国民饮料。因撰写辞典而声名大噪的约翰逊（Samuel Johnson），是英国"首屈一指"的茶瘾君子，当有清教徒撰文抨击英国的饮茶风潮和运送茶叶的船只、水手时，约翰逊即坦率表明他对茶的痴狂。他说自己是"一位经年不变、坚定执着的饮茶者，多年来一直都是在这种醇香植物浸泡液的陪伴下饮食进餐，茶水壶从未冷却过，晚上靠茶来欢愉身心，午夜靠茶来安枕慰眠，早上靠茶来迎接新的一天"[51]。茶瘾君子约翰逊从早到晚，生活作息都离不开茶了。

英国人的饮茶时尚，同时大大推动了陶瓷业的发展。相较于英国人习惯使用的木头、锡、玻璃等材质的器具，陶瓷制品耐高温，又容易清洗，比较适合用来作为茶具的材料。与中国人习惯不同，英国人饮茶喜欢添加糖、牛奶，还搭配饼干、蛋糕等甜点；所以，英国人饮茶时，除了茶壶、茶杯，额外还需要许多配套小器具，如端茶给客人时使用的茶碟，方便客人放置勺子，盛放糖、牛奶、甜点的糖罐、牛奶罐、盘子，甚至还有雅致的茶几、椅子、屏风、壁炉，丰富饮茶的闲情与内容，饮茶成为一种炫耀财富、礼仪、身份地位、审美品位的活动。英国茶叶消费的蓬勃，更使得陶瓷制造成为当时英国工业化的重要支柱。其中的佼佼者，除了玮致活，还有普尔（Poole）、伍斯特（Worcester）、斯波德（Spode）、切尔西（Chelsea）等公司。[52]

十八世纪英国陶瓷茶壶、茶罐上有时会出现"Bohea Tea"的字样。"Bohea Tea"有别于时下知名的奢华精品如"Tiffany""CHANEL""GUCCI"等，它并不是茶壶的品牌名，而是英国人对"武夷茶"的称呼。十七世纪末，英国人不再仰赖荷兰人的中介，开始直接自福建厦门港进口茶叶，所以"Bohea"是福州方言"武夷"的英语发音。武夷茶多是半发酵的乌龙茶，或是全发酵的红茶，而在没有红茶的概念下，英国人就以"Bohea"概称红茶，和绿茶做区隔。[53]

英国还有一种茶叫"Lapsang Souchong"，茶的名称也必须从福建方言去理解。这款茶叶就是产自武夷山的"正山小种"，英国人从福州口岸、厦门进口，所以也用福州口音称正山小种为"Lapsang Souchong"。福州方言"松"发"Le"的音，以松材熏焙则发"Le Xun"的音，"Lapsang"是取"Le Xun"的谐音；"Souchong"则是"小种"的谐音。所以，"Lapsang Souchong"就字面意思是"用松木烟熏过的小种茶"。正山小种原产武夷山桐木村，"正山"是指武夷山，当地使用正山小种这个名称，是要强调它源自正宗武夷山的产地；英国人以福州方言"Lapsang Souchong"命名，则是要凸显这款茶独特的松木烟熏做法，虽然是同一款茶叶，但两者名称各有不同的侧重。[54]

语言承载历史记忆，通过世界各国对"茶"一词发音的音韵学研究，我们可以了解各国与中国进行茶叶贸易的运输路线。根据梅维恒（Victor H. Mair）、郝也麟（Erling Hoh）对各国"茶"的词源考据，英语的"tea"，三百年前的发音和"obey"是同韵，荷兰语、法语、德语也都是类似的发音，其词源来自闽南方言，厦门港附近当地人称呼"茶"为"te"。[55] 所以，这个词的发音，主要是先后通过荷兰、英国循着海上贸易传播到欧洲各国。另外，"茶"的普通话发音是"cha"，在藏语、粤语，以及葡萄牙语、泰语中发音类似，"cha"的传播也存在类似的地缘关系与规律，要不是从中国北方或者西北地区经陆路传到邻近地区如中国西藏，要不就是通过粤语系的广州港口经由葡萄牙商船，传播到没有与荷兰、英国进行大量贸易往来的地区。

由外国船和英国船从中国运输到欧洲的茶叶数额统计

年别	外国船	茶叶（磅）	英国船	茶叶（磅）	船只总数	茶叶总数
1772	8	9,407,564	20	12,712,283	28	22,119,847
1773	11	13,652,738	13	8,733,176	24	22,385,914
1774	12	13,838,267	8	3,762,594	20	17,600,861
1775	15	15,652,934	4	2,095,424	19	17,748,358
1776	12	12,841,596	5	3,334,416	17	16,176,012
1777	13	16,112,000	8	5,549,087	21	21,661,087
1778	15	13,302,665	9	6,199,283	24	19,501,948
1779	11	11,302,266	7	4,311,358	18	15,613,624
1780	10	12,673,781	5	4,061,830	15	16,735,611
合计	107	118,783,811	79	50,759,451	186	169,543,262
九年平均	12	13,198,201	9	5,639,939	21	18,838,140

资料来源：George L. Staunton 著，叶笃义译，《英使谒见乾隆纪实》，第620页

英国自中国进口大量的茶叶，根据马戛尔尼使节团副使斯当东的统计，十八世纪初，"除少数私运进口的茶叶而外，东印度公司每年出售的茶叶尚不超过五万磅。现在该公司每年销售两千万磅茶叶，也就是说，在不到一百年的时间里，茶叶的销售量增长为四百倍。从总的数量来看，在英国领土、欧洲、美洲的全体英国人，不分男女、老幼、等级，每人每年平均需要一磅以上的茶叶"[56]。然而，这只是东印度公司的正式统计资料，还尚未把非法走私的数量计算在内，[57]所以，英国人进口茶叶的数量实际上应该比斯当东估计的还要多。随着进口数量的激增，如前述茶叶已经成为英国人生活的必需品，但英国人却无法取得与中国茶叶同等价格、品质的其他替代来源。英国人的舌尖味蕾完全受到中国人垄断和控制。对中国茶叶的绝对依赖，让英国人既感无奈，又觉得愤慨，当代作家萨拉·罗斯（Sarah Rose）形容说："由这一重要产品而产生的对别国的严重依赖，是对大英帝国经济自给自足感的严重打击，尤其令人恼怒的是，这个国家通常利用这种依赖，对英国持着粗鲁无礼而不合作的态度，随心所欲地对茶叶次品大肆抬价。"[58]可以略带夸张地说，正是因为这一壶壶茶，迫使大英帝国派遣浩浩荡荡的马戛尔尼使节团前往中国，借着为乾隆皇帝贺寿的名义，直接与清廷谈判，希望中国能够调整既有的广州一口贸易政策和制度。

时任英国皇家学会会长的植物学家班克斯，一直非常关心马戛尔尼使节团的筹备，不管是出发前，还是出使后的整个过程，都一再给予使节团许多宝贵的建议，并向使节团推荐团员。班克斯曾追随库克船长进行第一次环球航行冒险，前往南太平洋岛屿大溪地（Tahiti）观测金星凌日的天文奇景。后来担任皇家林园邱园荣誉园长，是英王乔治三世的好友、伦敦社交界的重要人物。邱园对英国人而言，除了具备休憩玩赏的美学功能，它还像是一座培育植物的知识和实验中心。邱园所搜集栽种的植物，大都富含极高的经济价值，特别是热带植物，其研究成果往往是大英帝国财富的重要来源。班克斯说服英国政府投资科学研究事业，有助于商业的发展和帝国的扩张。[59]

中国地大物博，生长着许多奇花异草，对身为植物学家的班克斯而言，中国植物兼具研究、观赏和经济的价值。对此十分关心的班克斯，特别写信给马戛尔尼，交代他抵达中国后搜集中国茶叶栽种的资讯，并向使节团推荐两名园丁施特罗纳赫（David Stronach）与哈克斯顿（John Haxton），随行前往观察、搜集中国植物，必要时甚至窃取中国植物种子；前者被使节团纳为正式团员，后者则由马戛尔尼副使、业余植物学家、皇家学会会员斯当东私人赞助其费用。

班克斯除了对中国植物感兴趣，也一心想要为自己的夫人搜集中国瓷器，他还写信给英国各大工业领袖和陶瓷大师，其中包括约书亚·玮致活，建议他们派遣工业间谍乔装混入使节团，打探中国工艺技术的机密。班克斯后来撰写了一份关于瓷器的手稿，展现出对中国瓷器欣赏的趣味与消费的变化。由于班克斯是一位精通编目与分类方法的植物学家，根据美国陶瓷史家毕宗陶（Stacey Pierson）的分析，班克斯这份手稿"既是藏品目录，又是制作的历史"[60]。班克斯期盼英国的陶瓷工匠阅读他的书目内容，以便了解中国的烧制工法，提升英国陶瓷工匠的工艺技术。[61]

以西洋传教士为文化媒介，在欧洲人心目中树立了中国"稳定有序"的进步文明图像，从中孕育而生的中国风潮流，席卷了欧洲大陆，使得中国的文化思想、典章制度，甚至包括瓷器、茶、丝织品等奢侈商品，成为欧洲人钦羡、追逐的对象。然而，随着东西交流的频繁，西方现代性文明的发展，中国逐渐退化成静滞不前的国度。[62]玮致活王国在十八世纪的建立与扩张，既体现，同时也见证了东西方势力消长的过程。

英国新古典主义画家韦斯特为班克斯所画的肖像。这是一幅帝国殖民者的形象。图中，班克斯就像英勇的士兵一样穿着被征服的美洲原住民的服饰。他手指的是用新西兰盛产的亚麻制作的斗篷，脚边的植物图鉴刚好翻到亚麻图像那页，暗示科学研究与商业利益的结合[63]

来源：Wikimedia Commons

第 七 章

科学企业家

"土地"非常广阔，"土壤"也堪称肥沃，因此，凭我的经验观察，任何

一个肯下功夫勤奋钻研、努力"耕耘"的人，都会收获"累累硕果"。

——

约书亚·玮致活

社会资本与关系网络

陌生人社会

陶瓷业是十八世纪英国工业革命代表性的新兴产业之一，约书亚·玮致活则是这个产业的佼佼者。综观约书亚·玮致活一生，科学实验，以及把科学实验的知识成果应用在产品的创新发展上，构成了他事业的两大主轴，而使得他成为了类似科学史家夏平所定位的"科学企业家"（scientific entrepreneur）角色，一方面既从事科学研究，一方面又像商业企业家一样，承担利益风险，把他们自己或者他人所生产的知识商业化。[1]从约书亚·玮致活被接纳为英国皇家学会会员（详见第二章《波特兰瓶》），并且建立庞大的玮致活陶瓷器王国，可以证明他能够毫不矛盾地同时扮演好这两种角色。

即使具备技术创新和管理才能的种种禀赋，拥有对产品需求或市场机会的敏锐洞察力，但成功的企业家不一定要是个多才多艺、全知全能的领导人；在层级节制的公司治理方面，古典经济学所讲究的依专业劳动分工，与专长互补的比较优势原理同等适用。所以，企业家必须有能力寻找卓越人才，知人善任，通过相互合作，合作模式可以是合伙或者聘用为经理人等，来拓展他的事业王国。正如经济史家波拉德（Sidney Pollard）

所说，"寻找这样的人才本身就是一项重要的技能"[2]，同时也是我们评断企业家的关键性指标。约书亚·玮致活富有科学家孜孜不倦的实验精神，又兼具将知识转化成商品的非凡能力，但玮致活王国的建立和发展，约书亚·玮致活的合伙人班特利同样功不可没。

班特利与约书亚·玮致活相识时，已经拥有二十年丰富的从商经验。他曾追随曼彻斯特一位羊毛、棉花批发商做生意，并在利物浦开办一家成功的羊毛仓储企业，也是一家公司的合伙人，与北美、西印度群岛都有商业往来。同样重要的是，班特利接受过深厚的古典教育，精通多种语言，他曾远赴法国、意大利旅行，孕育、培养对古文物的爱好。班特利开启了约书亚·玮致活对人与观念的新世界和新视野。班特利把约书亚·玮致活引进他所属的沃灵顿"文人共和国"，与日后同为月光社成员的普里斯特利这样优秀的化学家等建立友谊。班特利为约书亚·玮致活推荐书目，让他的自我教育和自学计划有了崭新的方向。诚如传记作家所说，约书亚·玮致活把他日后成为科学陶瓷工匠的历程归功于班特利。从他的"实验笔记"可以了解，在与班特利结识之前，他虽然热衷实验，但他的实验只不过是经由不同原料、火的温度以改进颜色和釉彩等一连串单纯的试错过程。认识班特利之后，约书亚·玮致活的实验更富有科学精神和知识的内涵。[3]

约书亚·玮致活与班特利堪称天造地设的一对合作伙伴，来自偏乡陶匠的纯熟技艺，结合城市商人的见多识广、涉猎广泛，成为一种互补的同盟。从两人长年不断的书信往来可以了解，班特利不仅是约书亚·玮致活无所不谈的知交挚友，他们还一同催生运河的开凿，联手推动参与解放黑奴运动，而班特利的高卓艺术涵养，也赋予这位斯塔福德郡陶匠联结市场需求的美学品位，以及一条通往具普世意义之时尚世界的道路。

当约书亚·玮致活在信里告诉班特利"你有品位"时，并不是在违心奉承这位商人；约书亚·玮致活唐突地直接表达他的观感，是因为这对于殷切渴望精准掌握消费社会脉动的制造业者来说十分重要。虽然，约书亚·玮致活有能力复制一七七〇年代斯塔福德郡匠人的成功故事，但是这位科学企业家清楚意识到，他的偏乡教育和工艺技术就只能让他的成功仅止于此，无法攀越卓越的险峰。多次造访伦敦、利物浦的约书亚·玮致活心里明白，在这辽阔的世界，成功取决于关系网络的建立，以及要能超越乡野工匠的眼界。在英国这等级分明的阶层社会里，约书亚·玮致活与身为"品位的立法者"的上层社会之间依然存在着难以逾越的鸿沟。所以，为了跨越这道藩篱，约书亚·玮致活投向班特利，他的商人身份，他对艺术、文学的业余爱好，他的人文主义素养，能够引领约书亚·玮致活迈向这一高雅的文化圈。博学多闻的班特利，拥有高雅的外表和风度翩翩的气度，很容易让文化圈和时尚界的人士产生好感；而通过他的社会关系网络，更有助于约书亚·玮致活开创性地编织自己的时尚地图。

于是，两人分工合作，约书亚·玮致活监管伊特鲁里亚工厂的营运，开发新的技术和产品；班特利则迁往伦敦，负责照料新港街（Newport Street）和圣马丁道（St. Martin's Lane）的展示厅；一七七四年，班特利又把展示厅迁往伦敦苏活区更为流行时尚的希腊街。一般来说，班特利会特别留意消费者偏好的某些产品，约书亚·玮致活也都会给予重视并回应。例如，班特利曾观察到有一阵子英国女性特别喜欢她们白皙皮肤与黝黑茶壶形成的强烈对比。约书亚·玮致活去信感谢班特利的这一发现，并说道："我希望这白皙的手继续维持流行，然后我们就可以持续烧制黑色茶壶，直到你为我们挖掘到更好的工作机会。"[4]

身处在像十八世纪英国这类"陌生人社会"（society of strangers）[5]的经济生活之中，约书亚·玮致活与班特利之间的人际关系网络，显得尤其重要。根据当代历史学家弗农（James Vernon）的分析，随着英国成为欧洲有史以来第一个打破"马尔萨斯陷阱"（Malthusian trap）的国家，人口增长摆脱传染疾病、饥饿、战争、自然灾害等不可抗拒的遏制力量，同时生活水平提高，英国的持续发展与人口不断增长所造成的流动性，创造了一个陌生人社会。所谓"陌生人"，就像社会学家齐美尔所描述的，"在他的行为中，没有习惯、忠诚、先例的约束"，"他的位置既在群体之外，又在群体之中"。[6]这种英国独有的现代性（modernity），对其政治、经济、社会生活的组织形态发起了一系列的挑战。陌生人社会的经济生活特征，就像经济史家莫基尔（Joel Mokyr）所勾勒的："人们不仅要购买他们日常所需的面包、衣物和房屋，还会出售他们的劳动力，将他们的积蓄投资于市场——即在经济生活的方方面面都会与陌生人进行交易。"[7]

弗农并不认同十八世纪亚当·斯密的见解。亚当·斯密主张，商业社会催生了陌生人社会；弗农反而认为，是陌生人社会重新建构了英国人的经济生活。陌生人社会经济生活的"匿名性"特点，一切交易形式都标准化，买卖的重心从与"谁"做生意，转变为"如何"做生意。然而，根据弗农的分析，英国这种陌生人社会的发展，是一种辩证的形式：

> 为了应对经济生活的匿名性与抽象性，交易关系被重新个人化了。经济生活的新样式，即我们后来所称的工业资本主义，将交易行为从原有的社会生活中剥离、提取，并将之置入新的社会关系中，令人惊讶的是，后者却以更"传统"的样式呈现。[8]

于是，个人关系不仅是陌生人社会经济生活的关键，往往也是适应陌生人社会的生活、工作、交易新环境的一种凭借。尤其是，尽管哈耶克（Friedrich Hayek）论证，市场的神秘性，就在于它可

欧洲各国的人口增长率（每千人）

国家	1600—1650	1650—1700	1700—1750	1750—1800	1800—1870
不列颠	4.8	-1.2	2.6	7.3	12.7
巴尔干			2.9	3.8	9.7
斯堪的纳维亚			4.3	7.5	8.5
俄国			1.9	9.3	8.4
荷兰	4.7	0.0	0.0	1.5	7.9
波兰			5.6	3.0	7.8
比利时			3.8	4.6	7.5
德国			4.3	6.7	7.4
瑞士			1.6	5.4	6.6
意大利	-2.9	3.0	2.8	3.1	6.2
西班牙	0.9	1.1	4.6	2.4	6.2
葡萄牙			5.2	2.2	5.6
奥匈帝国			3.3	5.7	5.5
法国	0.7	2.1	2.7	3.3	3.9
爱尔兰			9.9	10.2	1.6
欧洲	0.2	2.2	3.2	5.5	7.1

资料来源：Roderick Floud, Jane Humphries and Paul Johnson, eds., *The Cambridge Economic History of Modern Britain*, *Volume 1, 1700-1870*, p. 14

以作为自我重组的机制，将众多彼此陌生的买卖双方集合在一个系统里进行成千上万的交易，但是，在这种自我重组的魔力发生之前，还需要有许多干预的环节，譬如由法律保证履行契约的效力，建立交易的信任机制。就此而言，我们就不难理解，为何学者认为"自愿结社"和"社会资本"现象在英国这时候的经济生活中扮演如此重要的角色。[9]

事实上，英国独特的自愿性结社现象尤其有利于建立事业的合伙关系。十八世纪，在既有的宗教和经济自愿性组织如兄弟会、共济会的基础上，英国社会见证了科学研究社群、咖啡馆、俱乐部等自愿性组织的飞速成长，甚至把这种传统扩及北美地区。[10]随着这类组织或共同体的扩散，社会学家科尔曼（James Coleman）所谓的"社会资本"（social capital）——"群体或组织内部的成员为了某些共同目标而合作的能力"——获得史无前例的增长。这类组织或共同体，以成员的互助互信为基础，基于道德习惯和道义回报，不必然是建立在经济私利的计算上。[11]尽管如此，学者林南（Nan Lin）认为，投资社会关系确实能够在市场上获得回报，原因是社会资本有助于加速资讯流通并降低组织的交易成本，影响决策过程中的有力人士，表征个人的社会信赖感，强化团体的认同与认可。[12]所以，社会资本能够创造支撑市场运作的非正式制度框架，为促进合作的社会关系创造了理想的条件。市场要能存在，契约要获得履行，这类社会关系网络的存在至关重要。[13]

以信贷为例，信贷终究必须偿还，因此很大程度上是依赖信赖和信任，在信贷市场上关系网络特别重要。一六九四年英格兰银行（Bank of England）创立，标志了英国的金融革命，带动英国金融政策和制度的创新，改变了不列颠筹措资金的能力和国家投资的习惯。这场革命的重大结果，让英国拥有超越敌人所必需的金融能力，而在"漫长十八世纪"的全球各地冲突中确保胜利，并跃升成为欧洲乃至世界的强权。不过，这一成就仍难以掩盖经常性战争所累积的国家债务。尤其是，正当英国处于工业起飞的阶段，其金融体系无法支撑蓬勃的工业发展，并不利于私人企业，所以，大部分个人的工业投资，都是借助家族、宗教和社会关系网络的渠道来进行的。当时，英国资本市场"仍然是建立在个人关系和声誉的基础上"。[14]

根据学者的研究，"漫长十八世纪"英国金融体系的创新，是在回应和反映国家的需求，这一结果，使得其创建的资本市场主要是为公债部门，以及像英格兰银行、英属东印度公司、南海公司（South Sea Company）这类巨型商业机构服务，同时，通过巧妙的制度设计，以维持英格兰银行的特权地位。例如，尽管英国的国债因战争的原因，如美国独立战争，上升到令人触目惊心的地步，但一七五七年以来，百分之三长期定息国债的发行还是相当稳定，在政府的鼓励下，英国的投资人仍然愿意继续从事长期的公债投资。[15]又如，一七二〇年夏天英国政府通过《泡沫法案》（Bubble Act）[16]，规定任何投资人团体必须有一个是合伙人，最多不能超过六人，合伙人必须为公司的整体亏损负责。这个法案对公司施加的限制，同样适合于银行。结果，到了十八世纪末，英国的银行林立，但大都属于法国经济史家布罗代尔戏称为"小人国"（Lilliput）[17]的小型银行，且多着眼于短期而非长期的借贷。英国金融体系这种规模、范围和业务的局限性，对企业的成长造成了负作用。[18]

尽管理论上对工业的投资在英国是不成问题的，英国的贸易商、商人、农场主、小生产者都累积了庞大的存款，但是英国金融体系的这一特点，即挹注长期的国债而非短期的企业贷款，以及银行规模小型化、覆盖面不广，无法与英国各地的工业发展形成良性互动。所以，工业资本家之间的相互投资，就成为筹措资金的重要来源，而建立在社会资本之上的自愿性团体和组织，基于成员之间信任和信赖的基础，自然就更容易成为资金借贷和商业合作的管道。除了约书亚·玮致活与班特利，月光社成员中的瓦特与博尔顿，他们合伙开公司发展蒸汽机事业也是一个典型的例子。（月光社详见第二章《波特兰瓶》）

"月光人"瓦特与博尔顿

瓦特，苏格兰人，家族属长老教派，父亲原本是一位工匠，后来转行成为船务的零售商。瓦特出身工匠之家，从小就在工坊里长大，虽然不曾接受正规教育，没进过大学，但耳濡目染，承袭父亲对牛顿力学、数学的兴趣和能力，自学成才，兼具科学理论和实用技能，是自我学习和自我教育的典型。[19]

通过父亲的支持和安排，瓦特在格拉斯哥大学（University of Glasgow）当了仪器维修员，也就近开店，出售相关物品。苏格兰于一七〇七年与英格兰合并之后，将其商业活动扩张至英格兰、美洲市场，与英格兰人享有同等海外的商业特权，经济开始起飞。[20]当时，苏格兰人创建了不少新式的现代化教育，传授新知识和新科学，而不是钻研古典文献，像格拉斯哥大学、爱丁堡大学（University of Edinburgh）、亚伯丁大学（University of Aberdeen）纷纷开设最现代化和经验主义的课程体系。[21]瓦特并未因格拉斯哥大学的店面而发家致富，倒是结识了不少饱学之士，建立了丰沛的知识网络。例如，著名的化学家布莱克（Joseph Black），他的"潜热"（latent heat）理论启发了瓦特对蒸汽机的改良。布莱克和瓦特甚至合作，研究利用海水提炼石灰，开发制造纯碱（碳酸钠）的新方法，只是最后落得一场空。另外，通过布莱克的引介，瓦特认识了毕业于爱丁堡大学医学院、发明铅室法（lead chamber process）制硫酸技术的大企业家罗巴克（John Roebuck），日后成为瓦特发展蒸汽机事业的重要金主。

瓦特也是一名生意人，兴趣广泛，一次偶然的机会让他专注在蒸汽机上。格拉斯哥大学自然哲学教授安德森（John Anderson）

给了他一具纽科门蒸汽机模型，这个模型是由伦敦制造商希森（Jonathan Sisson）制造的，机器出了故障，安德森委托瓦特研究这具蒸汽机的构造并修理它。

从蒸汽机发明的沿革来看，它其实是一种"集体性发明的活动"，而不是瓦特个人天才的产物。蒸汽机原理主要来自十七世纪意大利天文学家伽利略，他发现了"大气具有压力"这一令人惊愕的现象，随后这一现象就成为实验物理学的热门问题。基于这一理论前提，纽科门（Thomas Newcomen）发明了第一台具有广泛运用前景的蒸汽机。一七一二年，纽科门成功设计的第一台蒸汽机在杜德利（Dudley）投入运转，主要是用来为当地煤矿抽出矿井中的积水。不过，纽科门蒸汽机存在两大缺点，首先，它是被称为"吃煤大王"的高耗能机器，所以只适合在燃料即煤蕴藏丰富、价格低廉的地区使用；其次，纽科门蒸汽机的运转速率不够稳定，而且只能推动机械臂完成简单的反复运动。所以，纽科门蒸汽机，主要是用来拖动与机械臂相连的抽水机活塞上下移动，并不适用在距离煤矿区较远的地方。

根据以上两点可以了解，蒸汽机的发明和运用其实是英国人因应煤矿开采的需要。尽管蒸汽机的原理早在十七世纪就已经被发现，同时欧洲各国也都曾试图制造，但唯有煤矿藏量丰富的英国真正投入运作。学者戈德斯通（Jack Goldstone）总结认为，英国蕴藏量丰富的煤矿与蒸汽机的技术创新彼此强化：

> 这种良性循环的形成使得煤炭可以在保持低价位的同时实现产量的不断增加，而这种廉价燃料的易得性又促进了蒸汽机在整个经济中的推广，于是煤动力也就被应用到了各种各样的机械流程之中。这样，蒸汽机和煤动力的组合就打破了以往所有社会在能源利用上所遭遇的障碍。[22]

所以，经济学家瑞格理（E. A. Wrigley）将这种能源利用的进程，形容为"有机经济"（生产和运输所使用的能源来自风力、水力、生物）向"无机经济"（生产和运输主要仰赖像煤、石油、天然气这类无机资源的开采）的过渡。而英国人之所以领先完成这种发展过渡，拥有蒸汽机数量远远多于其他国家，不是英国人更理性、精明，而是因为英国的煤炭工业的规模远较其他国家庞大，煤炭工业恰恰是蒸汽机最重要的用武之地。煤炭虽然熏黑了英国，让伦敦锁在迷"雾"[23]之中，但也带给英国创造现代化工业文明不可或缺的动力。

在罗巴克资金的挹注下，瓦特对纽科门蒸汽机进行改良，并于一七六九年五月获得专利权，专利期限是七年。但是，瓦特初期的蒸汽机事业并没有起色，需要养家活口的瓦特，在英国开凿运河热潮期间放下蒸汽机事业，而从事运河测量员的工作。前往伦敦申请专利返乡途经伯明翰，瓦特结识了工程师兼制造商博尔顿，两人一见如故，这是瓦特事业的重大契机，也是博尔顿事业的转机。

这时候的博尔顿在英国制造业的地位已经如日中天，他位于伯明翰苏活区的工厂举国闻名。但他似乎更会花钱，而不是赚钱，事业版图大幅扩张的结果，已经让他债台高筑。通过向同为月光社成员的戴伊借贷，博尔顿才解了燃眉之急，直到一七七六年，博尔顿总计向戴伊借款三千英镑。[24]慧眼独具的博尔顿，看好蒸汽机市场的前景，无奈掌握瓦特蒸汽机专利权利益三分之二的罗巴克，不肯把他的股权让渡给博尔顿。直到一七七三年，罗巴克本人身陷财务危机，濒临破产，才在瓦特的居间协调下，不情愿地把他的股权让渡给博尔顿。充满创意、工业眼光独到却不擅长商业管理的博尔顿，直到与瓦特合伙之后，才稳定了一度濒临破产的商业信誉。

与博尔顿合伙后，瓦特拆卸蒸汽机机械，一同迁往伯明翰继续他的改良工作。一七七四年底，瓦特开发出分离式冷凝器装置，终于完成一台可以运转且功效提高四倍的蒸汽机。不过，这时距离专利权的保护期限只剩下一年多，严重压缩了蒸汽机的获利。这一隐忧其实跟瓦特与博尔顿公司的经营模式有关。援引类似纽科门蒸汽机的营运模式，瓦特与博尔顿公司并未制造、销售蒸汽机，他们仅仅提供蒸汽机的设计蓝图，在博尔顿的苏活工厂生产关键性小零件，大型零部件则由他们所强力推荐的工厂制造，同时监督零件的组装和机器的初步运作。所以，瓦特与博尔顿的公司并未制造、销售蒸汽机，他们的收入主要来自提供知识、担任顾问，以及在专利权保护期间授权权利金的费用。其实，英国当时许多优秀的工程师都有能力通过专利权说明书的讯息来制造蒸汽机。所以，对于承接股权的博尔顿，甚至对瓦特也一样，要持续从蒸汽机获利，就有必要设法延续专利权的期限。因为专利权，"理论上，意味着创新者释放出创新产品的资讯，以换取一种暂时的垄断权利"[25]。

瓦特与博尔顿的合伙，就像约书亚·玮致活与班特利，是一种互补型的合作关系。瓦特精通科学理论，擅长研发，但个性抑郁，充满悲观色彩。诚如科学史家对他的描述，瓦特"害怕承担风险，成功对于他减少犹豫不决的沉思是毫无用处的"，反而，"激烈的竞争紧紧向他逼来，由于蒸汽机事业而产生的债务常使他身处焦虑的状态"。博尔顿的个性刚好相反，他是精力充沛的乐观主义者，又擅长政治操作、经营人脉关系。根据当时的法律，专利权期限的延长，必须向国会游说通过，套用瓦特友人略带挖苦的讲法，就是"去溜须拍马，去舔那些大人物的屁股"[26]。博尔顿的广结善缘最终成功说服国会议员同意，将瓦特的专利权延长二十五年。专利权是一种利益的垄断，又可能造成技术创新的障碍，所以瓦特蒸汽机的专利权保护期限过长，从一七六九到一八〇〇年这段时间，任何人对蒸汽机提出的改良方案都是法律所不允许的，这也成为瓦特一生之中最大的争议，历史学家对他滥用专利权的保护，阻挡可能的技术创新迭有批评。[27]

在月光社中，除约书亚·玮致活外，瓦特对制陶业也颇有兴趣。在迁居伯明翰之前，瓦特曾经在格拉斯哥"台夫特菲尔德窑场"（Delftfield Pottery）担任技术顾问，为该窑场选用适当的黏土，实验新的釉彩，试验新的高岭土，协助招募合适的工匠、规划新的工作制度，提供技术上的建议。尔后，终其余生，瓦特一直与格拉斯哥的这家窑场维持关系，这使得约书亚·玮致活与瓦特有了一层特殊的联结，所以，约书亚·玮致活乐于称呼瓦特为"我的苏格兰陶匠友人"。

尽管约书亚·玮致活与瓦特曾同行、同好，但两人并未在制陶事业上正式合作，"月光人"之中，与约书亚·玮致活成为事业伙伴的是博尔顿。博尔顿与约书亚·玮致活认识之后，开始对制陶业产生兴趣。一七六八年，博尔顿有了结合"苏活"与"伊特鲁里亚"两厂工艺技术的想法，约书亚·玮致活也觉得双方的合作是好主意。于是，两人开始规划合作项目。

苏活厂吸引约书亚·玮致活的不仅是它的宏大规模，还有它的先进技术。对技术追求十分热衷的约书亚·玮致活，每次拜访博尔顿，总会发现一些值得注意和模仿的事物。例如，一七六七年，约书亚·玮致活在苏活厂看到一具新型的蒸汽机驱动车床，直觉认为这部机具在他的伊特鲁里亚厂有发挥作用的潜能。又如，他发现博尔顿正在实验一种新的黄金轧纹技术，两人经过一番细谈，意识到制陶业和金属业之间合作的商业荣景，他们的目标是开发中国风镶金边花瓶的市场。[28]在一七六八年三月十五日的信里，约书亚·玮致活告诉合伙人班特利："我星期五抵达苏活，花了一整天，还有星期六、星期日半天与博尔顿先生在一起，我们决定了几个重要事项，并且为改善产业，把产品拓展销售到欧洲各个角落，奠定基础。"[29]

从此之后，双方的合作持续了几年，主要由约书亚·玮致活供应瓶子，在苏活厂进行技术性的装饰，不过自合作之初，约书亚·玮致活就非常自觉地认为合作关系不能像博尔顿所期待的主导模式。约书亚·玮致活并不甘心只是单纯扮演瓶子供应商的角色。他告诉班特利，"如果伊特鲁里亚厂不能固守阵地，势必会被苏活厂取代，在苏活厂面前倒下"，尽管"我喜欢这个人，我欣赏他的精神，他不像我目前遇到的所有竞争者，只是假装可怜兮兮的模仿者"。[30]最终，博尔顿决定自行生产瓶子，并于一七六九年开始筹备设立工厂。迄至一七七二年，苏活厂与伊特鲁里亚厂一直处于商业竞争的态势，不过两人依旧惺惺相惜，无损于他们的情谊，博尔顿的制陶业也从未对约书亚·玮致活的事业版图构成威胁。

"萨罗门之家"

"月光人"有志一同，都热衷通过实验的方法追求科学知识。约书亚·玮致活、博尔顿这类的科学企业家，尤其擅长将科学知识与科学技术转化成商业用途，所以，参与月光社的活动，与"月光人"之间的知识分享、交流，大大改善、精进了他们的产品品质，提高了他们的商业利润。

约书亚·玮致活开发出的"王后御用陶器"，不是使用普通白陶土和燧石烧制而成的寻常胎体，原料之中还包括数量可观的"瓷土"（高岭土），一七七五年之前，在约书亚·玮致活的家乡都还没有发现这种原料。所以，约书亚·玮致活四处打探"瓷土"的供应来源，设法以较为廉价的方式取得这项关键性原料。月光社的成员，如地质学家怀特赫斯特、伊拉斯谟斯·达尔文在英格兰从事地质探勘和调查时，都会把各地采集到的黏土样本寄给他。

在为胎体上釉时，约书亚·玮致活时常使用燧石玻璃，而燧石玻璃和其他玻璃材质在加热时会产生许多棘手问题，约书亚·玮致活为此时常请教月光社的化学家凯尔。凯尔本身开办有一家玻璃工厂，对这些问题也同样感到好奇。凯尔经过一番研究，把实验结果告诉了约书亚·玮致活，让约书亚·玮致活使用燧石玻璃，而不是磨砂玻璃（ground glass）作为原料，应用在他所烧制带有玻璃材质的陶器上。凯尔还传授约书亚·玮致活"退火"（annealing）——慢慢冷却玻璃物质温度的方法。约书亚·玮致活在一七七六年二月十四日写信告诉班特利："我花了几小时的时间和斯陶尔布里奇（Stourbridge）的凯尔先生在一起……参加以'退火'为主题的有益讲座，不过把它应用在我们的浮雕玉石上还有些困难……"[31]

为了回报凯尔不吝传授知识，约书亚·玮致活也投桃报李，协助凯尔解决他遇到的难题。当时，凯尔生产的玻璃会出现条状纹理，对像消色差透镜（achromatic lenses）这类高端产品造成瑕疵。约书亚·玮致活决定在他的伊特鲁里亚厂以及利物浦、伦敦玻璃制造商的工厂分别进行实验，设法找出原因。约书亚·玮致活最后把他的发现与解决方法形诸文字，以题为《试图发现燧石玻璃绳纹和条纹的原因，以及最有可能消除它的方法》的文章公开发表。[32]

月光社的化学家普里斯特利正在进行"电力"实验，约书亚·玮致活与班特利看好普里斯特利这一实验成果的商业潜能，提议赞助他的这项实验。约书亚·玮致活还写信给普里斯特利，询问他是否可以进行以电镀金的深入实验。经济史家莫基尔认为，像月光社这类私人的自愿性组织，形式上虽然是一种社交聚会的群体，但也是一种知识交换的场域、让自然哲学家和实业家进行知识交易的空间。通常，"像博尔顿、约书亚·玮致活这类企业家是买方，伊拉斯谟斯·达尔文、普里斯特利这类自然哲学家是卖方"[33]。

虽然，约书亚·玮致活、博尔顿都很擅长将科学知识转化成商业利润，但是他们参与月光社的活动，不纯粹是基于商业利益的动机。从现存"月光人"彼此频繁往来的书信中，可以看到他们经常触及的主题，既不是商业的互助与合作，也不是政治权力的串联与操弄，

月光社的活动（大概日期）

1771 年	伊拉斯谟斯·达尔文的语音自动机（speaking automaton）
1775 年春	计时实验
1776 年初	确定热性质的实验
1779 年 4 月	水平风车的优化设计
1779 年夏	改良伊拉斯谟斯·达尔文的压印机（letter-copying）研究
1781 年 1 月	席尔（Carl Sheele）的热传导研究
1781 年 1 月	墨的化学成分
1781 年 2—3 月	重制瓦特的水壶实验
1781 年 4 月	普里斯特利以电火（electric spark）点燃易燃气体和普通气体的混合物
1781 年 7 月	白色晶石（spar）的化学分析
1782 年初	确认水和蒸汽组成成分的实验
1782 年 10 月	斯米顿（James Smeaton）的蒸汽机的圆周运动
1782 年 12 月	普里斯特利的白垩（chalk）实验
1783 年 1—5 月	普里斯特利与瓦特的水转化为气体的实验
1783 年 11 月	针对席尔发现的普鲁士蓝（Prussian blue）与柯万交流
1783 年 11 月	十进位的度量衡
1783 年 12 月	瓦特进行压力下沸水的实验
1784 年 11 月	普里斯特利关于水分解的实验
1784 年 12 月	热空气和氢气球的实验
1785 年冬春	硝酸的蒸馏实验
1785 年春	针对一种新的气体（磷化氢〔Phosphine〕）与柯万交流
1786 年 6 月	儿童教育的理论与实践
1788 年 1 月	重制拉瓦锡（Antoine Lavoisier）等人的水的实验
1789 年 4 月	博尔顿的乔治三世康复纪念章的拉丁文题词
1789 年 5 月	分析布雷特兰德（Bretland）牧师送来的黑色物质
1790 年夏	重制特索斯特维克（Paets van Troostwijk）与戴尔曼（Deiman）有关水分解与合成的阿姆斯特丹实验
1791 年 2 月	普里斯特利证明水和亚硝酸包含相同元素的实验
1796 年 8 月	威瑟林（William Withering）撰写一篇有关燃素（phlogiston）辩论的幽默故事
1797 年 8 月	里斯本灯泡玻璃抗热抗寒的实验
1804 年 2 月	导电线路（electric meridian）；铂（platina）的成分

资料来源：转引自 Peter M. Jones, *Industrial Enlightenment: Science, Technology and Culture in Birmingham and the West Midlands 1760-1828*, pp. 92-93

　　　　　　　　　　　　　　　　　　　　　献给皇帝的礼物

而是科学知识的分享与交流。有时，基于自家商业的需要，他们会把关注与兴趣导向特定的科学领域，但多数与他们经营的事业并无直接关联性。他们的科学探索与好奇，纯粹是基于兴趣。月光社类似培根（Francis Bacon）《新亚特兰蒂斯》（*New Atlantis*）一书中的科学乌托邦"萨罗门之家"（House of Salomon）[34]，拥有百科全书式的科学知识，追求科学新观念和新方法，提出可能的科学解答。"月光人"也都充分展现培根实验主义的科学文化，而约书亚·玮致活更是"工业启蒙"的具体化身。

英国的实验主义科学文化

培根的遗产

十七世纪的欧洲，根据库恩所著《科学革命的结构》（*The Structure of Scientific Revolutions*）[35]一书对欧洲科学发展经典的分析，正在经历一场科学革命，传统的亚里士多德"典范"已经无法充分解释许多"反常"的自然现象，例如，意大利天文学家伽利略通过望远镜的辅助发现太阳存在"黑子"运动，迫使科学家必须提出新的研究典范和新方法。不论是培根，或是同时代的笛卡尔（René Descartes）、霍布斯、胡克（Robert Hooke），无不坚信"只要人们的心灵受到正确方法的导引及训练"，有关自然世界因果关系的结构就能得到确立。然而，正是在"该使用怎样的方法来制造自然哲学知识"这一关键问题上，出现了分歧。[36]

欧洲科学发展的"方法"转向，主要有两种取径。一是以法国哲学家笛卡尔的理性主义思路为代表，把数学视为科学的王后，强调演绎逻辑的推论模式。二是英格兰的经验主义者培根，推崇归纳法作为建构知识的规则，强调知识应该来自感官经验。[37]

在所有感官经验中，又以视觉最为重要。就像福柯（Michel Foucault）通过西班牙画家维拉斯奎兹（Diego Velázquez）的《宫娥图》（*Diego Velázquez*），法国画家马奈（édouard Manet）的《卖啤酒的女侍》（*The Beer Waitress*）、《草地上的午餐》（*The Picnic*）等画作，对观画的目光进行考古学的挖掘，以探索西方知识类型的流变、观看之道与知识论的关系。[38]科学史家夏平与谢弗也指出，荷兰风俗画所偏好的写实主义风格[39]和培根的经验主义科学主张，都涉及一种感知（perceptual）的知识论隐喻，"假设我们是通过心智对自然的反映，而知道我们所知道的东西"。经由胡克所谓"诚实的手"和"忠实的眼"，以"亲眼见证"的自然作为知识确信的基础，画家的技艺与科学家的科学观察和实作，都是通过忠实模仿、未经中介的观看行为，"再现"被观察的对象。[40]荷兰风俗画画家的画布，和英格兰经验主义哲学家的心智，套用哲学家罗蒂（Richard Rorty）的著名比喻，如同一面"自然之镜"（mirror of nature）[41]，对美和真理的表现，应该如实客观反映外在的自然，美即是真，真即是美。

尽管培根主张"知识即感官经验"，但是他也十分明白"未经指引的感官容易欺骗我们；以及，如果想要产生可以被运用在哲学推论上真实可靠的事实材料，感官在方法上必须受到规训"[42]。例如，纯粹就感官经验来看，月球看来并不比苹果派来得大，而太阳显然是绕着地球转。所以，为了克服感官经验的容易受骗，培根认为："要想让自然暴露秘密，用技艺拷问要比任其发展有效。"他以昆虫做比喻，科学家就应该像"蜜蜂"，从花朵汲取物质，然后凭借自身的努力予以加工制造；而不是像食古不化的经验论者，如"蚂蚁"一般只知道累积资料，或者像他所批判的同时代自然哲学家，如"蜘蛛"一味地从自身内部来编织蛛网。[43]

培根所指拷问自然的技艺，是一种以实验为基础，借由适当组织实验，以获得更难观察、更有意义、更为深远的自然"事实"。培根虽然点出实验是生产知识的重要辅助，但并未有系统建构实验主义的指导原则，他自谦道："他敲响了钟，把才智之人一同唤醒。"[44]显然，包括波以耳在内的英国皇家学会的创始世代，都听到了培根所敲响的钟声，并做出回应。

波以耳主张科学或者自然哲学，应当通过实验的程序产生，而这类知识的基础是由实验产生的"事实"所构成的。对于实验主义哲学，或者经验主义和归纳法，都有赖于事实的生产，事实乃是感知经验的客体。波以耳认为事实的建构，必须经历一连串的过程，它必须是经验的观察，对自己证实，同时，这样的经验事实也必须能够延伸到许多人。而建构事实，牵涉三种技术：一是物质技术（material technology），蕴含在望远镜、显微镜、空气泵浦等科技产品的建造和操作中；二是书面技术（literary technology），将实验结果的现象传达给未亲临见证的人知道；三是社会技术（social technology），用以整合实验者在彼此交流讨论知识主张时应该使用的成规。[45]所以，实验所生产的事实，也就是知识的根源，不仅仅属于知识论范畴，它也烙下了社会范畴的印记，也就是说知识必须获得公众见证的认可。

公众对知识授权的问题，进一步衍生出科学活动的"空间"意义。既然科学家私人空间的科学实验结果不足以成为真正的知识，还需要有见证实验的相关公众的认可，那么，科学家就不能再像过去炼金术士一般，而必须让实验从私人的领域走入公共的空间，才能取得享有真正知识的身份，科学家的科学陈述和声明，通过公开的辩论，最后获得公众的认可和授权。科学活动从过去的秘密"探索"到公开"展示"，从苦思冥想的"钻研"到公共辩论的"证明"，使得科学活动必须在公共空间运作，而具有了"公共理性"的特征。[46]

然而，大部分的报告或者见证，就像法庭上的法律攻防与辩论，不免有证词真伪鉴定的问题，所以，在公共空间进行科学实验的"见证者"，最好是诚实、值得信赖的人，例如英国的"绅士"，他们是拥有一定财富的自由人，相对不会为了现实经济生活而曲折自己的自由意志，能够独立做出判断。同时，英国绅士文化所强调的美德、正直、重视荣誉的品格[47]，促使他们拥有说真话的道德和勇气。科学证词的公信力源自社会身份，绅士的话语，仿佛就像债券，具有票面价值的效力。据此，正如科学史家夏平所说，英国十七世纪的实验主义，兼具绅士规范和科学实践，是一种文明与科学的对话。英国皇家学会主要是：

> "绅士、自由人和不受限制的人"组成的机构……拥有现代早期英国绅士的条件、教育、期望，文化遗产与道德才能。他们在科学界坚持他们的个体自由、正直与平等时，使用了英国绅士的自由、正直与平等的文化资源。[48]

到了十八世纪，随着绅士阶级参与科学实验，追逐科学知识，使用珍贵稀罕的科学仪器设备[49]，从事科学活动已经成为一种"文雅文化"（polite culture）的表征。伊拉斯谟斯·达尔文写给瓦特的信，内容即充分体现了这种文化现象。伊拉斯谟斯·达尔文在信里请瓦特提供改良蒸汽机的细节资料，好让他把这部分资料融入他的长篇诗作《植物之经济》。伊拉斯谟斯·达尔文强调他需要的是这类科学实验的文雅知识："这些事实，或事情，是令人愉快的；我指的是绅士喜欢的事实，而不是抽象的算术，这只适合哲学家。"[50]伊拉斯谟斯·达尔文的话或许语带戏谑嘲讽，不过也让我们注意到十八世纪的英国社会，已经出现一种有关科学、科学活动广泛且多层次的"社交会话"（conversation）。

从波以耳勾勒的科学实验纲领，以及英国皇家学会的科学实作，我们可以了解，对于实验主义而言，"事实"的生产属于一种集体制造的过程，科学知识，更是在众人见证的公共领域被建构出来的。科学知识，既是知识论的范畴，也烙印了社会制度和社会文化。英国的科学革命于是迈入了十八世纪启蒙运动那种以公共对话交流为表征的崭新领域。

实验科学的大众化

波以耳在他临终遗嘱里期勉皇家学会的会员："在其值得称赞地致力于发现上帝杰作的真实本性的尝试中，取得令人愉快的成功，并祝愿他们以及其他所有自然真理的研究者们，热诚地用他们的成就来赞颂伟大的自然创造者，并且使人类过上舒适的生活。"[51]波以耳的遗嘱点出了实验主义哲学追求知识的目的，不仅在于揭开自然的奥秘，寻求宇宙的秩序，同时也要以科学的成就，彰显上帝万能的辉煌。

在十七世纪，宗教势力仍然是强大的社会力量，自然哲学家求助于宗教的庇护是显而易见的，但科学史家默顿提醒说，自然哲学对宗教的服膺，"不纯粹是一种机会主义的献媚态度，而是发自内心深处的一种真诚努力，他们试图证明科学之路是通向上帝的"。默顿认为，清教伦理教义与英国实验主义哲学之间有内在的亲缘性：把思辨视为游手好闲，把实验操作的体能消耗与勤劳刻苦等同视之。[52]

所以，研究自然就是要寻找出宇宙的规律和秩序，充分赞赏上帝壮丽的创造物，彰显上帝万能的荣耀，并引导信徒赞赏、颂扬体现在创造物中上帝的威力、智慧和善行。换言之，自然哲学家就好比上帝所创造的自然的传教士，在弘扬宗教信仰方面，自然哲学家的功能不比神学家低下。这种新教伦理，深深渗透到英国皇家学会创始世代的科学实践。牛顿即在他的《自然哲学的数学原理》（*Philosophiæ Naturalis Principia Mathematica*）一书中说道："上帝当然是属于实验哲学的事业。"[53] 另外，牛顿在他的《光学》（*Opticks*）中也宣称，自然哲学的"主要目的"是为上帝的信仰建立坚实的基础。[54]

牛顿这番话的意思并不是认为科学实验也可以是一种展演性的娱乐事业，他的原意是要指出，上帝的本质，可以通过其创造物的秩序而被窥见；所以，可以凭借着实验的方法揭示上帝宏伟计划的元素，并激发信徒虔敬信仰的宗教情怀。事实上，自近代以来，英国的传记作家如康杜特（John Conduitt），即往往把牛顿圣化成为基督的使徒。被视为牛顿"万有引力"定律象征的那颗苹果，在历史上的知名度，大概可以和夏娃在"伊甸园"偷吃的"禁果"，或是希腊神话中引发特洛伊战争的"金苹果"相提并论。"在宗教团体的诠释学上，婴儿的苹果意味着基督，第二个亚当，将赎回人性。对于培根的信徒来说，牛顿成为新的亚当，他揭示了上帝对于自然的数学原理。"[55] 而牛顿发现宇宙运行规律的伟大功绩，让他的诗人朋友波普（Alexander Pope）援引《圣经·创世记》开天辟地的意象赞叹道："自然与自然律隐没在黑暗之中，上帝说，让牛顿去吧！万物遂成光明。"

然而，在一般人心目中，除了虔敬的宗教，追求知识真理的目的，更在于"使人类过上舒适的生活"，满足个人的利益。就好比刚刚自立为业的约书亚·玮致活，在他的"实验笔记"中所表明的，他从事实验的目的，就是要"改善我们陶器的制造……日益提高对我们产品的需求……这些考虑使我尝试更为扎实的改良方法，如我们所制造的胎体、釉料、颜色和造型"。事实上，这看似世俗化的目标，也充满宗教信念。正如培根所相信的，"真知灼见的实验终将引出一系列有益于人类生活状态的发明"；"改善人类物质条件的这种力量，不仅有纯属世俗的价值，按照耶稣基督的救世教义，它还是一种善的力量"[56]。就这样，实验文化从精英走向普罗大众，整个英国就沉浸在实验主义的氛围之中，科学实践与活动也渐渐走向大众化。

十七世纪英国以实验主义、经验主义为基础的自然哲学，在科学事业的合法性和巩固过程中，所获得的成功，原因不在于和宗教信仰对立、冲撞宗教信仰及宗教力量的权威，反倒是自然哲学能被宗教信仰认可与包容。对于科学事业，"自然提供了另一种遭遇上帝的方式，因为这是上帝的创造，自然秩序证明了上帝的美善"，而"贬低万物的完美，也就是贬低了神性力量的完美"[57]。

除此之外，我们还必须注意到科学知识传播，在促成英国科学实践与活动大众化所产生的功能。[58]正如文化史家达恩顿（Robert Darnton）的解析，启蒙运动除了存在于哲学家的沉思冥想之中，还必须通过出版商以弹性的版权转让、印制流程等方法与渠道，避开政治思想检查的钳制和封锁，让法国思想家狄德罗编辑的启蒙运动圣典《百科全书》（Encyclopédie）流传各地，使得启蒙理性能够经由市场机制的运行而在欧陆广泛散播流通。[59]因此，科学知识传播的问题，让我们必须尤其注意知识的生产，是如何从生产地如书斋、实验室、天文台、田野调查等，向公共和私人空间领域移动。

在十七世纪的英国，科学知识的传播媒介形形色色，现代发挥知识殿堂功能的大学体系，当时仍受到宗教神学的控制，转而由"无形学院"的皇家学会，约书亚·玮致活和博尔顿所属的月光社等百花齐放的科学学会、俱乐部来扮演科学创新和知识传播的角色。由史普雷（William Shipley）所创设，以鼓励创业、拓展科学、完善技艺并扩大商业应用为组织宗旨的"皇家技艺学会"[60]，颁发奖章奖金鼓励创新，并且规定每位得奖者不就该发明申请专利权。一七六五年，班特利为了推动运河开凿计划写信给伊拉斯谟斯·达尔文，在信里，班特利赞许该学会的远见，认为该学会推广的宗旨，"应该成为全国性的计划"。这个学会也出版多种期刊文集，在工程师、自然哲学家、商人之间形成知识交流的网络和机制。

有时，著名的自然哲学家、科学家，或出于主动意愿，或基于被迫不得不然，也会离开他们的实验室，走入人群活动的公共空间，宣扬科学知识，或者操作实验。胡克是伦敦咖啡馆的爱好者。在一六七二至一六八〇年间，胡克在日记里提到他光顾的伦敦咖啡馆少说也有六十四家，一天之内，胡克至少会上一次咖啡馆，有时甚至多达三次，无论天气多么恶劣，从无例外。胡克借由上咖啡馆的机会吸收不同领域的知识，并分享、展示新奇的科学仪器，讨论、调解哲学与人际的冲突。[61]牛顿的学生惠斯顿（William Whiston），因主张基督是人不是神，被逐出剑桥大学，他在国会议员、散文作家斯蒂尔（Richard Steele）拥有的"圣索瑞玛"（Censorium）沙龙，以及辉格党人经常出入的巴登咖啡馆（Button's Coffee House），或紧邻皇家交易所（Royal Exchange）的玛汀咖啡馆（Martine Coffee House），进行天文学讲座，展示戏剧性的科学实验。在咖啡馆啜饮咖啡、谈天说地的商人，还可以从辉格党的另一位支持者、皇家学会会员哈里斯（Reverend John Harris）的讲座，了解牛顿的理论。[62]作为一种可以就理论与实验事实进行辩论的"另类"科学公共领域，咖啡馆成为实验室的一种替代空间。

咖啡时尚之风从威尼斯吹向了伦敦，成为伦敦城市生活的象征，俨然是商业与讯息以及科学知识传播的中心。伦敦市内各类科学社团、协会、俱乐部林立，科学实践和活动就像座舞台，市内到处可见演讲与实验操作。仰慕英国与英国文化的法国思想家伏尔泰，发觉在巴黎原本坚固的科学理论与实践，到了伦敦都烟消云散了，伏尔泰说道："法国人来到伦敦，会发觉事情完全两样，自然科学及其他任何一切……在巴黎，他们看到微妙事物的旋涡构成这个宇宙。在伦敦，他们找不到这样的东西……对笛卡尔主义者来说，光存在于空气中；对牛顿主义者来说，光以六分半的速度来自太阳。你的药剂师以酸、碱和各种微妙的物质做实验。"[63]伏尔泰以一目了然的简明例证，阐释了巴黎的抽象唯理精神与伦敦的科学实验主义两者产生的含蓄碰撞。

就像第二章提到的赖特的名画，以白色鹦鹉作为实验，证明真空现象的存在，充满了戏剧性的张力；有时，科学实验活动就像是一种公共景观，确实像座剧场，实验者演讲的语言和肢体动作，伴随着实验仪器的闪光和声响，实验内容愈戏剧化，科学讲座能提供的展示就愈富娱乐效果。科学知识的传播，需要借由夸张的表演而普及。在这样的环境，自然哲学家的个人癖好，甚至可能带来功成名就。十七、十八世纪天文学家霍奇森（James Hodgson）宣称他的自然哲学和天文学讲座课程，"要为全部的有用知识奠定最佳、最坚实的基础"，这是自十六世纪伊丽莎白一世以来所有英国自然哲学家梦寐以求的目标。霍奇森讲座课程的创举有二：他宣称要展示皇家学会以外罕见的实验仪器设备；他列出的实验仪器设备清单，如空气泵浦、显微镜、望远镜、气压计、温度计，都是由当时最重要的仪器制造商罗雷（John Rowley）所生产，非常昂贵稀有，对一般人来说遥不可及，势必会让出席的听众大开眼界、大饱眼福。

这类讲座虽然收费，但是霍奇森的大胆创举显示，实验哲学并不局限于有钱人，普罗大众同样能够负担，也有兴趣接受与参与。然而，实验哲学大众化的结果，有时会让讲座的听众、科学仪器设备的消费者、公众娱乐之间的分际逐渐模糊了，科学仪器设备，如棱镜、望远镜、显微镜、磁铁，像玩具一般被交易，成为公共科学文化的商品。但实验活动沦为商品化的过程中，并非没有杂音出现，皇家学会就时常针对这一现象提出警讯，不过最终还是徒劳无功，科学活动大众化的潮流已经势不可挡。[64]

"工业启蒙"与"知识经济"

终究，科学知识的大众化，以及因个人收入增长而带动读写能力的大幅提升，印刷品、书籍作为科学知识传播媒介的普及[65]，使得科学知识与实验成果，能够驱动专业匠人和商人追求利润的野心，形成科学理论与技术发展的良性互动与相互影响。十七世纪末、十八世纪，英国出现了独特的社会关系与社会交往模式。追求科学知识的绅士自然哲学家、受市场激励的企业家、大规模生产的工厂主、学有专精的工匠和技师，他们在咖啡馆、科学俱乐部、科学学会和社团，找到了共通的语言——科学知识和实验操作，于是原本存在于它们之间的僵化社会藩篱渐渐消失了。

科学文化散播的涓滴效应，汇聚成推动英国工业化的动力。科学史家玛格丽特·雅各布（Margaret Jacob）以十八世纪英国港市布里斯托为缩影，阐释了科学知识与工业革命的完美结合。在布里斯托，商业利润与工业发展相互融合，雅各布告诉我们，可以看到当地商人、拥有土地的上层阶级、工业家、工程师、自然哲学家受惠

欧洲各国成人识字率统计表，1500—1800年

国家（或地区）	能够亲笔签名的成年人占总人口的比例	
	1500年	1800年
不列颠	6%	53%
荷兰	10%	68%
比利时	10%	49%
德意志	6%	35%
法国	7%	37%
奥地利/匈牙利	6%	21%
波兰	6%	21%
意大利	9%	22%
西班牙	9%	20%

资料来源：Robert C. Allen 著，毛立坤译，《近代英国工业革命揭幕》，第53页

于他们共同掌握了牛顿力学的知识，因而结成同盟促进当地的利益。

根据雅各布的描述，十八世纪中叶之前，布里斯托的高中不仅普遍讲授牛顿力学知识，而且在数学与技职学校也开设相关课程，目的在于培养工业实用方面的人才，使得牛顿力学能在当地获得传播。布里斯托位于英格兰西部，原是英国的大西洋商贸中心，以奴隶、烟草、食用糖的贸易闻名，但在工商发展方面渐渐不敌竞争对手利物浦。于是，布里斯托商人开始苦思结合牛顿力学知识与城市基础建设，奋起直追利物浦。当地政府把老旧的港口和运河维修与改善计划委由商人协会来推动。这个协会的领导人布莱特（Richard Bright），曾经追随约书亚·玮致活的好友、月光社的成员普里斯特

欧洲各国人均购买书籍数量统计表[66]

国际	1551—1600	1601—1650	1651—1700	1701—1750	1751—1800
荷兰	34	139	259	391	488
瑞典	1	40	59	84	209
不列颠	27	80	192	168	192
德意志	43	54	79	100	122
法国	34	52	70	59	118
意大利	51	42	56	48	87
爱尔兰	0	4	14	62	78
比利时	48	33	74	31	45
瑞士	79	9	15	14	32
西班牙	4	9	14	19	28
波兰	1	6	6	10	23
其他	2	2	5	5	18
俄国	0	0	0	1	6
西欧	29	41	67	67	122

资料来源：Roderick Floud, Jane Humphries and Paul Johnson, eds., *The Cambridge Economic History of Modern Britain, Volume1, 1700-1870*, p. 42

利学习化学，同时也在约书亚·玮致活十分推崇的沃灵顿学院进修机械科学。布莱特是一位商业资本家、地主绅士、辉格党人，服膺科学信仰，坚信社会的进步理念。雅各布还进一步提供布里斯托为了开凿运河，在议会举行的听证内容。根据议员与商人之间反复的对话，可以证明牛顿力学普及的情况以及传播的程度。从雅各布的描述，我们可以领略十八世纪中期之后的英国，科学知识已经大幅渗透到受过教育的人士之间，大大促进了英国工商业的发展，创造了现代的生活方式。[67]

雅各布以牛顿力学科学文化的积淀，在科学理论与经济变迁、工业发展之间建立因果关联，用以解释"工业革命为什么发生在英国"这一重要且具有争议性的命题。然而，反对者，尤其是经济史家认为，科学理论本身并不是能动的行为者，它必须通过人类的制度性安排和激励诱因，才能发挥影响作用。[68]近年来，莫基尔借由建构"工业启蒙"的概念，以较深入且全面的视角，解释英国科学理论与工业发展的因果关系，引起了科学史家和经济史家的热烈讨论。而根据莫基尔的定义和阐释，约书亚·玮致活称得上是"工业启蒙"的化身。

莫基尔首先把知识区分为两种形式：一是"命题"（propositional）知识，这是一种关于自然现象与规律的知识；这类知识可以用来生产"指令"（prescriptive）知识，即一种关于技术或技艺的知识。莫基尔以"Ω知识"代表前者，以"λ知识"代表后者；Ω知识的特征表现为"发现"，用以揭示自然规律的真相，λ知识的特征表现为"发明"，目的是创造出一套指令系统，执行这套指令系统，则可以将从前不可能的事情变成可能。显然，莫基尔将知识区分为Ω知识与λ知识，是进一步深化演绎亚当·斯密在《国富论》中探讨技术创新时所做的古典分野："机器制造者（指工人）的心智"和"哲学家或善于思考的人"。[69]

莫基尔提醒，有了作为认知基础的Ω知识，并不一定保证就能促成λ知识的出现，Ω知识基础的存在，只是提供λ知识出现的机会，但不能保证Ω知识基础必定得到充分的利用。"知识经济"的巨大效益，只有在鼓励发明和支持工商业发展方面建立制度化机制的社会，才可能喷涌而出。同时，科学理论是否能充当技术发展的基础，这又牵涉到知识获取的效率与成本。换言之，知识要积累成为一种"文化实体"（cultural entity），就必须能够传播、共享和取得。显然地，文化和制度在这里发挥了关键性的作用。[70]

莫基尔进一步以"工业启蒙"的概念，解释 Ω 知识与 λ 知识的相互作用，特别是 Ω 知识投射在 λ 知识的方式，并且分析这两类他所谓"有用知识"（useful knowledge）发生变化的社会变迁过程。其中，主要有三个面向：一是获取知识的成本降低，以及技术功效的明确，因而导致技术的扩张；二是致力理解技术的功效；三是促进掌握命题知识的人与运用技术（指令知识的一部分）的人双方互动，分享知识，进行合作。根据莫基尔的分析，这种"工业启蒙"运动的结果，把科学革命带向了工业革命的道路，工程师、制造商等技术实践者，开始采用科学实验方法，开发新的技术。莫基尔通过"工业启蒙"的概念，强调把科学知识和实验方法，应用到工商业实用技术的开发，而形成一种理论与实践相结合的过程，"工业启蒙"成了工业革命的助产士。[71]

前述有关英国社会的种种文化与制度，尤其让"工业启蒙"在英国得到充分的发展。培根式实验主义与基督新教伦理的相互包容与融合，促成了哲学家泰勒（Charles Taylor）所称"世俗性"的兴起，即"不接受任何超越人间福祉的终极目标，也不热爱这一福祉之外的任何事物"[72]。而英国十七、十八世纪思想家曼德维尔、亚当·斯密等对欲望的政治经济学的论述，以及为"奢侈消费"的辩护，使得"商业社会"摆脱了宗教道德规范的束缚，升华成为"温和得体"的品行，追捧财富与名位得到了合法性的肯认。其次，科学知识通过各地的科学社团、协会、"咖啡馆公民大学"等公共领域的交流和宣传，在社会大量传播，使得各科学领域的专家，与不同行业的制造商之间的交流合作十分便利，并且能够获得丰硕的成果。在这种知识网络中，"工业启蒙"为自然哲学家与工程师、专家与匠人之间搭起了桥梁，这种桥梁形形色色，可以是正式的，如英国皇家学会，也可以像月光社，是非正式的。

从约书亚·玮致活世界的"社会动力学"（social dynamics）来看，亦即对约书亚·玮致活的家庭史、家教信仰、价值理念、人际关系、知识网络和事业发展的梳理，或许我们可以说，约书亚·玮致活正是莫基尔"工业启蒙"的代表人物。

约书亚·玮致活出身社会边缘，是工匠家庭之子，但他二十四岁自行创业之后，便开始养成实验的习惯，并撰写实验报告、装订成册以供参考。他虽然寒微，没有受过高等的正规教育，但也算天资聪慧，自修成才。他喜爱、擅长数学，灵活的数学头脑，让他拥有财务会计的敏锐度，这项技能，日后帮助他度过企业经营的财务危机（详见下一章的叙述和说明）。约书亚·玮致活是一位实验大师，也称得上是一位化学家，通过月光社这种非正式的科学社群，他和许多当时科学研究水准领袖群伦的科学家往来密切，并且通过频繁的书信往来，和海外的科学家如法国化学家拉瓦锡、拉瓦锡的明星级学生塞甘（Armand Seguin）进行交流。他热衷搜集科学文献，努力追赶自然哲学家之间的科学辩论，例如，一七七一年，约书亚·玮致活写信告诉合伙人班特利，他购买了由法国化学家马凯（Pierre-Joseph Macquer）撰写、"月光人"凯尔翻译的化学辞典。晚年，他更是在英国皇家学会集会上宣读自己的论文，成为英国皇家学会的会员。这象征他的毕生努力，突破超越社会精英的阶层藩篱，得到了社会的认可。

除了科学知识和科学成就，约书亚·玮致活也是一位创业成功的工业家。他秉持实验主义的精神，应用科学方法设计实验环境，进而摸索改良生产技术，历经数千次的实验，把这些技术应用到他的产品制造中。约书亚·玮致活的行事风格和思想观念不受社会教条的框框所束缚，他贪婪、不知餍足地吸收新思想和新技术，结合科学理论与技术创新，提升商业的理念和能量，他就是莫基尔"工业启蒙"概念的典范。而英国的工业革命，正是由约书亚·玮致活，乃至博尔顿、瓦特等，这类兼具科学知识与制造创新的实业家所推动而成的结果。

　　　　　　　　　　　　　　　　　献给皇帝的礼物

第 八 章

审美资本主义

时尚是一种推广工业产品和使消费大规模统一化的力量。

——

阿苏利,《审美资本主义》

消费革命

科学理论与技术创新结合而成的"知识经济",成为英国工业革命的重要动力;另一方面,日益崛起的庞大消费主体和消费能力,以及对时尚和奢华新商品的需求,也在积极响应、附和科学实业家的创新精神和甜言蜜语,刺激了英国工业革命的进展。约书亚·玮致活除了是实验大师、"工业启蒙"的化身,还是一位能够驾驭消费革命和消费主义的艺术巨匠,擅长以新古典主义时尚的设计风格,装饰他的陶瓷产品。

对于英国消费革命的出现始于哪个年代,及其消费性质该如何与工业革命的大叙事(grand narrative)产生联结,学界的观点仍有分歧。有学者主张,在工业革命之前已经出现了消费革命,而且是启动工业革命的原因。另一派的解释认为,商品欲望的改变是与工业化过程同步发生的,但不必然扮演主动性的角色。第三种观点认为,帝国主义的扩张、海外贸易的发达和生产技术的创新,带动了奢侈消费,刺激了商品欲望的模仿。有些学者则怀疑商品欲望作为刺激经济变革诱因的能力,强调经济变迁造成利益向社会底层扩散的基本面。[1]

尽管对消费革命存在种种理论争议,但经济史家大体上同意,由家庭需求所带动的消费,已经拥有了自己

1688年英国各社会阶层经济状况统计表

	人数（按所属阶级阶层）分类	在总人口中占的比例	人均年收入额	人均年收入额与"维持基本生存"开销的比值	超出"维持基本生存"开销的收入占剩余购买力总量的比例
地主阶级	200358	3.5%	46.4英镑	23.2	21%
中产阶级	262704	4.6%	40.2英镑	20.1	23%
生意人	1190552	20.9%	9.0英镑	4.5	19%
农场主	1023480	18.0%	10.4英镑	5.2	20%
工人	1970895	34.7%	5.6英镑	2.8	17%
茅舍农、穷人	1041344	18.3%	2.0英镑	1.0	
总计/平均值	5689322		9.6英镑	4.8	

资料来源：Robert C. Allen 著，毛立坤译，《近代英国工业革命揭秘：放眼全球的深度透视》，第74页

综合学者的研究，Robert C. Allen 以每年2英镑作为维持基本生存的开销额

地主阶级：包括领主、绅士、神职人员以及科学家、艺术家等

中产阶级：包括商人、政府官员、律师、年收入不低于200英镑的工匠、军官

生意人：包括店主、贸易商、制造业者

农场主：包括大大小小的农场主、不动产拥有者

工人：包括一般劳动力者、建筑工人、采矿工人、家庭仆佣、水手和士兵

茅舍农、穷人：指茅舍农、贫民、流民

的生命力，消费的革命性，不仅表现在消费者规模（scale）层面，除了上流社会，中等阶级甚至是工人阶级，构成了重要的消费主力，也展示在消费品结构（structural）面向，除维持生活的基本消费外，奢侈品已经成为一种维持体面的必需品，消费者对新商品的渴望，驱动了英国工业生产流程，以及家庭与市场关系的宏观变化。

有关英国消费革命的论述，以经济史家德弗里斯的分析尤其受到学界的重视。[2]根据德弗里斯的解释，英国的消费革命出现在工业革命之前的十七世纪末，随着进口且以市场为导向商品的大量涌现，如茶、咖啡、糖、瓷器等，诱发出一种对这类新商品或奢侈品的欲望，这种强烈的商品欲望，创造出一种为了满足商品欲望的"勤勉"（industriousness）文化。原本以自给自足为原则的家庭经济，作为社会的生产部门，开始转向为了市场而生产，以便增加收入所得购买这类新商品。其中，女性与儿童大量进入劳动市场，是这种所得重分配的主要行为者，对宏观经济发挥重要且积极的影响作用，而不是被动回应外在经济环境的变化。

除了家庭经济的剧烈转型，从德弗里斯的分析看来，消费者的品位与偏好也发生了根本性的变化，这是驱动宏观经济变化的重要因素，而不是价格的起落或者生产技术的改良。这种消费品位与偏好的变化，首先发生在上层社会，随之经由社会模仿，渗透到社会的中下阶层。然而，这种消费革命的社会与心理因素，显然很难获得经验性的证明，不过大致上还是可以从两方面来解释。

首先，消费行为的改变，涉及思想观念的转化，生活态度的调整，甚至是法律如禁奢法令的废除，诚如第六章有关亚当·斯密、曼德维尔的论述，当时留下众多有关贸易量增长和奢侈消费风气的辩论文献；其次，与第一点相关，同样也在前述章节提到的，英国自海外进口大量的茶叶、蔗糖、咖啡、巧克力、印度棉布、中国瓷器，以及英国本身为了回应贸易逆差，而创造性模仿生产的高质量商品，如服饰、钟表、玻璃器皿、家具、金属器具等。经济史家艾伦（Robert C. Allen）甚至从遗嘱财产清单所列财产项目，证明英国人的消费规模和结构确实已经发生了重大的改变。[3]其中，常见的物品有桌子、炊具锅、白蜡碟盘、黄金或白银；新潮物品如陶器、书籍、钟表、卷轴画、梳妆镜、窗帘、瓷器、金属刀叉、盛烈性酒的器皿等。

休闲、绅士气派与美学设计

消费革命让英国人从原本基本生存的需求生活，迈向了追求情趣品位的欲望世界，竞相追逐高雅的"生活风格"（lifestyle），而艺术便是这种高雅生活的精致点缀。就这点而言，在十八世纪的英国，约书亚·玮致活称得上是"时尚的魔法师"。

根据消费文化的理论，"生活风格"指涉一种消费者的感知（sensibility），消费者通过选择独特的商品以及后续形成的惯性，来展现他们个人的独特性或者个性。身为特殊生活风格群体的一员，这些人积极利用消费品，如服饰、宅邸、家具、室内装潢、汽车、假期、饮食，以及像音乐、电影、艺术品这类文化商品，以显示群体的品位或风格感。生活风格成为一种趋势指标，让某一群体的人通过所消费的商品而与其他群体做出区隔。于是，消费实践成为一种具有象征或美学意涵的社会识别。[4]

这种晚期资本主义的消费理论，其分析效度，同样可以适用在资本主义童年时代的英国。当时，有钱的商人和企业家，已经有能力取代宗教团体赞助艺术创作，风雅的有钱人开始精心搜集绘画、雕刻、家具等艺术作品，装饰他们的宅邸，彰显他们高雅的生活风格。

以德国画家佐梵尼受夏洛特王后委托而画的名作《乌菲齐美术馆收藏室》（*Tribuna of the Uffizi*）为例，画家虚构了一群社会名流和艺术鉴赏家，聚集在佛罗伦萨著名美术馆内的圆形大厅，欣赏欧洲艺术巨擘的作品。提香心目中女性妩媚的典型《乌尔宾诺的维纳斯》（*Venere di Urbino*），就被安放在显目的位置，几乎主宰了整个构图画面。拉斐尔（Raphael）的杰作《施洗者圣约翰》（*Saint John the Baptist*），作为男性人体的典范，则被挂在后方中央的墙上，和形形色色的精彩作品并列。在佐梵尼的绘画中，侨居佛罗伦萨的英国臣民，在美术馆内流连忘返，追求一种文雅的消遣：他们或比手画脚，或窃窃私语，或注视详看，"表现出风雅的执着与求知的渴望和自豪"[5]。

其实，佐梵尼在这幅些许矫揉造作的画中，暗藏了戏谑的讽刺。画面的右侧，有人正拿着镜片目不转睛盯着"梅迪奇维纳斯"（Medici Venus）雕像，轻佻亵玩，动作实在有欠文雅。站在这个人前面，眼睛看着画外，用姿势示意梅迪奇维纳斯雕像的人，根据艺术史家的解释，正是在"壮游"圈子恶名昭彰的布鲁斯（James Bruce），他是"已婚男人的噩梦，朝三暮四的情人"。画家佐梵尼本人就站在画面的左侧，手里举着拉斐尔的《圣母像》（*Niccolini-Cowper Madonna*），摆出僧侣般的虔诚姿态。佐梵尼与这位目光亵渎者，一左一右，形成强烈对比。艺术史家认为，佐梵尼画中的这种构图安排，大概是故意要让与他私交甚笃的圈内人士会心一笑，属于描绘"壮游"时代（后文详述）英国艺术鉴赏家群像的讽刺画作[6]，尽管寓意诙谐甚至揶揄，但大体上还是呈现出英国当时上流社会社交生活和艺术嗜好的样态。

十八世纪的英格兰与爱尔兰，被学者形容是"绅士"的大时代。[7]根据时人对"绅士"的定位，认为他们必须举止高雅、彬彬有礼，在品位方面必须拥有独到的眼光和素养。因应这样的社会规范认知，为了打造绅士的独特品格，与凡夫俗子有所区隔，他们必须表现出对金钱功利价值的漠不关心，培养一种非功利性色彩的品位。所以，在英格兰、爱尔兰上流社会的贵族圈子，流行搜集一些非实用的装饰物品，例如瓶瓷、地毯、挂毯、银器、家具等，尤其是从当时刚成立的拍卖会苏富比（Sotheby's）、佳士得（Christie's）购得的珍奇古玩。另外，诚如后文将讨论的，当时英国贵族子弟流行以意大利、希腊作为"壮游"的目的地，持续几个月在欧洲大陆长途旅行，旅行归来，携带并展示他们沿途搜集到的、经过学会组织权威鉴定深具历史意义的古文物。因为这股古风时尚，此刻也见证了欧洲大陆各国博物馆的兴起，例如，成立于一七六五年的大英博物馆，佛罗伦萨乌菲齐美术馆则是在一七七三年开馆。这些博物馆、美术馆，馆藏充斥了从东方经由贸易路线带回欧洲的各种文物艺术品。总之，英国的上流社会，就是以高雅的休闲与独特的审美品位来彰显地位。[8]

所以，英国人从这样的休闲时尚里很清楚意识到艺术与美学风潮结合的商业价值。佐梵尼，连同十八世纪英国著名画家雷诺兹、韦斯特都是伦敦皇家美术学院的发起人。这所成立于一七六八年的学院，设置宗旨在于培育、改良绘画、雕刻和建筑等艺术领域，并且坚守风格宏伟的艺术理论，但是商业的考虑与旨趣，在韦斯特首度担任院长时的就职演讲中已经有迹可循。韦斯特含蓄地说道："在这里，机灵的年轻人接受设计艺术的教育，他们所接受的指导已经传遍了这个国家的各种不同产业。"[9]韦斯特口中"机灵的年轻人"，

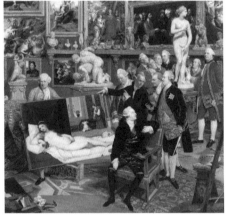

佐梵尼，《乌菲齐美术馆收藏室》

来源：Wikimedia Commons

献给皇帝的礼物

肯定包括斐拉克斯曼。前文提到他是约书亚·玮致活所聘请最重要的设计师之一。当时，随着消费革命的出现，为了吸引市场中有能力的消费者，特别是市场新贵的中产阶级，包括约书亚·玮致活在内的制造商，在激烈的市场竞争中，开始为其商品注入具有时尚品位的美学设计理念。在英国尚未成立设计学校，不存在商业设计、工业设计等教育课程之前，唯一受过专业绘图训练的，就只有学院派的艺术家。[10]

值得一提的是，包括英国伦敦皇家美术学院在内，十八世纪欧洲各国开始出现设立美术学院的潮流，这股潮流是重商主义观念发酵的必然结果。根据重商主义的经济观念，国家首要的功能就在于介入并完善生产制度，以创造经济的繁荣，刺激货币的流通，增加货物的出口与黄金的流入。从商业角度来考虑，训练艺术家，培养优良的美学品位，不仅仅是为了绘画、雕刻，同时还是为了挂毯、瓷器等商品的美化设计，使本国商品在国际贸易的经济竞赛中立于不败之地。十八世纪欧洲各国成立的美术学院，在组织方面，大体上是仿效、延续一百年前法国财政大臣、被伏尔泰盛赞是佐国良相的科尔贝（Jean-Baptiste Colbert）[11]所规划的皇家美术学院，当时科尔贝就已经意识到艺术与国民经济的正向关联性，美学是可以被用来为他的重商主义政策服务的。"一方面他（指科尔贝）迫切想让法国工匠能够在本国生产出威尼斯玻璃器皿、威尼斯花边制品、英国布料、德国青铜制品以供国人消费，使国外都市全都丧失其诱惑力，同时还要通过罗马留学生的工作，让巴黎人能够拥有古罗马与文艺复兴的艺术。"[12]

新古典主义艺术风

到了十八世纪，新古典主义艺术风格开始主宰欧洲各国美术学院的美学教育理念，雷诺兹、韦斯特都是新古典主义的拥护者、健将。新古典主义具有浓厚的怀旧复古文化，更加强烈拥抱古希腊、古罗马的艺术精髓。这种审美趣味的转变，套用艺术社会史家豪泽尔（Arnold Hauser）的说法，"表达人们对简单和真实的追求"，"人们渴望纯粹的、清晰的、简单的线条，渴望规则和纪律"。对比这种渴望，点缀异国风情的洛可可艺术，则被认为过度耽溺于虚假的华美、感官的享乐，是颓废的、堕落的、病态的、违逆了自然的现象。[13]

新古典主义追求古希腊、古罗马的美学，要在宁静形式的沉寂中寻找美的盛开，期盼把伟大和简单、尊严以及质朴融为一体，这种艺术风格和境界，就是艺术评论家、希腊品位的"发现者"温克尔曼心目中的最高典范。温克尔曼以《拉奥孔》（*Laocoon*）群雕[14]为例，认为这件艺术作品表征"完美的艺术法则"：

> 希腊杰作有一种普遍和主要的特点，这便是高贵的单纯和静穆的伟大。正如海水表面波涛汹涌，但深处总是静止一样，希腊艺术家所塑造的形象，在一切剧烈情感中都表现出一种伟大和平衡的心灵。
>
> 这种心灵就显现在拉奥孔的面部，并且不仅显现在面部，虽然他处在极端的痛苦之中。他的疼痛在周身的全部肌肉和筋脉上都有所显现……只要看他因疼痛而抽搐的腹部，我们也仿佛身临其境……他的悲痛触动我们的灵魂深处。[15]

《拉奥孔》群雕

来源：J. Paul Getty Museum

温克尔曼赋予《拉奥孔》群雕一种象征灵魂深渊与狂躁的意象，灵魂之伟大，就在于肌肉扭曲偾张下的平静状态，而不是像巴洛克风格那种恣意放纵的激情。人最终止于驻足罗马，仅仅精神飞扬至雅典的温克尔曼[16]，"高贵的单纯、静穆的伟大"这句形容浓缩了他对古希腊优雅简约之美的新体验，成为当时欧洲新美学熏陶的箴言。

十八世纪欧洲人重新发现罗马、希腊这两个"古老的新国家"，与当时盛行的"壮游"文化有关。前述提到，"壮游"是指富有的欧洲人前往欧陆的重要文明中心、历史景点进行深度的文化旅行。以英国人为例，主要的路线、目的地有巴黎、瑞士及意大利城市如罗马、威尼斯、佛罗伦萨、那不勒斯。这一著名传统始于十六世纪末，至十八世纪达到高潮。有不少社会学家认为，欧洲传统的"壮游"，是今日人在生涯的某个阶段，抛下学习和工作，选择深度的教育之旅，即所谓"空档年"（Gap Year）的原型。[17]

随着旅游作家、考古学家、文物收藏家作品的相继问世，欧洲人除了延续文艺复兴运动以来对古罗马轨迹的深化了解，还进一步深入到过去较少涉及的"东方"（即"黎凡特"〔Levant〕，泛指地中海以东的大片区域）。欧洲人重新发现了希腊，渐渐意识到，"罗马对雅典的精神负债，被占领的希腊征服了野蛮的占领者，将艺术传授给了刀耕火种的拉丁民族"。这种旅游在身体和精神上所造成的时空"错位"（dislocation），让欧洲人自我意识超脱基督世界的桎梏，与重新发现希腊联系在一起，欧洲意识的建构与认识希腊之间形成了辩证的关系。[18]

考古的丰硕成果，让欧洲文明星空中罗马和希腊双子星座的光芒更为璀璨。在波旁王室（House of Bourbon）成员、时任那不勒斯及西西里国王卡洛斯（Carlos）的财务支持下，对公元七十九年维苏威火山（Vesuvio）爆发而被火山灰掩埋的两座罗马古城庞贝（Pompeii）与赫库兰尼姆（Herculaneum）进行考掘。[19]根据凝结在火山灰中的废墟遗物，考古人员可以复原古罗马时代房舍内部的装潢细节，古城出土的文物，进一步激发了新古典主义艺术的风潮。在这场学者称之为"考古学古典主义"的运动中，"斯卡威"（Scavi，即庞贝古城）成为时代的响亮口号，欧洲知识界为之震撼，收藏古物蔚为风尚，连德国大文豪歌德也奔赴意大利，重金购买收藏品，把赫拉女神半身雕像摆在魏玛的家中。[20] 约书亚·玮致活的重要赞助人，也是英国重量级的收藏家汉密尔顿爵士，当时就驻节在那不勒斯，美国知名历史学家鲍尔索克（G. W. Bowersock）认为，在"让维苏威火山城市从默默无闻变得举世闻名方面，威廉·汉密尔顿爵士起到主导性的作用"[21]。汉密尔顿爵士占地利之便就近搜集不少上乘的希腊精品，把瓶瓮上的纹饰图样分门别类印刷出版，这类图文并茂的图册，是风雅人士喜爱的收藏品。[22] 这类图册，甚至成为英国建筑师罗伯特·亚当（Robert Adam）灵感的泉源，他为曼斯菲尔德伯爵（Earl of Mansfield）设计的肯伍德公馆（Kenwood House）藏书室，被喻为"新古典主义传统在英国最完美的体现"[23]。

"希腊品位、罗马精神"（Grecian Taste and Roman Spirit）在英国的风行，与"迪勒坦蒂社"（Society of Dilettanti，Dilettanti 意指业余艺术爱好者）的鼓吹和推动密不可分。"壮游"是当时英国有钱年轻绅士必经的历练过程，这个社团就是由一群抵达意大利"壮游"的英国新贵所创立的俱乐部，它的组织宗旨在于强化成员之间的关系网络。迪勒坦蒂社的成员，除了坐拥财富和社会影响力，更是艺术的爱好者和收藏家，如汉密尔顿爵士就是其中一员。事实上，迪勒坦蒂社还被誉为"英国头一个体现鉴赏家文化的组织"，是英国人的"梅塞纳斯"（Maecenas，指公元前一世纪，罗马贵族、诗人、文学艺术的保护者，后来泛指钟爱文学艺术的有钱人）。[24]

当罗伯特·亚当热切弘扬罗马艺术，人称"雅典的斯图尔特"（Athenian Stuart）的另一位英国建筑师斯图尔特（James Stuart），也

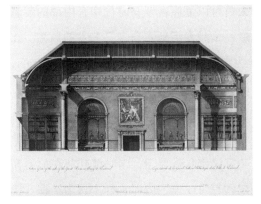

罗伯特·亚当的肯伍德公馆藏书室设计图

来源：UW Digital Collections

为迪勒坦蒂社重要社员托马斯·安森（Thomas Anson）[25]的沙格伯勒（Shugborough）大宅邸设计带有希腊趣味（gusto greco）的建筑物，而在英国建筑界形成"罗马精神"与"希腊品位"分庭抗礼之势。斯图尔特相信高雅的品位诞生在希腊的天空下，是十八世纪英国希腊艺术风格的重要推手。

　　十八世纪中期，斯图尔特来到罗马，与英国画家里维特（Nicholas Revett）共同筹划将雅典古代遗迹的分布做有系统的整理。为了得到经济支持，斯图尔特与里维特发表了"关于出版雅典等地古物的精确描述的提议"考古建议计划书，他们的宏伟计划终于得到迪勒坦蒂社的青睐和赞助。斯图尔特与里维特两人合作研究撰写的《雅典的古迹》（*The Antiquities of Athens*），就是由迪勒坦蒂社支持出版。由于这次出版大为成功，后来迪勒坦蒂社又补助钱德勒（Richard Chandler）与帕尔斯（William Pars）前往伊奥尼亚执行新的希腊研究任务，补充对希腊本土的考察，并出版了《伊奥尼亚古迹》（*Ionian Antiquities*）的研究成果。[26]

历经百年巴洛克的繁盛瑰丽与洛可可的奢华细腻，被失序的激情所主导，感性的漂浮与浅薄的幸福让欧洲人昏了头，这时艺术家开始渐渐排除惺惺作态的华丽诱惑，回归古代理性的简约秩序和宏大壮阔，追求心智和谐之美，企图找回简洁但丰满的生命力。罗马与雅典因而获得了重生，希腊与罗马的雕刻、建筑、瓶瓮为这个时代铭刻下普世价值的烙印。

商品美学时尚

建筑史家吉鲁阿尔（Mark Girouard）指出，像曼斯菲尔德伯爵的肯伍德公馆、托马斯·安森的沙格伯勒大宅邸，这类十八世纪英国乡间豪宅的社会生活，有一套复杂的仪式。"房子建筑是舞台，家具是布景，而两者之间的对话不只是家居生活的背景。这些都和先前每一个文化对奢华的了解与运用相去不远。"[27]就如同法国学者德塞托（Michel de Certeau）所描述的，居家和日常言谈、阅读、购物、烹饪一样，虽然全都是一种策略性法则的行为，但同时也蕴含惊奇的可能性。私人的居家空间，历经某段时间之后，会变成一种类似个人的肖像画，空间内部能够传达家庭收入的程度，或者，至少某种生活风格的野心，是一个人组织空间谱写"生活叙事"的方法。室内空间就像家族传奇的一个章节，所有这类昔日的空间与装饰品，现在则化为一种生活的见证，如同日记、回忆录、自传，或者是遗

罗伯特·亚当为肯伍德公馆设计的各式家具

来源：UW Digital Collections

斯图尔特设计的壁炉草图

来源：The Metropolitan Museum of Art

献给皇帝的礼物

嘱的文本和遗赠。[28]就像雅典的共和，英国乔治王朝的美学品位也必须依赖贵族传统文化的奢华，唯有以庞大的财富为基础，才有能力提供他们闲暇的雅致和独立的自主。

新古典主义住宅建筑讲究建筑物与室内设计在风格上的统一，力求宅内的细节、家具和陈设务必一致性地展现出古典的风韵。于是，时尚就成为一种生活风格的选择。然而，出土的古文物终究是凤毛麟角，所以建筑师与室内设计师必须另寻其他的替代品。"雅典的斯图尔特"的室内设计和装潢，或使用真品古文物，或以木制、石膏为材料仿制。罗伯特·亚当有鉴于新古典主义室内设计风格的盛行，但又很难找到合适的装饰品匹配他所设计的宅邸，甚至自己亲自操刀设计装饰品。这类新艺术风格所带动的需求，正如现代法国精品大师可可·香奈儿（Gabrielle Bonheur Chanel）所说的，"时尚会流逝，风格永留存"，新古典主义风格的历久不衰，为约书亚·玮致活的装饰陶瓷带来了无限商机。

约书亚·玮致活对新古典主义的知识与兴趣可能来自合伙人、挚友班特利。班特利与约书亚·玮致活合伙之后，先是在伊特鲁里亚厂监管"装饰陶瓷"的生产，后转赴伦敦负责行销的业务。显然是拥有渊博人文知识素养的班特利让约书亚·玮致活意识到新古典主义风潮的庞大市场潜力，从而调整了设计的取向。在约书亚·玮致活实验开发的新胎体中，尤以黑玄武的无釉黑色炻器与浮雕玉石的无釉白色炻器，最适合新古典主义的美学风格。前者主要是用来烧制瓮和小雕像，后者无釉光的质地类似大理石，很适合仿制古董瓮、水罐、瓶子和浮雕作品，最能表现新古典主义艺术对"石头的梦境"的陶醉。结果，新技术工法与艺术时尚的结合相得益彰，迎合了市场的消费需求。

然而，约书亚·玮致活对新古典主义风格的接纳，就意味着审美典范的转换、商品风格的重新调整，他一开始还是有些踌躇。约书亚·玮致活早年的产品带有巴洛克的华丽风味，多有复杂的装饰和镶金；重量级的古文物收藏家汉密尔顿爵士劝他不要在产品上镶金，以符合新古典主义风格的品位。约书亚·玮致活感到有些犹豫了，因为这与他向来对陶瓷美学的见识有所出入。约书亚·玮致活抱怨：

> 做一个花瓶，颜色要自然多变、欢愉，而不像个罐子，外形要精美，要让它看起来价值连城，但不要有多余的柄、饰品和镶金。这可不是轻松的差事。[29]

约书亚·玮致活为了把新古典主义的美学元素注入他的陶瓷产品，启用不少艺术家为他设计产品，其中以斐拉克斯曼最富天分，约书亚·玮致活甚至赞助他前往意大利。文艺评论家斯塔罗宾斯基提醒说，斐拉克斯曼除了与约书亚·玮致活合作，为他设计装饰商品，也为荷马史诗《伊利亚特》与《奥德赛》、古希腊戏剧家埃斯库罗斯（Aeschylus）[30]的作品绘制插图，并且从事订制的墓葬雕刻。套用斯塔罗宾斯基的说法，斐拉克斯曼"处在优雅的设计与哀伤悼念的艺术之间"，他的创作也会出现"暴力、英雄主义的狂野、恐怖、害

斐拉克斯曼为埃斯库罗斯作品所绘插图草稿

来源：Wikimedia Commons

斐拉克斯曼为《奥德赛》所绘插图草稿

来源：The Metropolitan Museum of Art

怕，它们的强力表达扰乱了理想形式的沉静"，这种历史图案是"对神秘历史时空的考古迷恋，但同时，它也伴随着灵魂维度的挖掘"。希腊、罗马勾勒的线条，深深引诱、挑逗着斐拉克斯曼的笔触。[31]

约书亚·玮致活聘请像斐拉克斯曼这类知名的艺术家为他设计产品，显然很清楚不论是传统的上流贵族，还是新近崛起的中产阶级，都渴望通过消费美学商品，来标榜自己的品位，以强化自我的认同感。这就好比伊丽莎白·柯瑞德（Elizabeth Currid）所谓的"沃霍尔经济"（The Warhol Economy）。"波普艺术"（Pop Art）大师安迪·沃霍尔（Andy Warhol）最清楚创意产业跨界联合的特性，同时能够把商品转译成艺术，将艺术转译成商品。他的粉丝，乐于花大价钱拥有一架"沃霍尔拍立得相机"——以安迪·沃霍尔为名的商品。安迪·沃霍尔从探索文化图像开始，最后自己也成为一种流行图像。安迪·沃霍尔不避讳且很擅长将文化与商业结合，而在资本主义的童年时代，也可以在约书亚·玮致活的商业策略上看到安

斐拉克斯曼为约书亚·玮致活设计的产品

来源：Walters Art Museum

迪·沃霍尔所说的"商业艺术"(business art)[32]。

除了延聘艺术家自行设计,约书亚·玮致活还动用上流社会的种种人脉关系,向他的贵族朋友借用古董陶器和雕像,进行研究和仿制。这些贵族朋友,或是将自己收藏的古董珍品整理出版图册画册,或是拥有大量有关十八世纪古希腊、古罗马考古研究的藏书,它们都成为约书亚·玮致活古典知识借鉴的来源。另外,约书亚·玮致活想方设法贴近新古典主义的理论家,让自家产品与新古典主义美学运动产生联结。当相关著作等身的法国凯吕斯伯爵(Count Caylus)感叹伊特鲁里亚作品不再,约书亚·玮致活便通过宣传表达他的产品可以填补这一遗憾的空白。尽管建筑师"能人布朗"(Capability Brown)告诉约书亚·玮致活,他无法接受有色的浮雕玉石,只喜欢神似大理石的白色浮雕玉石,但约书亚·玮致活总是不厌其烦地接近建筑师、设计师,激发他们对玮致活产品的兴趣。[33]总体而言,约书亚·玮致活掌握了新古典主义美学时尚的脉动,因而让他的产品大获成功,同时也使自己从原本只是小有成就的陶匠,跃升成为艺术品位和时尚生活的领航人。

从约书亚·玮致活通过新古典主义时尚,将商业与艺术结合,可以了解西方资本主义现代性,即便在发展之初,品位就成为经济增长的动力,与审美、欲望的表达建立了密切的关系。法国学者阿苏利(Olivier Assouly)在他的《审美资本主义:品位的工业化》(*Le capitalisme esthétique: Essai sur l'industrialisation du goût*)一书中指出:

> 审美品位的对象是那些人们并非真正需要的东西,它把奢侈型消费提升到比实用型消费更重要的地位,让感觉战胜了道理,情感战胜了理智,使欢悦变得比功效更重要。

所以，"审美资本主义说明了一种经济的变革，这种经济在本质上不是有用的商品流通和购得的问题，而是一个服从审美判断的吸引力和排斥力的审美空间"[34]。既然，审美是一种感觉、情感、欢悦的想象与欲望，与实际用途并无直接关系，那么，消费的开展就有无尽的前景，商业的发展在理论上也就有无限的可能性。而商品的美学化，目的就在于诱发消费者的潜在欲望，永无止境创造商品的消费需求。就此而论，约书亚·玮致活显然是实践审美资本主义的先驱。

　　然而，采取新古典主义风格的设计，不仅使约书亚·玮致活贴近流行时尚，也是一种符合产品管理、降低成本的生产策略。身为陶瓷商品的经营者，约书亚·玮致活必须大量生产、提高销售量，以增加单位利润；同时，又要避免产品量产，造成过多的库存积压，侵蚀他的获利。为了实现这一目标，约书亚·玮致活一方面限制产品的造型，一方面大幅增加产品装饰式样的选择。新古典主义美学风格，讲究简单素朴的外形和平整的表面，比起繁复设计的巴洛克、洛可可风，更符合他的这一生产策略。约书亚·玮致活的陶匠先制作素面的形体，再由设计师从各类设计书籍里援用各种不同的浮雕、纹饰花样搭配，变化出琳琅满目的样式。如此一来，消费者便有花样繁多的品项可以选择，满足对不同款式的偏好，而约书亚·玮致活也可以等到接获订单之后才开始装饰素面产品。经过这一系统性的运作，约书亚·玮致活大量生产各种样式的产品，又可以缓和积压庞大库存与资金被存货套牢的压力。换言之，约书亚·玮致活的新古典主义设计风格，既迎合了市场的品位需求，又是一种合适的产品生产流程。而这样的策略，就是历史学家所称的"弹性专业化"（flexible specialization）或"弹性批量生产"（flexible batch production）模式[35]。

　　英国工业革命时代许多科学企业家，和约书亚·玮致活一样，都拥有丰富的专业技术，也都兢兢业业辛苦工作，胆识过人又锲而不舍，但这并不一定就能保证收获累累硕果。工业革命时代，著名科学企业家失败的案例比比皆是。首先与瓦特合作开发蒸汽机事业的罗巴克，他是苏格兰的化学家、发明家，以发明铅室法制造硫酸而闻名于世，同时也是卡伦钢铁厂（Carron Ironworks）的创办人，他和商业巨子嘉贝特合作开始跨足商界，却未能获得成功。高压蒸汽机的发明人特里维西克（Richard Trevithick）、堪称伟大机械天才的理查德·罗伯茨（Richard Roberts），也都是失败的企业家，两人去世时均身无分文。[36]

对约书亚·玮致活而言，若想要追求商业无限可能性的前景，为企业奠定百年根基，就不能仅止于仰仗技术的突破和美学品位的设计，他还必须在企业的行销策略与生产管理方面日益精进，有所创新。

第 九 章

时尚魔法师

时尚是一种社会需要的产物。

——

齐美尔,《时尚哲学》

定价策略

　　现代奢华精品品牌，比如"Hermes""Louis Vuitton""Ar-mani""Burberry""Ralph Lauren"等，都非常重视定价策略。根据经济学原理，价格上升，需求就会降低，但是现代奢华精品的经营，反而违背经济学原理逆向操作，以产品诉求为第一，基于"范伯伦效应"，价格上升反而带动了需求量的成长。对于现代奢华精品来说，在商品行销策略方面，价格对消费者购买动机的影响，次于品牌形象、品质与设计的考虑。现代奢华精品业者研究认为，消费者愿意出高价购买奢华精品，原因是"消费者感受到商品的价值，虽然这个价格并不等值于商品的实用性"，奢华精品的"象征或美学价值比它的实用价值高出许多，这意味着消费者通过对消费奢侈品获得的地位满足感，或者向世人表达他的个人风格，相比高价，消费者更看重这些内容"。然而，价格因素也并非全无影响作用，而必须达到特定的价格点，才会出现"需求价格弹性"，亦即价格变动能够改变需求量的敏感度。[1]

　　玮致活的定价策略类似现代奢华精品品牌的经营之道。约书亚·玮致活曾在信里告诉班特利，低价"必然带来制造业低劣的品质，这又会造成轻蔑，造成不被重视、嫌恶，这是商家必然的结果"。但是业者如果能够持续维持品质，或者精益求精，"我们或许就能继续维持原来的价格"，所以，经济低迷对于这类业者"特别有利"，因为当其他商家不得不放弃时，或许就可以继续以平常的价格继续出售"王后御用陶器"。玮致活是以品质优越、富美学时尚，而不是低价，受到中等阶级消费者的青睐的。自一七六〇年代中期之后，约书亚·玮致活大都以高于对手竞争性产品75%至100%的价格，标定他的实用性产品和"王后御用陶器"。他的实用性产品的整体价格都较竞争对手昂贵。例如，一七七〇年，顶级玮致活餐盘的售价是八便士（pence，约等值二〇〇〇年的二十七美元），相对地，斯塔福德郡当地其他陶匠的开价是二便士。一般而言，约书亚·玮致活和班特利会让他们的产品价格高于这一产业的平均值。[2]

然而，这种大胆的定价策略，尽管是对自己产品技术创新与美学时尚的信心表现，但在某种程度上也是市场需求旺盛的结果。消费人口的成长与新兴海外市场的利基，使得约书亚·玮致活的产品能够持续被消费者接受，扩张市场的规模。不过，当市场处于低迷、饱和的状态，约书亚·玮致活就必须重新思考原有的定价策略。

一七七二年，约书亚·玮致活在给班特利的信里写道：

> 大人物把这些瓶子陈列在他们的宫殿里已经够久了，足以让中等阶级的人瞻看、欣美。我们知道这个阶级的人数非常庞大，我几乎可以这么说，他们的数量大大超越了大人物。尽管售价比较高，我相信，让这类装饰宫殿的瓶子受到尊重，起初是有必要的，但是这个理由已经不存在了。它们的品质已经建立，而中等阶级会因价格降低而大量接受它们。[3]

从这段话可以了解约书亚·玮致活重要的行销策略。约书亚·玮致活有能力通过产品品质、产品声望、时尚诉求，采取高单价的定价策略，又能以稍微调降但又高于竞争对手的价格，囊括大众市场。约书亚·玮致活的这一决定，显然是经由成本精算、扩大产量以达到规模经济之后所采取的重要步骤。

总体来说，约书亚·玮致活采取高价位的定价策略，除非某项产品的热销期已经过了，不再能以高价的方式维持流行，或者他认为某项产品的价格与竞争对手产品的价差已经过大，否则玮致活的产品一般都属于高价位，约书亚·玮致活从来不与竞争对手进行价格的割喉战。直到生命结束前夕，约书亚·玮致活还说道："我一贯的目标，在于提升我的产品品质，而不是降低售价。"约书亚·玮致活把这种高价位做法视为行销策略的重要环节之一，正如前述，他相信使瓶子成为宫殿里受到尊重的装饰，起初订定高价位是有必要的。约书亚·玮致活的定价策略不是基于产品的生产成本，而是根据消费者愿意付出的价格，来订定产品的价格。诚如当代管理学家西蒙（Hermann Simon）所说的，价格是市场机制的中枢，定价最重要的部分在于产品对消费者的"价值"。而"价值"是一种主观感受，它"反映出顾客眼中对商品或服务的价值认知"，"顾客愿意支付的价格，就是公司能取得的价格"[4]。

约书亚·玮致活的这种定价策略，印证了当代文化经济学者对艺术品、精品行销策略的研究结果。根据荷兰学者维尔苏斯（Olav Velthuis）的解释，在这类市场中，价格与需求往往出现与经济学原理反常的现象，这是因为价格机制不仅仅是供需资源配置的系统，它镶嵌在一种"意义之网"（web of meanings）之中，由"认知联结"（cognitive associations）构成，"将价格与质量、声誉和地位关联起来，所以，价格机制也可以说是一种类似语言的符号交流系统，可以被看成是一种文化载体"[5]。就定价策略来说，价格必须稳定，以便消费者能够识别它的符号意义；另一方面，价格也必须足够灵活，

　　　　　　　　　　　　　献给皇帝的礼物

可以对不同消费族群的人呈现出不同的含义。约书亚·玮致活的定价策略已经展现出这种意义与灵活性。

迎合时尚的领航人

这种高价位的定价策略，前提自然必须建立在产品品质与时尚品位的基础上。不过，单单有品质精良的特质，只能占据有限的、专业的市场，诉求于数量少、排他性的小群体。再者，尽管约书亚·玮致活在技术与创新方面也从不懈怠，孜孜矻矻，求新求变，但这也无法维持长期的垄断优势，因为竞争对手很快就会模仿他的产品，且量大价低。每当约书亚·玮致活开发出新的技术和产品，如绿釉蔬果系列、奶油陶器系列、黑玄武、浮雕玉石，市场上接着就会出现大量的仿冒品，约书亚·玮致活寻求专利制度的法律救济途径，还是不能彻底解决仿冒的问题。所以，约书亚·玮致活根本无法单单倚赖新奇创新和品质精良维持消费者的忠诚度，博取消费者的青睐。但他又不愿意采取低价策略，进行价格战，这有损产品形象。掌握流行时尚，激发"范伯伦效应"，创造消费者对玮致活产品的价值认知，就成为他重要的行销策略。

首先，约书亚·玮致活把行销的主要目标锁定在王室、贵族、绅士、艺术家与专业人士等族群，因为他虽然对自己的产品品质深具信心，但他也了解"在许多方面，时尚永远优于产品的价值"。所以，约书亚·玮致活试图争取的，主要就是王室、贵族、艺术家与专业人士这类所谓"时尚的领航人"族群，而他的许多经营作为也都是基于这样的考虑。

王室的订单其实并没有实质性的经济效益，当时一般陶匠都不愿承接。但是，约书亚·玮致活非常清楚，他获得"王后御用陶匠"的称号，他的产品即是"王后御用陶器"，这对于他销售一般陶器就更具广告效益，更有行销说服力。约书亚·玮致活不辞辛劳、不计成本，接下俄国凯瑟琳大帝的订单，存在相当大的风险。他必须担心凯瑟琳大帝权力地位可能不保，可能拿不到款项，即使拿得到，费时又费工的九百五十二件"绿蛙餐具组"，利润也非常微薄。不过，约书亚·玮致活看上的是成交之后在整个欧陆的宣传效应。当约书亚·玮致活的精心杰作"波特兰瓶"仿制品被纳入马戛尔尼使节团出使中国的礼物清单，想必他也希望能在中国制造相同的广告效果，以便一圆美梦，借由皇帝御用的宣传效益，打开、征服中国市场。

冒着风险接下俄国凯瑟琳大帝的订单，除了考虑到宣传广告效益，约书亚·玮致活也可以借由这桩生意，强化与国内上流贵族的关系。"绿蛙餐具组"的构图，大量取材自英国的风景建筑图案，对英国的王公贵族而言，自然乐于自家的林园宅邸，作为约书亚·玮致活绘图的题材，被荣幸地烙印在俄国女皇用餐的餐具组上。除王室外，争取贵族的支持，也是约书亚·玮致活的重要行销策略。约书亚·玮致活通过成本精算，了解到贵族的"客制化订单"（made-to-order）其实是不具经济效益的（详见第十章），不过承接这类订单的好处，除同样巨大的广告效果外，借由与贵族建立关系，可以拓展王室、贵族、绅士阶层的人脉，而且还能赢得知名建筑师、设计师、艺术家的友谊。何况贵族往往拥有许多精美的古文物，可以供约书亚·玮致活研究，成为他产品创作的灵感来源。

所以，约书亚·玮致活愿意接受贵族的客制化订单，甚至以贵族的名字来为产品命名。一七七九年，约书亚·玮致活建议用"德文郡公爵夫人"（Duchess of Devonshire）作为他一款花饰茶壶的名称。他的理由是，"有助于将我们的名声传遍整个岛屿"，借由展示"我们较其他制造者受雇于更高阶层"，将大大有益于实用性和装饰性产品的销售。[6]

一旦把行销目标锁定在上流社会，约书亚·玮致活便十分重视这个阶层人士的意见。诚如前述，当重要古文物收藏家汉密尔顿爵士劝他不要在产品上镀金，即使这一建议违逆约书亚·玮致活向来的美学认知，最后他还是接受了汉密尔顿爵士的意见。同样，约书亚·玮致活也会以黑色茶壶，回应伦敦贵妇乐于衬托她们白皙皮肤的嗜好。总而言之，约书亚·玮致活非常重视上流贵族给他的善意建议。

约书亚·玮致活诉诸上流社会的美学品位，迎合他们的需求，寻求他们的建议，接受他们少量的客制化订单，目的就是要"垄断贵族的市场，因而让他的产品具有独特的差异性，成为一种社会标签，最终能够渗透遍及社会各个阶级"[7]。约书亚·玮致活的所作所为，就是要引起贵族的注意与兴趣，在贵族的引领之下，带动其他阶级的群起仿效。时尚传播迅速，由上而下，莫之能御，但是最重要的，时尚需要具展示作用且富有感染力的领航人。

有趣的是，约书亚·玮致活的这种商品行销策略，倒是与第三章提到耶稣会利玛窦在中国的传教"规矩"，有着相同的思考逻辑。利玛窦"儒化"基督教，目的就是要亲近大明王朝文化精英与上流阶级的士大夫。献钟作为"贡品"，无非就是要博取万历皇帝的好奇与兴趣，进而让万历皇帝召见他。利玛窦希望通过接近中国的士大夫、皇帝，使他们信仰耶稣基督，以便在中国与道教、佛教竞争，而达到由上而下的滚雪球效应。利玛窦宣教时争取中国士大夫、皇帝的动机，与约书亚·玮致活产品行销以贵族、王室为首要目标，道理其实是相通的，都是想要达到风行草偃的渗透效应。

推动美学时尚

　　时尚的流行，不光是由设计师一手打造的，也是商人、制造商，甚至是消费者本身联手推动的。约书亚·玮致活擅长把艺术的美学风格融入产品，商品的美学化是他产品的重要特色，操作当时艺术界盛行的新古典主义，是他重要的行销策略。在这方面，他研发出的黑玄武、浮雕玉石技术工法，把自己的工厂命名为"伊特鲁里亚"，百折不挠复制波特兰瓶，都是他努力贴近上流社会盛行的新古典主义艺术风格的表现。

　　然而，约书亚·玮致活在摹制古希腊、古罗马文物，迎合新古典主义潮流时，并非是亚当·斯密所批评的"奴性的模仿"，诚如他自己解释他复制古希腊、古罗马经典文物的原则："我只是佯装在尝试复制优美古典造型，但并非绝对卑屈。我在力图保留古典形式的风格和精神，也可以说是优雅的简洁之风，以此尽我所能引入全部的多样性。"约书亚·玮致活是以其所研发的新技术工法，来重新演绎，但是在行销时，他都会谨慎地刻意不张扬"伊特鲁里亚"在技术方面的创新。宣传时，"这类的创新，通常是被描述成'重新发现'失传的古老工艺"；同时，"强调产品的古风血统，而不是别具一格的设计"。因为，约书亚·玮致活非常清楚，"伊特鲁里亚"产品的

　　　　　　　　　　　　　　　献给皇帝的礼物

"卖点是古风而不是新奇"。从某个层面来看，约书亚·玮致活对待新古典主义颇为务实，作为一种产品的装饰风格，正如英国学者福蒂（Adrian Forty）的结论，"它（指新古典主义）在十八世纪的特殊魅力却能让现代制造方法成为时尚，从而帮助玮致活与班特利大获成功"[8]。

约书亚·玮致活不仅要让他的商品艺术化，也要让他的瓶子出现在著名画家的画布上，以吸引惊艳的目光。例如，新古典主义画派健将、皇家美术学院院长韦斯特，在他题为《不列颠制造厂》的作品中，"伊特鲁里亚"化身为古典工坊，约书亚·纬致活复制的波特兰瓶成为英国工艺巧夺天工的象征。就如同雷诺兹所画的《汉密尔顿爵士肖像》、佐梵尼的《托内雷勋爵》（Lord Towneley）画作，在杰出画家的画中，时尚的主人翁展示了他们喜爱的物品。这种联结的方式，有助于约书亚·玮致活获得艺术家和专业行家的支持，称得上是一种最为精巧、不着痕迹的宣传技术。

就像今天的制造商会找来明星名人代言产品，借由名人的光环，达到产品宣传的效果。王室、贵族、艺术行家在传统社会扮演的，就是类似流行时尚代言人的角色，总能引起社会其他阶级的效法。十八世纪初，荷兰裔英国哲学、政治经济学家曼德维尔，在其极富争议性的作品《蜜蜂的寓言》中论说：

> 在衣着和生活方式上……我们个个都在仰视社会等级高于我们的人，并竭力尽快去模仿在某个方面比我们优越的人。教区里最贫穷劳工的妻子，虽然嘲笑烫着极益健康卷发的女人，却与丈夫忍饥缩食，以便买上一件二手睡袍及衬衣。其实，那东西对她根本无用，只因它确实更显得属于上流社会。[9]

当代学者凯夫斯（Richard E. Caves）在分析艺术创意作为一种

雷诺兹，《汉密尔顿爵士肖像》

来源：Wikimedia Commons

佐梵尼，《托内雷勋爵》

来源：Wikimedia Commons

献给皇帝的礼物

商品时提到，经济学家往往忽略时尚流行对消费的影响，而时尚消费的行为是发生在社会环境中的，"买什么以及对创意产品的反应，主要取决于他们所观察到的其他人的选择。从众效应和虚荣效应就是一个例子"。在流行时尚的驯化过程中，创意产品的消费者，会不同程度地依赖评论家和鉴赏家，他们为消费者内化潜在的品位，提供产品的主观感受。凯夫斯认为，尽管创意产品的销售命运如何很难预知，然而通过社会交际能够降低感知成本传递给消费者对创意产品的评价，这种"心口相传"，对产品的最终成功是至关重要的。[10]从约书亚·玮致活以上的行销策略可以了解，他十分明白从众与虚荣效应的消费心理，并且把王室、贵族、艺术行家视为"品位的立法者"，希望通过这类人的消费行为，带动整体社会的模仿效应。

行销策略

报纸广告

一般历史学家较少注意约书亚·玮致活利用报纸作为一种行销手段。约书亚·玮致活自己也说过："如果你认为我们的销售必须通过广告的方式，否则无法进行，那我宁可不要广告。"显然，约书亚·玮致活对于通过报纸广告进行市场行销的手段十分谨慎。但是，约书亚·玮致活一时不愿意接受报纸广告的策略，主要原因是对当时盛行的"吹嘘性广告"（Antipuffado）怀有恶感。这是十八世纪英国小贩惯用的一种宣传手法，他们在报章杂志上发表匿名的、佯装公平的评论文章，实际上是在吹捧自家的产品。约书亚·玮致活认为"王后御用陶匠"不应该像小贩、摊商、庸医和其他来路不明的职业人士那样自吹自擂，有损自己的文雅形象。所以，约书亚·玮致活一直非常谨慎选用广告的方式，"他必须让他的产品广为人知，又要避免伤害他为他的产品所赢得的时尚、美妙、值得珍藏的特殊声望"[11]。然而，一方面希望扩大市场，一方面又要维系时尚品位的声望，事实上，就是以赢得的时尚声望作为一种提升大量销售的策略，这确实不是件容易的事。不过，这也是约书亚·玮致活行销策略的独到之处。

约书亚·玮致活确实也会使用报纸广告。在"绿蛙餐具组"制作完成送交俄国凯瑟琳大帝之前，约书亚·玮致活安排先将这套餐具组陈列在他的伦敦展示厅供人参观，并在一七七四年六月一日伦敦报纸《公共广告人》(The Public Advertiser)刊登启事广为宣传。我们可以看到，约书亚·玮致活的这则广告篇幅并不是特别大，也不醒目，与他的"王后御用陶匠"名号、企业规模似乎不相称。另外，他没有特别凸显这套餐具组是由俄国凯瑟琳大帝所订制的，同时也没有大肆夸张的详细描述。这种不寻常的"广告"，反映出约书亚·玮致活向来对平面广告抱持较为谨慎的态度。他一方面坦承、认可平面广告确实有效果，例如，约书亚·玮致活会通过伦敦报纸的广告，刊登庆贺他王室主顾的讯息；但另一方面，他又疑虑这种广告方式，如同他从未同意使用的"传单"(handbill)，那会让人把他与普通商贩联想到一起。除此之外，约书亚·玮致活这则广告还有不寻常之处，就在于它特别提到"贵族、绅士"，表明必须持有入场券。换言之，约书亚·玮致活所希望的"公共"展示，并不是对所有人开放，而是具有某种程度的排他性。

对约书亚·玮致活而言，这次展示的难题在于既要尽可能吸引更多潜在的消费者，又要产品具备排他性。于是，他在展示厅的陈列方式上做出一些与以往不同的巧妙安排。例如，这套"绿蛙餐具组"陈列在一楼，不过街上的行人无法通过展示厅的窗户看得见。另外，这套餐具组并不是像往常一样陈列在大型餐桌上，而是摆放在小桌子上，因此，以英国各种风景建筑画面装饰的餐具，都可以一一被仔细观赏。约书亚·玮致活这种摆设方式的用意，显示他展览餐具组的目的不是为了销售，而是要表现出他精湛的工艺与艺术，他的产品是一种巧夺天工的艺术创作。[12]

约书亚·玮致活的展示策略对贵族与绅士而言是有吸引力的。约书亚·玮致活强调餐具组的装饰图案，意味着装饰图案本身是值得观众注目的对象。对贵族和绅士来说，广告上并未提到餐具组与

约书亚·玮致活为展示"绿蛙餐具组"刊登的广告

来源：Hilary Young, ed., *The Genius of Wedgwood*, p. 121

俄国皇室的渊源，但他们不可能不知道这套餐具组是专门为俄国皇室烧制的。尤其是约书亚·玮致活所设计绘制的这些图景，主要取材自英国上流社会的豪华宅邸和林园景致。贵族与绅士，甚至中等阶级的观众，不管他们的宅邸林园有无被画进图中，都能享受领略林园建筑风景的情趣。

"绿蛙餐具组"的展览十分成功，展览期间盛况空前，成为当时伦敦一道让人叹为观止的风景。夏洛特王后驾临，瑞典国王、王后也一同出席展览，展示厅内流行时尚人士摩肩接踵，他们乘坐的马车把展示厅附近的街道挤得水泄不通。这种盛况天天上演，历时一个多月不衰。[13] 通过这种不寻常广告的"谨慎"宣传，约书亚·玮致活既唤醒，也善用上流社会时尚世界的想象，煽动、诱惑了社会其余阶级的情绪。

展示厅（Showroom）

约书亚·玮致活展示"绿蛙餐具组"的策略，其背景是十八世纪末伦敦对形形色色展览的狂热，其成功则彰显出当时的消费与商业活动已有所转变，美学范畴与观赏行为正在被建构。前文提到，皇家学会与皇家美术学院经常举办科学仪器与美术作品的展览，伦敦人已经习惯参与这类以新奇科技、物品和艺术作品为主题的展览。在十八世纪前期，"公共领域"意味着一种知识理念与公共德性的分享；不过到十八世纪中叶之后，随着都会中心"文雅文化"（polite culture）的商业化，以及中等阶级崛起对文雅文化的热衷追逐，昔日公共领域的文化样貌已经发生变化了。约书亚·玮致活对这一文化变迁的强烈感受，明显表现在"绿蛙餐具组"展览之前他陆陆续续写给班特利的信里，他在信里和班特利热烈讨论展示厅的性质，以及如何回应参观展示厅观众的种种需求。[14]

其实，十八世纪的英国商人，大多不会把时间和金钱耗费在展示商品上。许多商店没有橱柜、货架，商品通常都堆积在后面的房间，遇到有兴趣的顾客询问才会拿出来。但是，约书亚·玮致活为了提高零售的销售量，并且展示他琳琅满目的商品，特别设立了展示厅。约书亚·玮致活在信里告诉班特利，这种展示商品的方法，能够吸引并取悦女性消费者。如同当代对购物行为的研究所做的幽默提醒，尤其不能忽略女性消费者，"如果零售商或商家不能满足女人的需求，那就有可能被女人扔进达尔文的'垃圾箱'，像恐龙一样从地球消失"[15]。约书亚·玮致活在一七六七年五月三十一日给班特利的信里，细腻表达了他对市场，特别是女性消费者消费行为的敏锐嗅觉：

> 我发现我并没有跟你讲清楚，为什么需要大点的房间。这不是为了显示我们这里的存货充足，而是为了展示我们的不同风格的餐具和茶点用具。我想把这两种产品分别摆放在两排桌子上，并尽可能摆得美观、整齐而亲和，以适应女士们的胃口。我还准备用不同种类的瓶子来装饰墙面；而且无论是桌子上的，还是墙上的，每隔几天就重新摆放一次，让客人每次来，自己也好，带朋友来也好，都会感到耳目一新。如果做生意的同时也能享受愉悦，这样的效果我想我不必多言。在伦敦举办的任何展示、展览等，人们看一遍也就够了，很快就失去了新鲜感，除非展品的实用性，或者我上面提到的那些特点，仍能让他们保持关注。除了我们的陶器需要大点的房间，我也得给我们那些女士准备大点的房间，因为她们有时成群结队地来，得等上一批走了，下一批才能进。[16]

约书亚·玮致活显然了解女性的需求，时尚不仅是一种展示，也是一种实践经验，消费者可以通过对时尚的消费满足欲望，建构社会意义。约书亚·玮致活精心规划的伦敦展示厅，套用社会学家瑞泽尔（George Ritzer）的概念，可说已成为当时英国人朝拜购物的"消费圣殿"（Cathedral of Consumption）[17]。

马尔库塞（Herbert Marcuse）曾尖锐批判消费资本主义所创造的虚假需求，弱化了人的批判潜能："人们在商品中认识自己，他们在轿车、高传真音响、错层式（split-level）宅邸、厨具设备里寻找自己的灵魂。这种将个体与社会捆绑在一起的机制已经改变了，而社会的控制则建基在它所生产的新需求。"[18]但是，法国学者罗什对于消费社会似乎比较乐观："尽管存在根深蒂固的智识传统，商品并不必然会推动异化的过程；事实上，它们基本上意味着解放……消费扩张的影响不是全然消极的。""十八世纪潮流令人炫目的循环削弱了传统对社会的杠杆作用，推动了一种新的思想形态，它更具个人主义和享乐主义色彩，在任何情况下更显平等与自由。"[19]

近来社会学家与人类学家对购物的研究，已经逐渐把购物的消费行为与其长期关联的奢侈态度脱钩，而赋予购物行为一种社交意义。商店精致贴心的商品摆设与空间规划，既能醒目展示商品，同时也能作为消费者社交往来的公共空间。尤其是，十八世纪后期通过《道路法案》《照明法案》《铺路法案》，伦敦公共建设焕然一新，[20]道路宽敞，行人有专用的通行道，渐渐地店家与人行道连成一片，给市民散步与购物提供了一个公共空间，更增添购物的乐趣。根据社会学家桑内特的说法，到了十八世纪中叶，在伦敦，"作为一种社会活动的街头漫步，获得了前所未有的重要性"[21]。

消费者并不是商品所创造意义的被动接受者，相反地，消费者通过日常生活的决策与行动在商品上创造属于自己的意义。这就是法国学者德塞托所谓"消费的战术"（tactics of consumption），他强调消费者通过商品建构个体性、自我实现、抵抗、创造性的自我。[22]十八世纪的英国消费者，和今天一样，在购物时也都怀有不同的动机、感受、策略。他们尽管可以通过邮购方式买到商品；精英阶层也可以派遣管家、仆人去和商店店员周旋，讨价还价，甚至还可以通过代理人到海外购买特殊的商品，然而，对消费者来说，出门购物的重点之一，就是要借机与亲朋好友进行社交往来。特别是女性，她们长期被禁锢在家庭里，除非她们以消费者的身份出现，否则就很难进入外在的世界。所以，购物就成为女性重要的公共生活，是女性自我解放的一种方式，她们借由购物活动离开家里，在行程中拜访朋友，与其他人互动。商店成为她们外出活动、与朋友互动的公共空间，她们在商店里浏览、徘徊、交谈、邂逅。约书亚·玮致活在规划展示厅空间时，还特别把展示厅内的购买柜台，与其他浏览区、社交区做出分隔，以迎合、适应这种购物行为的社交功能。[23]

善用社会议题

简·奥斯汀的小说《曼斯菲尔德庄园》（*Mansfield Park*）中有段情节，寄人篱下的女主人范妮，因拒绝演出伤风败俗的戏剧而烦心，于是拿起马戛尔尼的日记（刘半农翻译了这本日记，书名为《乾隆英使觐见记》）浏览解闷，幻想到中国旅行。马戛尔尼勋爵衔命出使中国肯定是轰动英国社会的公共事件，小说家简·奥斯汀想必也知道这则新闻，因而把这件事情写进她的小说里。马戛尔尼使节团将约书亚·玮致活复制的波特兰瓶列入祝贺乾隆寿辰的礼物清单，自然抬高了玮致活产品的身价和地位。约书亚·玮致活本人很擅长利用公共事件为其产品造势，甚至将其产品操作成为一种社会议题。

举例来说，海军上将凯佩尔（Admiral Keppel）被政敌诬陷，受到法庭审判，最后无罪释放，这件案子轰动英国社会。案发后，约书亚·玮致活随即写信给班特利，请他复制凯佩尔的肖像，声称他的销售员说预计可以销售几千个"凯佩尔"。约书亚·玮致活还复制了不少同时代的名人肖像，如演员兼剧作家盖瑞克、知名文人约翰逊博士、化学家普里斯特利、以演出莎翁戏剧著称的女演员萨拉·西登斯（Mrs. Siddons）、库克船长、连同约书亚·玮致活其他系列的名人头像，包括希腊人、罗马人、诗人、画家、科学家、历史学家、政治家，都有在市场上出售。在约书亚·玮致活的"历史陈列室"中，这类头像非常热卖。不过，历任教宗头像产品除外，或许是因为罗马教廷与英国本地信仰有所冲突，所以不受欢迎而导致滞销，但是，约书亚·玮致活还是设法把教宗头像外销到天主教信仰的区域。[24]

约书亚·玮致活还通过他的商品视觉形象来回应社会舆论，操作大众关心的公共议题，其中最为著名者，或许要属他对废除奴隶运动的响应和支持。

欧洲国家的帝国主义扩张，特别是英国，主要仰赖历史学家贝克特（Sven Beckert）所谓"战争资本主义"（war capitalism）作为后盾，以强大的国家机器和军事力量为凭借，进行殖民主义的扩张和剥削，并通过非洲奴隶的跨洲贸易以补充海外殖民地劳动力的稀缺，从而创造广大和弹性的棉花、糖等原物料的供应网络，为英国的纺织、糖等全球化商品奠定基础。[25]其中，奴隶贸易对于像棉花、蔗糖这类劳力密集型产业而言，其重要性与气候、土壤、资本不分轩轾。然而，到了十八世纪末，英国许多知识分子开始发起反对奴隶贸易运动，对奴隶制度的残酷剥削展开激烈的批判。

首先，宗教团体如贵格会，率先建立了一个有效的压力团体争取废除奴隶贸易，继之卫理公会教徒等也加入声援的行列。随后，曾经亲身参与奴隶贸易的人士，挺身出面控诉奴隶贸易的不人道。例如，曾是奴隶船船长的约翰·牛顿（John Newton），经历过戏剧性的宗教感召和皈依，忏悔过去的所作所为，除创作流传至今仍脍炙人口的圣歌《奇异恩典》（*Amazing Grace*），他还在一七八八年出版了《反思非洲奴隶贸易》（*Thoughts Upon the African Slave Trade*）一书，控诉奴隶贸易的残酷。约翰·牛顿本人的宗教救赎经历，就是

海军上将凯佩尔

约书亚·玮致活
名人系列浮雕头像

来源：The Metropolitan Museum of Art

酒神

凯瑟琳大帝

来源：Brooklyn Museum

库克船长　　　　　　　　　　伊丽莎白一世

来源：The Metropolitan Museum of Art

奥兰治亲王威廉五世及其妻

来源：Rijksmuseum

　　　　　　　　　　　　　　献 给 皇 帝 的 礼 物

废奴主义最强而有力的宣言与见证。英国的废奴主义者还进一步利用视觉图像来宣扬他们的理念。例如，废奴主义者设法取得一张满载奴隶的"布鲁克斯号"（Brookes）结构图，船顶、船侧、船尾挤满四百八十二名奴隶，紧密排成行列，让人看了不寒而栗。废奴主义者将这幅"布鲁克斯号"结构图印制了几千份海报，在英国各地张贴，报纸、书籍、小册子上也都可以看到这幅图画。

当时伦敦废奴协会还设计了一款黑人套上枷锁的图像，用以宣传废除奴隶贸易的主张，约书亚·玮致活的陶瓷厂复制了这幅图案，聘请著名艺术家斐拉克斯曼设计黑人浮雕像，并配上以下文字："难道我不是人，不是兄弟？"一七八八年，约书亚·玮致活把浮雕像寄送给人在费城的富兰克林。[26]在费城，约书亚·玮致活所复制的黑人浮雕像仿佛就是废奴主义者的"时尚"表征，被做成手链，或用黄金镶在鼻烟盒上作为装饰。不久，这一流行也在一般民众之间蔓延开来，在首饰和杂志上都可以看到这一图像，达到了宣传废奴理念

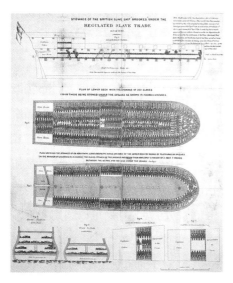

（左）奴隶船"布鲁克斯号"结构图
（右）伦敦废奴协会设计的黑奴图像
来源：Wikimedia Commons

的效果。[27]

约书亚·玮致活和他的合伙人班特利，都怀抱人道主义情怀，主张废除奴隶贸易。他们创造新的商品图像响应废奴主义运动，不能说是全然基于商业利益和行销操作的考虑。不过，他们的商品贴近社会运动，揭橥、融入人道主义的价值理念和关怀，自然有助于提升他们整体的企业与商品形象，就好比一九九〇年代，服饰品牌贝纳通（Benetton）通过广告，塑造、宣扬跨族群和谐的企业关怀。

海外市场的行销

约书亚·玮致活产品的外销，反映出英国经济结构的转变。整个十八世纪，特别是十八世纪中叶之后，国际贸易占英国整体商业活动的比重愈来愈高。在一七〇〇至一八〇〇年间，英国的总体进口量攀升了500%，再出口（进口到英国后再出口）则是250%，同时，出口增加了560%。这种贸易比重的变化，反映出英国经济结构的转型正在持续进行中。在出口比例方面，农产品的比重大为滑落，一七五〇年，英国已经是一个粮食净进口国了。反之，制造业的出口，在这一百年之间增长六倍。一七七〇年代后，欧洲人仅消费了三成，其中，北美大陆、西印度群岛几乎占了一半，其余则是流向印度、爱尔兰和远东地区。[28]

约书亚·玮致活对其产品的国际市场十分敏感，征服海外市场既是他的雄心壮志，也是企业发展不得不然的结果。巴黎是欧洲当时的时尚之都，一七六九年玮致活的产品开始外销法国，约书亚·玮致活几乎无法遏抑他的激动情绪："你真的能想象我们可以完全征服法国市场？伯斯勒姆人征服法国？我的血液流动快速，一想到竞赛，我就会觉得我的力量在增强。……我的朋友，我们可以利用我们流行的瓷器占据他们的心，用古典的优雅单纯征服他们。"两年后，当销售盛况不再，国内市场饱和停滞，对于堆积如山的库存，约书

约书亚·玮致活复制的黑人浮雕像

来源：Brooklyn Museum

亚·玮致活的结论是："只有外国市场"可以让存货"在我的容忍范围内"。[29]换言之，随着工厂愈来愈有效率，产品大量生产，或者英国市场停滞不前，海外市场就成为消化产品的新出路。

一七六四年，约书亚·玮致活收到了第一张海外订单，到了一七九〇年，他已经将产品销售到欧洲各大城市。当时，相较于人口不到三百万的美洲大陆、人口不到八百万的国内市场，欧洲人口已达二亿，且自一七七二年之后人口持续稳定成长，欧洲成为玮致活产品的主要出口市场。不过，在一七六〇年代期间，玮致活产品的出口主要流向英国的海外殖民地。

为了攻占海外市场，约书亚·玮致活采取主动出击的做法。一七七一年，约书亚·玮致活不请自来，把产品寄给一千位德国的王公贵族。其中，每件商品包裹里附带玮致活产品的宣传和一张"账

大不列颠出口区域分布（%）

	欧洲	非洲	美洲	亚洲	澳洲	总计（千英镑）
1784-6	39	4	37	14	-	13614
1794-6	23	2	49	15	-	24028
1804-6	33	2	48	7	-	41241
1814-6	44	1	42	6	-	48002
1824-6	35	1	41	11	-	39906
1834-6	38	2	45	13	2	46193
1844-6	40	2	34	22	2	58420
1854-6	32	3	36	19	9	102501

资料来源：Nuala Zahedieh, "Overseas Trade and Empire," in Roderick Floud, Jane Humphries and Paul Johnson, eds., *The Cambridge Economic History of Modern Britain, Volume 1, 1700-1870*, p. 413

单"单据。约书亚·玮致活的这一策略，就是所谓的"惯性销售"（inertia selling）——亦即尚未得到订购通知之前就发货给潜在的买主，如果对方不退货就表示成交——有纪录可查的最早范例。依据每件商品包裹成本二十英镑计算，这一销售策略的成本高达二万英镑（约等值公元二〇〇〇年的一百八十万美元），约书亚·玮致活其实冒着相当高的财务风险。不过，正如约书亚·玮致活自己所说："我们知道要有所得，就会有风险，做生意没有什么是绝对确定的。"

这类产品包裹往往附有约书亚·玮致活的亲笔信函，表达他的恭维之意，并宣扬自家的产品，希望能够获得对方的青睐，下述是他写给一位法国公爵的信：

> 我了解法国人对英国货的品位，我想阁下也会原谅我，未经允许就给您寄来完整的一套仿古茶壶和花瓶。这套器具仿的是希腊、罗马或伊特鲁里亚的风格，可以用来装点居室。器具所用材料产自在英国女王亲自关心下新近开设的工厂，为此，这种产品也叫女王牌陶器。给阁下寄来的这套，跟俄国女皇订制的那套完全一样，丹麦国王与波兰国王也都各自订购了一套。既然王族对这些器具如此喜爱，我想阁下您也不会不喜欢的。[30]

学者南希·科恩（Nancy F. Koehn）认为，这是一次成功的赌博，他选择的顾客绝大部分都购买了玮致活的产品。而约书亚·玮致活的这一销售策略虽是一种豪赌，但也并非盲目下注，他的胜算并不全然仰赖运气的眷顾。约书亚·玮致活在海外市场复制了在英国本地的行销策略，同样是通过王室贵族购买他的产品，带动当地人的模仿消费。诚如约书亚·玮致活所说："我希望在与西班牙进行贸易时能善用他的天主教徒陛下——如果他的臣民发现国王使用我们的产品，西班牙的贸易就是我们的了。"[31]

以约书亚·玮致活经营俄国市场的经验为例，我们可以大致了解他的海外行销策略。一七六八年，约书亚·玮致活前往伦敦拜会卡斯卡特爵士（Lord Cathcart），这次拜会开启了未来他与俄国贸易的契机。卡斯卡特爵士是英国驻俄国大使，一七六八至一七七一年驻节圣彼得堡，勋爵夫人简·卡斯卡特（Jane Cathcart）是约书亚·玮致活好友、重要赞助人汉密尔顿爵士的姐姐。卡斯卡特爵士夫妇俩对玮致活产品也都十分感兴趣，他们在圣彼得堡安顿之后，约书亚·玮致活马上就把自家的产品寄给卡斯卡特爵士夫妇。

简·卡斯卡特在信里告诉约书亚·玮致活，俄国宫廷对玮致活产品的反应十分正面："我很高兴让你知道，今年你的订单将会十分成功。收到的每一件都完好没有破损，威尔登（Weltden）先生告诉我，女皇陛下对于所完成的委托十分高兴……我看了几件，认为它们在各方面都做得相当出色；威尔登先生会告诉你女皇陛下收下了你寄给我作为样本的所有瓶子和餐具，她非常喜欢。我本人也觉得很自豪，你将会收到这个国家推崇你产品的各大业者的大批订单，你会发现还有远从莫斯科而来的需求……"[32]英国驻俄国大使的引介，显然已经产生了约书亚·玮致活所预期的效果。在凯瑟琳大帝的许可下，约书亚·玮致活开始洽商俄国首都最有影响力的商人，提出合作销售玮致活产品的计划。

从约书亚·玮致活给班特利的信件显示，为了抢占俄国市场，他打算让他的"王后御用陶器"、奶油陶器，更符合俄国人的品位与嗜好：

> 让它比目前的更黄一些，但不是你在店里看到的那种暗褐色的黄；我的目标是尽可能像稻禾色的那种亮度……这会是俄国人和某些德国人想要的东西。[33]

至于浮雕玉石，由出生于苏格兰的建筑师卡梅隆（Charles Cameron），为凯瑟琳大帝位于"沙皇村"（Tsarskoye Selo）皇宫的房间所设计的新古典主义装饰风格，震撼了女皇陛下的宫廷，连带也推升了对玮致活浮雕玉石产品的需求。

通过卡斯卡特勋爵大使居间牵线，约书亚·玮致活打通了宫廷的关节，建立了广阔的人脉，调整产品的色调符合当地人的美学癖好，同时还克服了重重障碍，如恶劣气候下的货物运输、语言沟通的隔阂、关税的壁垒等。到了十八世纪末，约书亚·玮致活已经把大量旗下的产品出口到俄国市场，缔造了非凡的商业成就。其中，令约书亚·玮致活尤其感到自豪的，无疑是来自凯瑟琳大帝的两笔订单：一是一七七〇年的"赫斯科餐具组"（Husk Service）；一是一七七三年的"绿蛙餐具组"。尔后，约书亚·玮致活的伊特鲁里亚厂甚至还成为俄国人游览欧洲时的参观景点。

从对俄贸易的例子可以看到，像卡斯卡特勋爵这类驻外使节的引荐，是约书亚·玮致活切入外国市场的最佳管道，这也是约书亚·玮致活博取王室支持以及和贵族、上流社会建立关系的另一项理由。约书亚·玮致活在英国已经享有极高的知名度，名声也传到欧洲大陆，通过寻常商业管道或者中间商进入外国市场，虽然其产品的高品质能够引起消费者的瞩目，不过其产品相对较高的价位还是令消费者望而却步，所以约书亚·玮致活仍需要借助其他行销策略来穿透欧洲市场。在这种情况之下，以俄国为例，最有效的管道就是通过英王陛下使节的引荐，打动王室与上流社会时尚人士的心，来诱发当地模仿消费的效应。

在国际市场行销时，约书亚·玮致活也会雇用巡回销售员使用商品型录的方式，推销自家的产品。早在一七七二年，约书亚·玮致活就想出刊行商品型录的点子，并在一七七三年出刊他的第一本装饰性商品型录。在一七七四年商品型录一篇题为《浮雕、凹雕、纹章、半身像、小雕像、浅浮雕型录及对古文物之外瓶子和装饰品的一般解析》的文章中，约书亚·玮致活运用了模仿的艺术。他讨论了四种不同种类的商品，即陶瓦、黑玄武、白瓷和浮雕玉石，并以这些为材料，援用古文物和古典题材，制作浮雕、凹雕、纹章、半身像、小雕像、浅浮雕。[34]写字桌是依据新的、沉稳的结构制作而成的。半身像、雕像、灯、烛台、装饰用瓶子、浅浮雕是采用模仿自浮雕玉石、斑岩、卵石与其他石头制作的。约书亚·玮致活声称，黑玄武耐得住滚热炉火而不受损，像天然石头一样优雅又能抗强酸。白瓷则有着白蜡一般光滑的表面，但又能预防各类酸性的腐蚀。历史学家博格形容："玮致活的商品型录是现代奢华的精致范本。它宣传古代的奢华、瓶子、宝石、珍贵宝石，但也形同展示了最新材质与技术的现代性。"[35]

不管是攻占英国本地市场，或者在海外贸易中，约书亚·玮致活种种行销策略的思考逻辑，大体上是一致的，也就是主要行销目标，锁定在王室贵族等上流社会族群，通过他们的消费示范作用，打开玮致活产品的声望并开拓产品市场。不论使用哪种概念来形容约书亚·玮致活的行销策略，例如"模仿消费"、"从众效应"（bandwagon effect）、"滚雪球效应"、"展示效应"、"渗透效应"等，其实就是学界在探讨消费需求时所称的"范伯伦效应"。社会学家范伯伦说道：

> 在现代文明社会里，社会层级之间的分界线，已愈来愈模糊及飘忽不定，而且在这种情况下，上层阶级所设定的博取声誉准则，就得以轻易延伸其强制性影响，贯穿整个社会结构到最底层阶级。其结果是每一阶层的成员，把上一阶层的时尚生活方式作为其礼仪的理想境界，并且竭尽所能按照这个理想来生活。[36]

用玮致活浮雕玉石装饰的边桌

来源：Walters Art Museum

用玮致活浮雕玉石装饰的写字桌

来源：Rijksmuseum

用玮致活浮雕玉石装饰的写字桌

来源：The Metropolitan Museum of Art

献给皇帝的礼物

消费既决定了社会身份，同时也表达了社会身份。对法国思想家鲍德里亚（Jean Baudrillard）来说，商品不仅仅是实用性的东西，"它具有一种符号的社会价值"，消费不像经济学的"去文化"分析所言，仅仅满足了个人的经济需求，它同时还具备"散播声望和彰显等级的社会功能"，"商品和物必须是为社会等级的显现而生产和交换"。[37]

因此，根据鲍德里亚对消费与商品的社会文化分析，模仿消费、复制贵族商品品位，就是对上流社会符号垄断权力的一种挑战，而模仿的问题，不仅仅是美学的嗜好，同时也是一种社会权力的问题，它意味着对贵族垄断、控制符号权力的争夺。尽管如此，对鲍德里亚而言，时尚与时尚的消费，其实反而意味着盲从潮流的"社会惰性"。"它自身迷失在时尚之中，迷失在突然地、同时也是经常循环地变化着的物、服饰、观念之中，就此而言，时尚自身成为社会惰性的一个要素，变动的幻象增加了民主的幻象。"时尚，打开了一个本杰明（Walter Benjamin）所形容的"幽幻世界"[38]，创造了一种平等的幻影。鲍德里亚指出，这是一种自我欺骗的错觉，"时尚不过是那些试图最大限度地保持文化的不平等以及社会区分的有效机制之一，通过在表面上消除这种不平等的方式来建构不平等"[39]。

实业家约书亚·玮致活，与思想家范伯伦、鲍德里亚，都洞悉消费心理的深层结构与流行时尚的社会文化效用。差别只在于，范伯伦、鲍德里亚对消费的炫耀性以及流行时尚作为阶级社会区分的符号性，冷嘲热讽、痛加批判，而约书亚·玮致活却善用这种消费心理机制，通过定价与行销策略，把它付诸商业实践，创造他的时尚王国。

第 十 章

约书亚·玮致活与工业资本主义

穷得像教堂的老鼠。

———

约书亚·玮致活

会计精算能力

伊特鲁里亚厂开始营运之后，玮致活生产的装饰用产品与它的"王后御用陶器"一样闻名。约书亚·玮致活与班特利非常谨慎地督导他们的产品线，为了避免积压库存，严格控制各类风格瓶子的产量，同时维持它们的稀有性和珍贵性。诚如前述，玮致活产品的新古典主义风格设计，通过装饰的多样化，让它的产品具有衍生性。

虽然玮致活有各类型产品，这家公司最受欢迎的是装饰性的瓶子。一七六九年，这类瓶子的需求量激增，出现"狂热的瓶子疯"（violent Vase Madness）现象，约书亚·玮致活注意到伦敦产品展示厅，"瓶子疯狂被抢购，我们必须更加努力，尽可能去取悦这种普遍的激情"。装饰用瓶子的热销，让公司出乎意料，一七六九年底，约书亚·玮致活写信给班特利，告诉他"腾出所有可能的人手到瓶子产品部门"。约书亚·玮致活说他可望卖出一千英镑（约等值公元二〇〇〇年时的九万八千美元）的装饰用瓶子。两个月内，约书亚·玮致活满足了这一订单的需求，但公司仍然无法喂饱伦敦总体需求量的胃纳。尽管约书亚·玮致活全力生产，简化产品装饰的流程，并指示某些产品以厂内的动力引擎

　　　　　　　　　　　　　献给皇帝的礼物

车床而不是手工生产，还是无法彻底消化堆积如山的订单。

到了一七六九年底，玮致活公司突然遇到了严重现金流不足的问题，让约书亚·玮致活措手不及。玮致活在原料、工资以及其他开销方面耗费超出预期的成本，却没有及时收回应收账款以支付迅速增加的生产成本。于是，约书亚·玮致活催促班特利赶快"收款、收款"，并"派出所有人员去工作"。一七六九年结束时，尽管公司生产超过一万二千英镑的产品，反而负债四千英镑，约书亚·玮致活哀怨地形容自己："穷得像教堂的老鼠。"[1]

面对财务危机，约书亚·玮致活的解决方法是全面分析企业生产瓶子的成本结构，这一努力的成果是约书亚·玮致活制作了"工艺价格书"（Price Book of Workmanship），罗列生产瓶子的各项成本，包括生产原料，付给童工、零工、簿记员、仓库等人事和租金支出，偶发事件、意外事故和瑕疵造成的耗损及零星费用等项目。约书亚·玮致活全面分析成本结构之后，他最重要的发现是"固定成本"（fixed costs）与"变动成本"（variable costs）的差别。他提醒班特利特别留意制造成本大部分来自塑模、租金、燃料与店员薪资。"想想，"约书亚·玮致活说，"这些开支的速度就像发条装置，不管所生产产品的数量是多还是少，所支出的金额都是一样的。"换句话说，不论产量多寡，固定成本是不变的，不过，商品的产量愈多，每单位生产的固定成本就会愈低廉。

在这种情况下，他开始修正早期积极争取特殊订制的策略。像这类订单，往往费工、原料成本高，但在产出方面又无法大量提高。所以，约书亚·玮致活告诉班特利，尽量不要承接约书亚·玮致活所声称"独一无二"（Uniques）的订单，亦即所谓"客制化订单"，除非是像一七七四年俄国凯瑟琳大帝的订单本身具有广告、行销的庞大附加价值，值得不计成本冒险承接生产。相反地，约书亚·玮致活开始提高某些类型产品的产量，以达到"规模经济"的优势。约书亚·玮致活也延缓某些装饰用产品的生产流程，在市场景气低迷时降低库存，严格控制销售与行销的成本。

根据会计学者简·格里森-怀特（Jane Gleeson-White）的研究，约书亚·玮致活对公司成本结构的分析，是利用"复式"（double-entry）簿记法的原理来分析商业账目，并应用会计资料引导商业策略和从事决策的一项例证。[2]

复式簿记法之前即盛行于文艺复兴时代的意大利。帕乔利（Luca Pacioli）是意大利的僧侣，达·芬奇的朋友，擅长数学。他在一四九四年发表生平最重要的数学著作，内容大部分与几何学相关，不过，其中有一部分记述了意大利的复式簿记技术，套用耶鲁大学金融史家戈兹曼（William N. Goetzmann）的说法，尽管对比其余部分显得平淡无奇，然而，正是这部分使得帕乔利被奉为"会计之父"，名垂千古。[3]

社会学家韦伯与桑巴特在讨论西方世界独有的资本主义现象时，都认为所谓"理性的"或"科学的"记账方法，在西方现代资本主义发展过程中发挥了重要的作用。韦伯指出，"资产核算是作为经济规划的一种基本形式而产生的"，"是为了获取利润的理性经济所特有的一种资本运筹方式，其目的在于评估与核实可以获得利润的机会以及相关获利行为的成功率"[4]。桑巴特甚至认为："无法想象，如果没有复式记账法，资本主义会是什么样子的？"[5]对于韦伯与桑巴特而言，只有通过这种复式记账法，资本主义社会那种对于利润与亏损、行为的理性化、买卖的非个人化才有存在的可能性。

我们并不清楚约书亚·玮致活的会计精算能力，是得自他曾经受过数学、会计相关的训练，还是他天资聪颖、自学而成。不过，根据经济史家的结论，可以肯定，"在一七〇〇年前后的英国，关于数学计算的法则和知识已经在相当大范围内传播开来，其广度绝非此前的两个世纪可比"[6]。各类算术教材在书籍市场上极为畅销，这间接反映出当时英国社会热衷提升算数能力，而学习算数的目的非常实际，无非就是要把这项能力转化成一种谋生的工具。尤其当时简单易用的阿拉伯数字已经取代繁复晦涩的罗马数字，算术教材中列举许多贸易与商业活动的计算实例[7]，随着英国商品经济的日趋发达，英国人学习算数的兴趣相应也就愈发浓厚。培养计算能力，也可以说是一种"人力资本"的提升。

一七七〇年代初，是伊特鲁里亚厂开办以来最困顿的时期，约书亚·玮致活以他卓越的会计和算术能力渡过这场财务危机之后，更为看重经营的成本结构分析，同时也影响了他日后的企业管理方法和定价策略。

例如，在承接俄国凯瑟琳女皇的订单时，约书亚·玮致活接获报告说需要两千幅风景和建筑物的图画，"成本大约每幅画0.5基尼（彼时英国发行的金币）……把它画在瓶子上价格更高，至于边框、瓶子的价格等，报告人无法说清楚，只是粗略估算完工价不低于三百或四百英镑，工时不会少于三或四年"。约书亚·玮致活并不满意这样的答复，于是请他再精确核算。因为，约书亚·玮致活从成本精算过程中学到了教训，让他了解到学徒的劳动成本仅是成人劳工的三分之一，尚未成为学徒的男女童工的工资更低廉。雇用论件计酬的工人，显然成本是主要的考虑，而他对各环节薪资成本的估算总是巨细靡遗。其次，成本精算的可信度不仅影响他对薪资的给付、产品数量、技术的选择，同时也能显示出他的利润应该有多高，为何耗费三倍、五倍，甚至六倍的生产时间，却无法实现预期的利润率。由于生产成本、库存增长和利润规模不成比例，约书亚·玮致活从伊特鲁里亚厂调派他信赖的斯威夫特（Peter Swift）到各地分店进行查账，抓出铺张浪费、挥霍无度的不法职员。[8]

"转业不聚财"

博尔顿的"苏活"、约书亚·玮致活的"伊特鲁里亚"都是英国当时最现代化的典范工厂，以规模宏大、技术精良而著称。所以，时常有外国顾客要求参访，这也往往造成博尔顿、约书亚·玮致活的困扰，因为他们永远没有把握，这些参访的外国来宾是不是工业间谍，会不会窃取他们的技术机密。博尔顿本人就有切肤之痛。一七八〇年，法国皮耶尔（Perier）兄弟就从苏活厂窃取技术，在巴黎近郊设立夏洛特工厂（Chaillot works），试图生产蒸汽机，尽管还是无法威胁到苏活厂在这方面的龙头地位。[9]约书亚·玮致活的伊特鲁里亚厂里，也有法国工业间谍隐身其间。一七八二年，伊特鲁里亚厂引进博尔顿与瓦特研发的蒸汽机，用来磨碎燧石。一七八〇年代中期，法国工业间谍造访伊特鲁里亚厂，即在报告中形容工厂和工人居住的村庄就像个小城镇，并"盛赞"伊特鲁里亚厂简直是一种"组织上的奇迹"[10]。

约书亚·玮致活也感受到法国人正在利诱伊特鲁里亚厂技术工人出走，把生产技术转移到国外的竞争威胁。一七八三年，约书亚·玮致活撰写了一本小册子，题为《致陶瓷业工人书，谈为外国制造业者服务》。约书亚·玮致活在序言中引述成语"滚石不生苔，转业不聚财"，谴责受高薪利诱到国外工作的工人，认为他们最终会比离职时更为穷困潦倒。"这些法国业主一定不会获利，只要我们可以把比他们的商品更价廉物美的商品外销到法国。而既然他们的工资加倍，我们一定不难做到这一点。"[11]换言之，约书亚·玮致活认为，法国陶瓷业的劳动成本因而提高，玮致活的产品享有价格优势，必定能够击垮法国同业的竞争。况且，法国陶瓷业业主肯定会利用英国技师训练本地学徒，法国学徒一旦学会了英国人的技术，这些

博尔顿的苏活厂

来源：Wikimedia Commons

玮致活与博尔顿合作制造的产品

来源：Walters Art Museum

英国技师就有可能被弃之如敝屣，或不再享有高薪的待遇。事实上，后来法国业主给英国技师的薪资，确实并不如英国业主给的高。

除了技术工人向国外业主泄漏技术机密，讽刺的是，创业之初靠模仿中法陶瓷起家的约书亚·玮致活，企业成功之后，在技术与设计风格方面也同样饱受仿冒剽窃之苦。约书亚·玮致活自然可以寻求法律救济，而当时英国确实也有专利权的制度规范可以提供法律途径的保护。

当代制度学派经济学家、诺贝尔经济学奖得主诺思（Douglass C. North）重视产权保护措施对英国经济成功的贡献作用。他认为国家最主要的功能就在于确保契约的履行和产权的保护，并主张英国工业革命的诞生，正是得力于产权保护的激励，使得英国的经济组织运作更为有效率。"制度环境的改进将会鼓励创新，使私人报酬率趋近社会报酬率，鼓励与赏金提供特定发明的诱因，但并未提供智慧财产权的法律基础。专利法的发展提供了这样的保护。"根据诺思的研究，英国体制变革造成的经济成功，历史可以追溯至光荣革命之后。[12]

英国专利权概念的初始本义，其实与现行法律对发明人权利的认知是完全无关的，它指的是"可以授予某些人生产某种特殊商品或提供某种服务的专享权利"。英国王室之所以愿意授予这种"排他性的商业专营权"，是因为此举可以为征税权受到议会掣肘的王室，带来可观的收入，还可以进一步鼓励各国技术精湛的工匠向英国移民，执业时又不必受英国行会制度的约束，也算是一种鼓励科学研究和促进商业发展的工具。再者，专利权也可以用来酬庸派系，以交换忠诚与现金。伊丽莎白一世在大臣塞西尔（William Cecil）的襄助下，使这种专利权的授予已经到了一发不可收的地步。[13]

一五九八年，伊丽莎白一世颁给宠臣达西（Edward Darcy）专利证书，让他拥有在英格兰生产、进口、分销"纸牌"的独占权利。

有学者认为，伊丽莎白一世或许是不希望她的子民整日游手好闲玩扑克牌，所以在不禁止的情况下对纸牌的生产销售进行管制。不过，无论如何，达西因为垄断了纸牌的生产与销售而大发利市、发财致富。三年后，商人艾连（Thomas Allein）因进口纸牌被达西告上法庭。针对"达西诉艾连"案（Darcy v. Allein），法庭判决认为：当一个人没有能力改进"缺乏创新的纸牌创造贸易"时，国王不可以为了个人的私人利益授予垄断专营权。虽然这一裁决在过了二十年后才正式成为法律条款，不过为英国首部专利法奠定了法理基础。[14]

一六二四年，大律师柯克（Edward Coke）被任命为英格兰皇家首席大法官（Lord Chief Justice of England），奉命起草《垄断法》（*The Statute of Monopolies*），法条规定，国王可以给予特许经营权的情形限于能够为国家带来发明创造，禁止其他各种形式的垄断权利。结果，根据当代学者诺思与罗伯特·保罗·托马斯（Robert Paul Thomas）的评价，这部正式由议会通过、拥有持久效力与强制力的法律，"剥夺王室的垄断权，还将一个鼓励真正创新的专利制度在法律中制度化"[15]。有趣的是，在"达西诉艾连"一案中，柯克其实是达西的诉讼代理人，不过柯克反对垄断经营权的理念其实是人尽皆知的，他认为这种垄断权让英格兰工匠付出高昂的代价，影响了英格兰劳工的就业机会。诉讼案被驳回，或许反倒让柯克松了一口气，一方面他已经尽了律师应有的职业道德，一方面诉讼的失败结果也让他得以保全服膺的理念。

日后，亚当·斯密显然是赞成柯克的观点的，他同样看到这种专利垄断的后遗症。亚当·斯密在《法理学讲义》（*Lectures on Jurisprudence*）中主张，知识产权确实是一种真正的权利，专利制度是一个人可以赖以为生的一种"独占权"。亚当·斯密认为，尽管专利权"从前曾增进了国家的利益，但就现今来说，对于国家都是不利的，一个国家的财富在于价廉而量多的粮食，但上述垄断和专利的结果却使每一个东西的价格变得昂贵……受到最大损失的乃是大众，一切东西都不像从前那么容易得到，而一切工作也不会做得像从前那样的好"[16]。

然而，英国有了专利权的法律与制度，并不像诺思的理论所设想的，就自然而然能鼓励英国人的创新，带动英国的工业发展。问题不是法律条文本身，而是在申请专利权的程序。[17]例如，根据英国专利权制度，申请专利权并不是免费的，申请人必须支付一百英镑的手续费用，约等于当时一个体面的中等阶级人士全年的收入，这还不包括前往伦敦皇家专利局的旅费、住宿费等开销。而这一百英镑的专利保护只局限于英格兰地区，如果申请者想要让适法范围涵盖爱尔兰、苏格兰，手续费用则超过三百英镑。除此之外，申请专利的手续非常冗长，英国法官（尤其是在一八三〇年之前）对专利申请人通常都有先入为主的敌意，认为他们是贪得无厌的垄断者。[18]值得一提的是，诚如弗里斯的解释，英国秉持普通法，是一套判例法体系，法官的自觉认知与解释，在审判过程一直发挥关键性的作用。[19]况且，在十九世纪三十年代之前，许多发明家甚至认为申请专利是一种有失体面的行为。难怪经济史家莫基尔在分析英国专利权的发展之后会问道："这幅美好画卷错在哪里？"（意指诺思认为英国专利权制度刺激创新，带动英国的经济成长。）答案是："几乎一切都是错的。"[20]

另外，我们从英国蒸汽机制造史也可以了解，专利权往往成为一种阻挡他人进入该行业领域的恫吓，并不能完全鼓励技术创新。诚如前文的描述，瓦特与博尔顿便是借由延长专利权，防止竞争者染指蒸汽机市场。而在他们之前，外号"矿工之友"（miners friend）的萨弗里（Thomas Savery），将他第一代蒸汽机的专利权，从一六九八年延长至一七三三年，即使他一七一五年过世，专利权仍然有效。所以，纽科门对蒸汽机的改良、营运，就必须与萨弗里生前成立的公司分享利润。十九世纪中叶之前，英国的专利权制度并不是那么友善、容易申请，而约书亚·玮致活就曾历经处理侵权的挫折，从此就不再申请专利了。

寻求法律途径的救济门槛高，徒法又不足以自行，但约书亚·玮致活还是以富有创意的方式试图解决这类问题。十八世纪中期，英国并不存在现在所谓"品牌行销"的概念与策略，仅少数奢华精品如"奇彭代尔"（Chippendale）[21]设计的家具产品，是以制造者而闻名。直到一七七〇年，除少数陶瓷厂如"切尔西"例外，大部分陶匠都还不会标示他们的产品，一般都是以符号或所在地作为辨识产品的标志。一七八〇年代末，约书亚·玮致活把自己的名字印在尚未受火的黏土上。所以，他的产品不像其余厂牌，比较不会因为仿冒而受到伤害，因为每一件产品，即使是仿冒品，也都是在宣传约书亚·玮致活的名声。一七七二年，不论是装饰性或实用性产品，约书亚·玮致活都开始烙印他的名字。借由这种方法，约书亚·玮致活希望杜绝仿冒行为，另一方面也开始有系统地建立自己的品牌，以维持消费者对其产品的忠诚度。

现代化工厂管理

约书亚·玮致活就像英国早期成功的工业家，如博尔顿、被誉为"英国工厂制度之父"的阿克莱特（Richard Arkwright）[22]，对工人的

约书亚. 玮致活肖像

来源: Wikimedia Commons

管理和训练都非常强势。雷诺兹笔端的约书亚·玮致活肖像，看起来容貌优雅，五官线条柔和，像是一位慈祥的长者。但是，真实的约书亚·玮致活，行事严谨、一丝不苟、作风凶悍，常常让他的工人心生畏惧。约书亚·玮致活本人对此也心知肚明——"我的名字对他们来说如同有震慑作用的稻草人，这群可怜的家伙，原本谈笑风生的他们，一听说玮致活先生来到镇上，马上就会感到寒意。我们初次见面时，连我自己都会感觉到他们像是见到了魔鬼。"[23]

约书亚·玮致活严厉的管理风格，某种程度上，也可以说是不得不然的结果。约书亚·玮致活出身陶匠家庭，自然熟悉斯塔福德郡当地陶瓷工坊的日常生态。当时，陶匠经常为了参与节庆、参加市集而旷职，或者酩酊大醉，两三天无故不到班，或者为了斗鸡嬉戏、上酒馆喝酒，恣意丢下手边的工作。上班不守时、工作没有纪律的情况司空见惯，已经是这个行业的常态。[24]陶匠师傅经营的作坊一般规模不大，通常只有七八位陶工与学徒，作业时往往单凭经验法则，生产方式和工序安排既不经济也不科学，工作态度懒散。陶匠向来自由惯了，很难轻易被约束。所以，管理工人便成了约书亚·玮致活发展事业的严峻挑战，因为他所要抗衡和杜绝的，是几世纪以来根深蒂固的工作传统。

劳动分工

就传统简易陶瓷业的家庭作坊来说，十几个陶匠在同一车间工作，怀有相同的利益，从事技术层次不高、简易的工作流程，管理起来问题不大。但是，当传统的作坊演变成现代工厂制度，需要管理上百位的工人，他们各自拥有不同的专业技能、不同的气质脾性，要让他们共同在一个可以运作的流程中工作，这就是一大挑战。

约书亚·玮致活认为最有效率的管理与生产方法，就是进行劳动分工，区分不同的生产流程。通过对不同的工序进行统一管理，同时将工序进行专业化的分工，以改进生产品质，提升生产效率。这种劳动分工的做法与程序，并非约书亚·玮致活率先发明的。事实上，经济学家亚当·斯密在《国富论》一书中，即以大头针厂为例，证明了劳动分工有助于生产效率的提升。资本家可以借助企业内部的精细分工，利用工人的不同专业技能，提升整体生产力与获利的能力。然而，在陶瓷业方面，约书亚·玮致活引进、深化既有的观念与做法。他打破传统家庭式作坊惯常的工作流程，在他的伊特鲁里亚厂，根据产品的种类，把工作细分成不同的车间来进行，而每个车间，再根据所需要的专业予以分工，划分出不同的工种：

> 生产陶瓷产品工序的逐渐增加，像其他行业一样，导致了明显的劳动分工。最早采用专业化原则的约书亚·玮致活，在他的伊特鲁里亚工厂里，根据产品的不同功能而分成不同的车间：实用器皿、装饰用品、墨绿瓷器、黑色瓷器等。在一七九〇年，大约有一百六十名工人被安排在"实用器皿"车间工作，并被分为以下几种工种：泥釉工、黏土搅拌工、陶坯旋制工以及从属于他们的帮工，还有盘子制作工、碟子制作工、凹型器皿冲压工、盘碟旋工、凹型器皿旋工、搬运工、素坯炉司炉、

浸制工、釉干燥炉的装炉工和司炉、女彩磨工、彩绘匠、上釉工和镀金匠，等等；此外，还有运煤工、造型工、制模工、烧箱工和一个桶匠。[25]

这种细腻繁复的分工流程，容易让人联想到法国耶稣会传教士殷弘绪对景德镇陶瓷窑厂专业化分工的记述，尽管景德镇与伊特鲁里亚厂的工序并不相同。[26]

约书亚·玮致活根据专业分工的原则，重新建构工厂生产制度。为了让这样的制度顺畅运作，约书亚·玮致活还必须进一步训练工人，好让他们能够适应这套新的工序流程。对此，套用约书亚·玮致活的说法，他必须满足两大目标：首先，"把艺术家训练成仅仅是普通人"；其次，要"让人这部机器不会犯错"。[27]

约书亚·玮致活一旦采取这样的专业分工制度，马上就面临画匠与制模工不足的问题。约书亚·玮致活必须招聘仅有绘画经验的人，但这也只是权宜之计。约书亚·玮致活认为："只有少数好手能以我们所需要的风格作画。……我们必须培养好手。除此之外，别无他法。我们已经超越其他制造厂向前迈开大步，我们必须训练符合我们目标的能手。"[28]工厂的营运不容耽搁，约书亚·玮致活开始招募一些女性，让她们从事简易的描边绘图工作。另外，约书亚·玮致活还让老手重新招收学徒。[29]最后，他甚至采取更积极的行动来克服人手短绌的窘境。约书亚·玮致活明白，重新训练老手，也只能勉强解决眼前的问题，无法一劳永逸。至于这些老师傅，他们往往故步自封，执着于老方法，无法成为一流的画匠或制模工。他们总是牢骚不断，无法接受约书亚·玮致活设定的新标准，抗拒约书亚·玮致活希望他们娴熟的新技术。于是，他兴起创办绘画学校的想法，自己培养青年人，让他们的能力足以胜任大量且繁复的绘图、制模工作。一七七〇年代初，约书亚·玮致活开办了绘画与制模学校，到了一七九〇年代初，工厂总数二百九十个工人之中，有四分之一是学徒，在这群年轻艺术家与陶匠之中，十分之一是女性，对照其他同业，这个比重算是相当高的。[30]

不过，开办绘画学校培育绘画人才，虽然是梦想与雄心的展现，但终究是一种缓慢的过程，缓不济急。所以，约书亚·玮致活有时也会延揽身价昂贵、在其他领域成就不凡的著名画家。在这方面，约书亚·玮致活虽然不是率先将工业与美学结合的实业家，却是英国第一位将严肃艺术与大规模工业生产结合的科学实业家。然而，问题在于这些艺术家天赋异禀，多才多艺又气质个性殊异，往往会衍生出许多管理上的难题。约书亚·玮致活起初聘请他们到伊特鲁里亚厂工作，但是他们心高气傲，很难适应单调的工厂制度。有了不愉快的经验后，约书亚·玮致活便少用这类画家，只是单纯购买他们的作品或者委托他们从事设计。如此一来，他们可以不必接触工厂的工人，把作品直接卖给约书亚·玮致活，按件计酬。约书亚·玮致活就能一手控制全部的生产流程。

恃才傲物的画家有时也不得不向约书亚·玮致活的审美判断低头。当英国社会觉得古典主义的全裸人像格调太过"煽情"，希腊神祇的热情过于张扬，这些艺术家也会屈服、接纳约书亚·玮致活的意见，稍微遮掩异教徒裸体人像的"粗鄙无礼"——女性用袍子，男性则是多画几片无花果叶子。[31]

聘请艺术家设计产品纹饰图案是约书亚·玮致活的大宗成本来源，而利用转印技术的创新，有助于约书亚·玮致活大幅降低装饰性产品的成本。所谓"转印"，是指把印刷图案从铜版转移到纸上，再从纸上转移到陶瓷产品上的过程。这项技术最早是一七五〇年代初由爱尔兰雕刻匠布鲁克斯（John Brooks）发明的。他为"以雕刻、蚀刻、铜版磨刻之铅版印在陶瓷上的方法"申请专利，不过全都遭到驳回。原因就出在伯明翰的玩具商。在玩具这一门英国当时流行的奢华生意领域，转印在上漆的物品中使用行之有年。汉考克（Robert Hancock）这位伯明翰的雕刻匠，把转印技术引介到堡区、伍斯特地区。就在同一时期，利物浦匠人萨德勒也开发出台夫特陶的转印技术。

就像手工装饰一样，转印技术也非常仰赖艺术家，转印商人到处寻猎铜版磨刻与图像设计。而约书亚·玮致活与萨德勒、格林转印技术的互补结盟，就像约书亚·玮致活与博尔顿的合作，是陶匠与其他奢华行业建立网络的一个明显例子。[32]

时间的规训

要让工人像机器一样不会犯错，就必须让他们遵守工作纪律，这是约书亚·玮致活的一大难题，因为，这形同对抗几世纪以来该行业的传统工作态度。约书亚·玮致活的解决方法，首先是通过时间的严格规训，来培养工人的工作纪律与规律。

对比于其余陶匠，约书亚·玮致活早年的创意，表现在摒弃传统的号角声，改以钟声提醒陶工时间，尔后他的工厂就是以钟声而闻名。同时，约书亚·玮致活还依据时间订定作息：早上四点半，发出预备声响；八点半，吃早餐；九点开始召集陶工上工，直到最后一声钟响，所有的人都不见踪影。除了钟声，约书亚·玮致活另外聘雇了所谓的"工厂监工"（clerk of manufactory），他们的主要职责就是确保工人准时出勤的纪律：早上最早到工厂，然后安排到班工人的工作事项——鼓励那些总是准时到班的工人，让他们知道厂方有注意到他们规律的工作习惯，时时赞许他们，用送礼物或者其他适合他们年龄、具有标示性的东西，使他们与较不守秩序的工人区别开来；同时，还要标记出未按规定时间上班的人，如果他们未依规定时间上班，便要计算他们旷职的时数，依此扣减他们的薪资，如果他们是论件计酬，经过反复警告还不思改善，就把他们开除。

此外，约书亚·玮致活还设计出一套称得上是最原始的"打卡制度"，并且提议在宿舍悬挂告示牌依序列出所有工人的名字，以不同颜色的标志记录他们的到班时间。约书亚·玮致活的伊特鲁里亚厂，最鲜明的特色在于钟声，然后就是时钟。伊特鲁里亚厂工人的薪资单上，也都标记他们到班、下班、用餐的时间。十八世纪的陶匠总是在脏乱不堪、没有工作效率的环境中，依据笨拙的规则工作，混乱、浪费总是和工人如影随形。为了改善工作环境，培养细心的工作态度和习惯，约书亚·玮致活还颁布了有关陶匠和工厂管理的种种细则，严禁工人带酒进入工厂、攀爬厂房大门、在墙上涂鸦猥亵文字、殴打监工——凡是殴打管理人员，则一律开除，等等。约书亚·玮致活通过时间控制来规训工人的工作纪律，大幅改善了工人的工作态度与环境。[33]

约书亚·玮致活这套时间管理制度，证实了英国历史学家汤普森的研究成果，即时间导向是工业资本主义最重要的特征。[34]社会学家芒福德（Lewis Mumford）甚至认为："现代工业时代的关键机器不是蒸汽机，而是时钟。"时钟除了是现代技术发轫阶段一种精确而自动的机械，更重要的是，"它把时间和人们具体活动的事件分离开来，帮助人们建立这样一种信念，即存在一个独立的、数学上可以度量其序列的世界，这是数学的专门领域"。这种时间意识非常独特，在人们日常生活经验里并不存在。芒福德解释道："人类生活有自己的特殊规律，脉搏、呼吸都与人的情绪和人的活动有关，每小时都在变化；对于长达几天的时间间隔，人们往往不用日历加以测量，而是用其间发生的一些事件来度量。如牧羊人用母羊生小羊的时间来度量。"对现代生活与社会组织而言，时钟时间可以与社会活动区隔，它是抽象、可分割、可以由测量计算方式统一的时间。借由时间规训而产生的规律，是工业社会机械文明的最主要特色。[35]

事实上，约书亚·玮致活的管理方法虽然纪律严明，但他的出发点还是在于改善工人的工作态度与工厂环境。约书亚·玮致活生长在英国自由主义萌芽的社会，从各种传记的记载也可以了解，在他的人际关系网络之中，像普里斯特利等月光社的友人，都怀抱改良主义的理念，他所涉猎的著作如卢梭、潘恩（Thomas Paine）、马尔萨斯等人的作品，塑造了他有关社会的理念。他认为社会是粗鄙、污秽、无能与浪费的，但期望能改善它。约书亚·玮致活同样认为人自由但纯朴，可以通过教育改善，甚至可以臻至完美。

所以，为了工人着想，必须严格训练他们。约书亚·玮致活替工人规划一种不放纵的生活形态，他们不能为了过节而奢侈铺张，严禁他们工作三日但酗酒四天。通过时间的规训，时钟成为他们的"新偶像"，这个偶像结合了注意力、规律与服从。工人丧失了往日放纵的自由，以及传统的生活形态，在约书亚·玮致活的新世界里，不容许工人狎妓嬉戏、饮酒作乐、斗鸡赌博。约书亚·玮致活的作风虽然带有浓厚的家长色彩，但他的人道主义关怀让他体认到劳苦大众的生存权利，他为工人的孩子创立学校，为他们的健康开办医院，为他们的遗孤建造归所。在伊特鲁里亚厂，工人的衣、食、住、行更为舒适，获得大幅的改善。

在同时代人眼中，约书亚·玮致活是个"优雅的实业家"，伊特鲁里亚厂的工作条件十分诱人，俨然"天堂"一般。在那个年代，对于工业与工厂仍怀抱着浪漫主义的想象，艺术家彩绘它们，科学家礼赞它们，诗人把它们视为启发灵感的缪斯。在这种进步的氛围里，工业与工厂被认为是克服贫穷落后，超越农业社会的重要手段，是通往繁荣与文明的康庄大道。在约书亚·玮致活的友人画家赖特的眼中，现代工厂"高耸的堡垒似建筑在夜晚从上到下都灯火通明，为那些有闲暇置身事外并公正思考其内在意义的旁观者提供了激动人心的新观点"。他为工业家阿克莱特的纺织厂所绘制的夜景，一排排小黄灯，在山谷的黑暗乡村中闪烁，甚至带有几分违和的诗意。[36]

关于工业与工厂的进步性，约书亚·玮致活在对陶匠演说时，信心满满地说道：

> 我请你们问问自己的父母亲，描述他们先前所认识的我们这个国家。他们会告诉你们，这个国家人民的贫穷程度，超乎你们现在的想象，他们住的是破旧的棚屋，土地贫瘠，人畜吃的是没有营养价值的食物。这种情景，我相信也是实情，对比这个国家目前的状况，工人的收入是先前的两倍，他们居住的是新颖且舒适的房舍，土壤和道路等环境，明显顺畅，改善迅速。这些变化是从什么时候开始，又是什么原因造成的？你们会跟我一样承认事实确凿，不容任何人否认，工业是这种欢愉的根源，指导有方、长期不懈的勤劳努力，不管是主人或者仆人的，造就了我们国家面貌的美好改变，它的建筑、土地、道路，以及即便目前让人无法忍受的种种现象，我必须说，还有居民的态度与仪表也是一样，受到先前漠视我们国家之人士的关注与推崇。过去这些促成我们改善的相同、值得称许的方法，究竟还能使得改善达到什么境界，这将会是我这一生最有趣的沉思。[37]

尽管约书亚·玮致活的豪言壮语表达了对工业资本主义的强烈信心，但是工人们并未心平气和赞许、接纳他的雄心壮志，抱怨声还是不绝于耳。

十八世纪英国的工业化剧变，不可避免地引发了社会的动荡。一七七九年，工人因为抗议使用机器剥夺了他们的工作权利，阿克莱特的纺织厂等遭到工人捣毁，由于担心动乱蔓延，最后导致军队的介入镇压。不过，工人反对机器的暴动还是持续不断。[38]对此，约

赖特，《夜晚的阿克莱特纺织厂》（*Arkwrights Cotton Mills by Night*）

来源：WikiArt

献 给 皇 帝 的 礼 物

书亚·玮致活的合伙人班特利特别撰写了题为《采用机器生产来减少雇工量的效益和方法——与相关人士的通信集》的小册子，文中虽然承认使用机器确实会导致雇工量的降低，但他还是谴责捣毁机器、制造骚乱的工人，都是鼠目寸光之辈，不能明白劳动生产率提高之后，将增强英国产品在国际市场的竞争力，这也就意味着将会创造更多的就业机会。[39]

十八世纪末，约书亚·玮致活也在伊特鲁里亚厂安装蒸汽机设备。但是，在陶瓷业，"陶瓷厂主要用蒸汽动力来调配和研磨原料"，不久，"开始把蒸汽动力用于驱动车床和其他机器设备，但这算不上是一场革命"。使用机器生产，对陶瓷业工人就业的影响，不如阿克莱特的纺织业那么深远。况且，约书亚·玮致活的创新，推动了斯塔福德郡的陶瓷业发展，在他有生之年，让家乡陶工的就业机会增加了五倍之多。[40]

伊特鲁里亚厂工人的不满，主要针对的是工厂制度的强制性分工。他们觉得训练枯燥乏味，行为准则过于严苛，有的工人拒绝服从监工的指令，几乎所有工人都对依附市场力量起起落落心生怨怼。这种种不满导致伊特鲁里亚厂工人发动抗议，与约书亚·玮致活产生冲突。约书亚·玮致活事必躬亲，以身作则，尽管截肢，甚至因工作量负荷过重而差点导致眼盲，他也总是尽心尽力投入工作。不过，管理作风强悍的约书亚·玮致活，从不畏惧使用惩罚的手段，他相信自由，但不是暴动的自由。一七八三年，面对伊特鲁里亚厂工人的暴动，他招来军队予以强力镇压，有两个人被逮捕、判刑，其中一人后来被绞死。[41]

这类的暴动总是让约书亚·玮致活感到既震惊又不解。他自认是个仁慈的雇主，他为工人提供宿舍，为他们提供健康保障；他打造的伊特鲁里亚厂是整个英国陶瓷业的典范。他在组织、生产、行销方面的创新，不仅为个人创造了惊人的利润，同时也推动、提升家乡斯塔福德郡的陶瓷业，为当地创造大量的就业机会。约书亚·玮致活总是期望他的工人忠诚、守时、有纪律，以回报他的心血和努力。然而，遗憾的是，在他有生之年，约书亚·玮致活似乎都不能明白，套用卢梭的说法，为何工人仍然不满意他们与伊特鲁里亚厂订定的"社会契约"（social contract）。

或许，约书亚·玮致活应该更透彻钻研他所推崇的卢梭。卢梭的父亲是日内瓦的钟表匠，依据卢梭的自述，他的父亲伊萨克（Isaac）是个拥有知识涵养的"匠人"，他给孩子讲解天体运行和哥白尼的学说，还讲了宇宙学的基本知识。他们父子一同阅读母亲过世后遗留下来的小说。到了一七一九年冬季，卢梭七岁时：

> 母亲的藏书看完了，我们就拿外祖父留给我母亲的图书来读……里面有不少好书……勒苏厄尔的《教会与帝国历史》、博叙埃的《史界通史讲话》、普卢塔克的《名人传》、那尼的《威尼斯历史》、奥维德的《变形记》、封特奈尔的《宇宙万象解说》和《已故者对话录》，还有莫里哀的几部著作。[42]

在摇曳的烛光下，父亲伊萨克一边修钟表，卢梭一边琅琅读书。

卢梭一生坎坷，母亲因生下他而过世，他由父亲一手抚养长大。卢梭的父亲就像年轻时的约书亚·玮致活，饱读群书、求知若渴。他一方面修理钟表谋生，一方面自学，广泛涉猎哥白尼、塔西佗（Gaius Cornelius Tacitus）、格劳秀斯（Hugo Grotius）等人的作品。伊萨克健全的工作与生活形态，很容易让人联想到马克思在《德意志意识形态》（Die deutsche Ideologie）中对未来乌托邦社会的想望，人可以"在上午打猎，下午钓鱼，傍晚放牧，吃完晚饭后就可以进行各种批判"，而不必受制于职业分工的切割与局限。

卢梭的床边读物不是童话、神话，他的父亲用天文学、史学、文学、法理学来哺育他。然而，在工业资本主义时代，随着工业社会的分化、专业分工现象的崛起，像伊萨克这样全才的能工巧匠，他们的生存正受到社会结构转型的威胁。诚如法国学者高兹（Andre Gorz）关于劳动分工的研究，"资本主义技术史可以解读为直接生产者地位下降的历史"[43]。卢梭虽然遭到父亲不负责任地抛弃，但身为日内瓦钟表匠人之子，卢梭想必十分清楚，在工业资本主义之下，现代工厂劳动分工对匠人地位、尊严、生计所造成的打击。卢梭童年时期，在摇曳烛光下咀嚼吸收启蒙的知识，日后化为《爱弥儿》、《社会契约论》、《论人类不平等的起源和基础》（*Discours sur lorigine et les fondements de linégalité parmi les hommes*），揭示、批判了"现代性"过程中文明进步与堕落、自由与钳制的辩证关系，以及专业分工造成的心灵偏狭。

约书亚·玮致活的伊特鲁里亚厂，实施的就是一种服膺理性主义的管理制度，但在这种工作"经济理性"的主导下，工作内容愈来愈零碎、单调，工人虽然赚得工资，获得生活保障，但同时也失去了工作的创造性意义。就如同马克思在《资本论》著名段落中的论点：

> 蜘蛛的活动和织工的活动相似，蜜蜂建筑蜂房的本领使人间的许多建筑师感到惭愧。但是，最蹩脚的建筑师从一开始就比最灵巧的蜜蜂高明的地方，是他在用蜂蜡建筑蜂房以前，已经在自己的头脑中把它建成了。劳动过程结束时得到的结果，在这个过程开始时就已经在劳动者的想象中存在着……同时，他还在大自然中实现自己的目的，这个目的是他所知道的，是作为规律决定着他的活动方式和方法的，他必须使他的意志服从这个目的……除了从事劳动的那些器官紧张之外，在整个劳动时间内还需要有作为注意力表现出来的有目的的意志。而且，

> 劳动的内容及其方式和方法愈是不能吸引劳动者，劳动者愈是不能把劳动当作他自己体力和智力的活动来享受，就愈需要这种意志。[44]

事实上，最能与马克思、恩格斯《共产党宣言》革命号召产生热烈共鸣的群体，就是像伊萨克这类的匠人。这类匠人拥有较好的教育和见识，往往居住在城市的中心，同时在空间上也可以自由流动，周游列国。德国诗人海涅（Christian Johann Heinrich Heine）提到过，他在巴黎各个街头角落都可以听到德语，因为当时约有三万名日耳曼匠人就住在巴黎。[45]

某种程度上，像约书亚·玮致活、卢梭的父亲伊萨克，他们都是从事机械艺术创造的匠人，他们身上都"怀有"作品，他们有能力将创意化为具象的现实，赋予创作的意义。就像汉娜·阿伦特（Hannah Arendt）以文学创作为喻，指出"活的精神"（living spirit）还是必须依托、物化成"死的文字"（dead letter），"只有死的文字再次跟愿意复活它的生命发生联系，活的精神才能从死亡中被拯救，虽然这样的复活，就像所有的生命体，还会再次死亡"[46]。这种生生不息的创造过程和形式，赋予他们职业一定的社会定位，他们在工作中传承知识，形成集体的归属感。然而，在专业分工的新形态工作结构下，伊特鲁里亚厂的工人，大概已经无法成为年轻时代那位既精通科学实验，又有美学涵养的约书亚·玮致活。约书亚·玮致活的工厂管理方法，让人的思维工具化、身体机械化，虽然创造了高超的生产效率和规模经济，但相对也扼杀了孕育另一个约书亚·玮致活的可能性。

过去，欧洲机械论宇宙观把自然和上帝的关系比喻成钟表与钟表匠。社会学家桑巴特说："如果现代经济理性主义是一个像时钟那样的装置，就需要有某个人在那儿拧紧发条。"[47]在这段话语中，桑巴特显然已经让"实业家"取代了机械论宇宙观中"上帝"的位置。当实业家在对时钟偶像顶礼膜拜，他们是以一种敲击棺材盖的节奏衡量着流逝的每一秒钟的，约书亚·玮致活或许忘了自己成长与发迹的过程，工人创意的酝酿、发酵，就像作家的心灵，自己会寻求出路，根本无法倚靠一丝不苟的工作纪律和严丝合缝的流程来进行。诚如在二十世纪科学化管理盛行的时代，西班牙画家达利（Salvador Dalí）以超现实主义作品《记忆的永恒》（*La persistencia de la memoria*）发出嘲讽：时钟只会让时间玷污了永恒，而隽永的创作和工作的意义，只能存在于对永恒本身的追求过程中。

后 记

根据经济史家的统计，自十八世纪初以来，英国人的人均所得增长了十六倍，对于英国前所未有的经济繁荣，很意外地，同时代的经济学家，似乎并未意识到这种翻天覆地的经济变化。今天，当我们谈论十八世纪的经济史，英国的工业革命必然占有无与伦比的地位，但是，工业革命的重要性，似乎并未反映在当时的经济研究文献上。

在那个年代的英国，任何经济研究文献所触及的议题，不论是农业、财政或者商业政策，都不是以工业革命为脉络来进行探讨的，更遑论提到丝毫的"革命"意义。就连英国当时政治经济学的"三大家"——亚当·斯密、马尔萨斯、李嘉图，也都并未意识到英国经济飞跃发展的现实。诚如熊彼特（Joseph A. Schumpeter）对这些古典政治经济学家昧于经济实情的讽刺，"生活在前所未有经济开始腾飞的时代……眼中却只是没有出路，为了每日的面包同挥之不去的衰退艰难抗争的经济"[1]。原来，经济学家一贯对经济现实无感，不仅无法预测诸如二〇〇八年金融海啸这类的"黑天鹅现象"，就连经济空前荣景也同样没有感受的能力。

相较于政治经济学家对十八世纪英国经济成就的盲

目，历史学家吉朋对英国的未来，更带有一丝迷惘与不安的悲观。根据吉朋的自述，他便是徜徉在罗马废墟之中沉思，形构了那部被誉为"十八世纪英国史著最高杰作"的《罗马帝国衰亡史》。庞然"废墟的魅力"，齐美尔如此形容，"在于人类的工程和大自然的杰作混为一谈；废墟的当下形象，是大自然力量的展示，这种毁灭力是在向下发展的"[2]。或许，就是身处在古典帝国的废墟中，强烈感受到无比威力的毁灭力量，让吉朋在大英帝国丢掉美洲殖民地的时候，联想到罗马帝国衰退的议题，呼应了他对大不列颠可能步上罗马帝国衰败后尘而感到的忧虑。启蒙运动理性时代所孕育的"进步观"，在这个时候的英国思想家之间，似乎还未理所当然形成一种坚定信仰，对英国未来前景的忐忑，恰恰就体现在吉朋对罗马往昔的凭吊与深深迷恋上。[3]

十八世纪英国的政治经济学家、历史学家并未感受到英国经济现实的巨变，或许是他们太过执着在货币、价格、价值与帝国倾颓的探讨与分析，因而忽略了翩然而至的科学文化传播与科技进步所带动的社会和经济效应，这些现象已经在他们眼前确确实实发生了。学者对现状的无感是可以理解的，因为就如同前述，今天所称之的英国"工业革命"，首先诞生在像伯明翰、斯塔福德郡等少数几个区域，从纺织、陶瓷、冶金等个别产业孕育而出。所以，反倒是地方上少数具有敏锐观察力的实业家，能够嗅到经济趋势排山倒海的潜在变化。一七六七年，约书亚·玮致活写信给好友、合伙人班特利时说，"革命即将到来"，并敦促他"必须参与、从中获利"[4]。

约书亚·玮致活对技术创新所带动的经济发展与社会进步，显然要比同时代的英国政治经济学家、历史学家更深具信心。约书亚·玮致活的事业之路并非一帆风顺。英国与美洲新大陆交恶造成北美市场的危机，或者英国消费者捉摸不定的时尚品位，或者伊特鲁里亚厂工人散漫怠惰的传统工作作风、工人的败德劣行，抑或者公司财

　　　　　　　　　　　　献给皇帝的礼物

务的窘绌，甚至是个人残疾所造成的行动不便等，这种种主客观、国内外的经营困境，他都必须一一去克服。

尽管如此，约书亚·玮致活一直怀抱着对社会进步的坚定信念，他的管理哲学，也反映出他的进步观。约书亚·玮致活毕生服膺"改善"原则，不肯轻易解雇犯错或罹罪的员工，希望给予他们改过向善的机会。"慈善的方法或许让我们可以期待，经由冷静的反省，他能体认过去行为的愚蠢与危险，他还是有机会被教化的。"约书亚·玮致活去信班特利，解释他针对不法资深职工的处理原则时说道："假如他四处流浪，完全丧失人性的尊严，可能从此陷入绝望，再也无法挽救了。"5

期待未来道德、心智，甚至身体健康可以获得"改善"，一直都是玮致活公司能够稳定成长背后的原动力，它源自约书亚·玮致活对启蒙运动进步观的拥抱，是这家公司的一种"乌托邦信仰"。基于这一信念，约书亚·玮致活许诺他的职工更美好的生活，他为职工提供宿舍、补助职工子女接受教育，甚至还给予职工当时堪称是创举的福利，即职工与其家人享有医疗保险与死亡津贴。约书亚·玮致活尤其关注职工的身体健康。当时，陶瓷业的职业病阴影笼罩着伊特鲁里亚厂，厂里的工人很容易罹患"陶匠的腐烂"（Potter's rot，即硅肺病〔silicosis〕）而死亡。约书亚·玮致活得知好友普里斯特利在进行开创性的氧气气体实验，甚至寄望普里斯特利的研究成果，可以成为治愈"陶匠的腐烂"的灵丹妙药。

有位伊特鲁里亚厂的访客写信给约书亚·玮致活，盛赞伊特鲁里亚厂的景观仿佛就是"天堂"。如此美誉或许太过夸大，但不可否认，这样的美好景致是约书亚·玮致活一生追求的目标。就像约书亚·玮致活那群月光社的朋友，尽管身份有别，他们中有实业家、发明家、医生、自然哲学家，但他们怀抱着共同信念，认为社会是可以经由不断改善而臻至完美，自由、勤勉、美德的相互扣连，推动了政治、科学、工业的"革命"发展，能够从根本上改造整个世界，建立乌托邦的未来。就这一观念取向来看，相较于亚当·斯密、马尔萨斯、李嘉图、吉朋，约书亚·玮致活、班特利以及那帮月光社的朋友，更称得上是启蒙运动之子。

不过，约书亚·玮致活还是始终无法明白，也常常感到气馁，他对工人付出了人道主义关怀，却得不到工人的相应回馈。这或许是因为约书亚·玮致活虽然敏锐感受到"革命"即将到来，但还是无法预见熊彼特著名的说法"创造性的破坏"（creative destruction）[6]，创造性有时是会以破坏为代价的。约书亚·玮致活也没能领会到让他热爱的法国思想家卢梭一辈子为之纠结、晕眩、苦恼的"现代性悖论"。哲学家黑格尔说，"密涅瓦（Minerva）的夜鹰，总是在夜幕低垂时才振翅起飞"；浸淫在启蒙进步观的约书亚·玮致活，仍然无法超越时代的历史吊诡，预先洞见伯曼（Marshall Berman）所谓的"发展的悲剧"（The Tragedy of Development）。

伯曼跳脱文学的评论，以现代性批判的视角，解读德国大文豪歌德的《浮士德》（Faust）鸿篇巨帙，他认为《浮士德》是第一个也是最好的一个"发展的悲剧"。根据伯曼的分析，《浮士德》最富创见的观念之一，是认为自我发展的文化理想，与迈向经济发展的现实社会动能之间往往存在着亲近性（affinity）。而浮士德与我们终将会发现，现代人自我发展的唯一途径，就是根本改造我们生活其中的整体物质的、社会的、道德的世界。歌德笔下的主人翁，成为英雄的道路，是将受压抑的人类潜能释放出来，结果他所开创的各种伟大发展，智识的、道德的、经济的、社会的，都使人类付出惨痛的代价。伯曼认为，这就是浮士德与魔鬼关系的意义：

> 人类力量的发展，唯有通过马克思所称之为"未开发世界
> 的力量"，这种黑暗、恐怖的能量，可能是一种不受人类控制的

毁灭性力量。[7]

约书亚·玮致活的"伊特鲁里亚"正是这种社会现代化发展的缩影。约书亚·玮致活着眼于经济的工具理性，通过专业分工的生产效率，释放出工人庞大的生产潜力，不过，这同时也扼杀了工人的工作尊严、乐趣和创意。对工人来说，通往"天堂"之路，是由"试炼"铺设而成的，生产效率就像是与魔鬼的可怕交易。这一"发展的悲剧"难题，让约书亚·玮致活不解、抑郁、失望，两百多年后，它也同样困扰着鸿海集团旗下的富士康[8]，持续成为现代企业管理理论与实践的棘手课题。

十八世纪英国旅客坐船航行在特伦特河与默西河的运河上经过伊特鲁里亚厂，总会对玮致活现代化工厂的景观感到印象深刻。一七九五年，约书亚·玮致活与世长辞的那一年，医生兼作家艾金，这位约书亚·玮致活早年在沃灵顿不奉国教派学院结识的友人（见第一章），行经伊特鲁里亚厂，目睹了壮观的现代化景象，他提到，伊特鲁里亚厂"生产了目前几乎是全英国最精致的陶瓷器，如今已经成为大量出口的贸易产品，它们被认为是国家艺术、工业、商业的象征，堪称是这个王国最重要的制造品"[9]。约书亚·玮致活以他的创新工艺，让玮致活的产品成为英国的骄傲、优雅与功能兼备的艺术品。他的产品打破了中国瓷器独领风骚的局面，征服了欧洲与美洲新大陆市场，即使到了二十世纪，依然受到白宫与克里姆林宫的青睐。[10]到了二十一世纪，尽管作为一种商业组织的公司形态，玮致活公司总是会随着经济局势的潮起潮落而经历重组、转型、改造，但是，无论如何，约书亚·玮致活的产品已经被镶嵌进英国经济与文化的历史，成为英国人工艺美学的荣耀象征。

本书不是传统意义上的传记，虽然它大体上还是追寻约书亚·玮致活的生命足迹。它也不算是关于东、西方陶瓷器发展的综述，尽管它同样触及了陶瓷器的全球贸易流动、工艺创新、美学品位与消费行为。本书的叙事主旨，在于讲述约书亚·玮致活的奋斗人生，他毕生奋斗所要追求的目标，我认为，就是约书亚·玮致活自己所说的，"以惊奇震撼世界"。而约书亚·玮致活用以震撼世界的，不仅仅是他的工艺产品，还有他那充满韧性的生命历程。

约书亚·玮致活千折百转的人生，自然有其内在的人格条件——他执着于追求完美，不屈不挠，以及外在的客观环境，如英国的经济发展，社会购买力的提升，甚至，还存在偶然性的机缘，譬如坠落马车送医诊治，意外结识了引领他走向启蒙世界的终生好友兼合伙人班特利。约书亚·玮致活的新古典主义产品一向以"简约"的优雅而著称，但我手上没有"奥坎的剃刀"（Occams Razor）[11]，让简约散发优雅的美感从来就不是我所擅长的，况且我也认为约书亚·玮致活建立事业王国的故事情节，其实并不该那么简约，值得细细咀嚼。约书亚·玮致活不可思议地建立事业王国的关键，如工艺技术的创新、灵巧的行销策略、有效率的生产管理、丰沛的社会资本，我认为都必须一一放置在英国的科学革命的文化与传播，商品的美学资本主义、知识交流的公共领域、消费主义潮流以及商业观念翻转的社会与文化脉络中加以检视，才能够被理解。人都是时代的孩子，所以，对于人类创造性活动，我个人始终认为马克思在《路易·波拿巴的雾月十八日》（*The Eighteenth Brumaire of Louis Bonaparte*）中的那段名言是经典的阐释，而这段话对于理解约书亚·玮致活的一生成就，甚至懊悔、迷惑也同样适用：

> 人们自己创造自己的历史，但是他们并不是随心所欲地创造，并不是在他们自己选定的条件下创造，而是在直接碰到的、从过去承继下来的条件下创造。一切已死的先辈们的传统，像梦魇一样纠缠着活人的头脑。

　　　　　　　　　　　　　　　献给皇帝的礼物

在本书酝酿、写作的过程中，我受惠于许多人有形、无形的协助，如果没有他们的慷慨善意，我是无法以一己之力独立完成本书的。

首先，我要感谢世新大学成嘉玲荣誉董事长、世新大学舍我纪念馆周成荫馆长对我的鼓励。成嘉玲荣誉董事长的领导风格，与约书亚·玮致活令人敬畏的严谨迥然有别。成董事长曾经告诉我，优秀的领导人，要懂得"大事聪明，小事糊涂"的艺术，才能游刃有余地掌握组织的方向，又有空间让部属自由挥洒，培养部属的尊严与工作能力。我能有成嘉玲荣誉董事长、周成荫馆长两位"大事聪明，小事糊涂"的上司，多年来得到她们的信任与支持，是我的莫大福气。

写作期间，我常常回忆担任刘雅灵老师研究助理的点点滴滴。当时，刘老师交代我的平时工作，除了行政庶务，就是指定我阅读马克思、韦伯、迈克尔·曼（Michael Mann）社会学理论的经典，每星期上山到研究室和老师进行心得交流与观念对话。这样的互动，仿佛是哲学家罗蒂所称的"呼唤"。我自觉就像索尔兹伯里的约翰（John of Salisbury）笔下的"侏儒"，不敢说自己"可以看得更远、看到更多"，但可以肯定的是，我确实是站在刘老师的肩膀上，清清楚楚看到了学术研究与为人处世的典范：诚实、忠于自我、不浮夸。很遗憾的是，我对刘老师的感谢之意已经无法亲口传达给她了。

兰琪、思吟、耀弘、郁彤、育峤、家恒、瑞麟、承慧分别在不同的阶段听我絮絮叨叨、自得其乐讲述Wedgwood，他（她）们或为我寻找研究资料，或启发我写作灵感，使得我对Wedgwood的想象可以不断延续、连贯。远在英国的Pi-Chu Shepherd Wu与Tony Shepherd夫妇为我寻找"二手"的Wedgwood瓷器与相关书籍，介绍Wedgwood博物馆的概况，让我虽无法亲自造访英国，仍然可以对写作的题材保有一份朦胧的真实感。庄瑞琳总编辑对本书出版构想的不离不弃，自行创业开办春山出版社之后还不忘带着我的书稿，给我有了继续编织、串联想象与真实的动力。瑞琳总编辑与意宁副主编对我的书稿提出不少建言，总是逼使我不得不反省自己的观点。

对于以"中国问题"为主要领域进行学术、教学、杂志编辑的我来说，研究Wedgwood其实是一条意外的歧路，一道不在预期中的明媚风光；然而，也因为有了家人的包容、体谅与自立自强，我才可以任性、安然地一直把迷途当作归乡，不停地在这条歧路上游晃。最后，我要把本书献给碧真、宣哲、宣颐。

献给皇帝的礼物

注　释

前　言

1. "Wedgwood"的中文译法不一，本书采取Wedgwood台湾分公司的译名。

2. Peer Vries著，郭金兴译，《国家、经济与大分流：17世纪80年代到19世纪50年代的英国和中国》（北京：中信出版社，2018年），第3页。

3. 详见Svetlana Alpers著，冯白帆译，《伦勃朗的企业：工作室与艺术市场》（南京：江苏凤凰美术出版社，2014年）。

4. David Frisby著，卢晖临等译，《现代性的碎片》（北京：商务印书馆，2013年），第112—113页。

5. Georg Simmel著，费勇等译，《交际社会学》,《时尚的哲学》（广州：花城出版社，2017年），第23页。

6. Robert C. Allen著，毛立坤译，《近代英国工业革命揭秘：放眼全球的深度透视》（杭州：浙江大学出版社，2012年），第4—11页。

7. 孟悦、罗钢主编，《物质文化读本》（北京：北京大学出版社，2008年）；John Brewer & Roy Porter, eds., *Consumption and the World of Goods* (London: Routledge, 1994); Craig Clunas著，高昕丹、陈恒译，《长物：早期现代中国的物质文化与社会状况》（北京：生活·读书·新知三联书店，2015年）；Jonathan Hay著，刘芝华、方慧译，《魅感的表面：明清的玩好之物》（北京：中央编译出版社，2017年）。

8. Frank Trentmann, *Empire of Things: How We Became a World of Consumers, from the Fifteenth Century to the Twenty-First* (London: Penguin, 2017).

9. Karl Marx著，中共中央编译局译，《资本论（第一卷）》（北京：人民出版社，2008年），第88页。

10. Karl Marx著，中共中央编译局译，《资本论（第一卷）》（北京：人民出版社，2008年），第90页；详见David Harvey著，张寅译，《资本的限度》（北京：中信出版社，2017年），第65页。

11. Axel Honneth著，罗名珍译，《物化：承认理论探析》（上海：华东师范大学出版社，2018年），第20页。

12. Arjun Appadurai著，夏莹译，《商品与价值的政治》，收录在孟悦、罗钢主编，《物质文化读本》（北京：北京大学出版社，2008年），第12—58页。

13. Sidney W. Mintz著，王超、朱健刚译，《甜与权力：糖在近代历史上的地位》（北京：商务印书馆，2010年）。

14. Theodor W. Adorno and Max Horkheimer, *Dialectic of Enlightenment* (London: Verso, 1999), pp. 120-167.

15. Mary Douglas、Baron Isherwood著，萧莎译，《物品的用途》，收录在罗钢、王中忱主编，《消费文化读本》（北京：中国社会科学出版社，2003年），第51—66页。

16. Thorstein Veblen著，李华夏译，《有闲阶级论》（台北：左岸文化，2007年）；Pierre Bourdieu, *Distinction: A Social Critique of the Judgment of Taste*(London: Routledge, 2010); 中文翻译见刘晖译，《区分：判断力的社会批判（上）（下）》（北京：商务印书馆，2015年）。

17. Igor Kopytoff 著，杜宁译，《物的文化传记：商品化过程》，收录在罗钢、王中忱主编，《消费文化读本》（北京：中国社会科学出版社，2003年），第397—427页。

18. Fernand Braudel 著，顾良、施康强译，《十五至十八世纪的物质文明、经济和资本主义（第二卷）：形形色色的交换》（北京：商务印书馆，2017年）。

序幕　圆明园献礼

1. George Macartney 著，刘半农译，《乾隆英使觐见记》（天津：百花文艺出版社，2010年），第64页。

2. 有关圆明园的建筑结构与美学布局，详见汪荣祖著，钟志恒译，《追寻失落的圆明园》（台北：麦田出版社，2004年）。

3. George L. Staunton 著，叶笃义译，《英使谒见乾隆纪实》（北京：群言出版社，2014年），第352页。

4. Cynthia Klekar, " 'Prisoners in Silken Bonds' : Obligation, Trade, and Diplomacy in English Voyages to Japan and China," *Journal of Early Modern Cultural Studies* 6:1(Spring/Summer 2006), pp. 96-99.

5. Alain Peyrefitte, *The Immobile Empire* (New York: Vintage Books, 2013), p. 140.

6. 转引自出口保夫著，吕理州译，《大英博物馆的故事》（杭州：浙江大学出版社，2012年），第59页。

7. 伊特鲁里亚一度与古希腊、古罗马文明相抗衡，英国文豪D. H. 劳伦斯（D. H. Lawrence）的考古游记《伊特鲁利亚人的灵魂》（上海：上海人民出版社，2016年）对该文明有详细的介绍。有关伊特鲁里亚文明，另可参考David Abulafia 著，宋伟航译，《伟大的海：地中海世界人文史》（台北：广场出版社，2017年），第147—169页。

8. Jenny Uglow, "Vase Mania," in Maxine Berg and Elizabeth Eger, eds., *Luxury in the Eighteenth Century: Debates, Desires and Delectable Goods* (New York: Palgrave Macmillan, 2003), pp. 151-162.

9. Simon Winchester 著，潘震泽译，《爱上中国的人：李约瑟传》（台北：时报文化，2010年），第129页。

10. Neil MacGregor 著，周全译，《德意志：一个国家的记忆》（台北：左岸文化，2017年），第323页。

第一章　玮致活王国崛起

1. 有关约书亚·玮致活的生平传记，主要参考 Brian Dolan, *Wedgwood: The First Tycoon* (New York: Viking, 2004)；Samuel Smiles, *Josiah Wedgwood: His Personal History*(Wiltshire: Routledge/Thoemmes Press, 2009)；Barbara and Hensleigh Wedgwood, *The Wedgwood Circle 1730-1897: Four Generations of a Family and Their Friends* (New Jersey: Eastview Editions, Inc., 1980)。

2. Paul Mantoux 著，杨人楩等译，《十八世纪产业革命：英国近代大工业初期的概况》（北京：商务印书馆，2011年），第97页。

3. Robert Allen, "Technology," in Roderick Floud, Jane Humphries and Paul Johnson, eds., *The Cambridge Economic History of Modern Britain, Volume 1, 1700-1870* (Cambridge: Cambridge University Press, 2014), p. 308.

4. Lawrence Stone 著，刁筱华译，《英国的家庭、性与婚姻1500—1800》（北京：商务印书馆，2011年），第41页。

5. Lawrence Stone 著，刁筱华译，《英国的家庭、性与婚姻1500—1800》（北京：商务印书馆，2011年），第22—55页。

6. Lawrence Stone 著，刁筱华译，《英国的家庭、性与婚姻1500—1800》（北京：商务印书馆，2011年），第29页。

7. 英国的学徒制，契约的标准年限是七年，年龄从十四岁到二十一岁。参见 Jan Luiten

van Zanden 著，隋福民译，《通往工业革命的漫长道路：全球视野下的欧洲经济，1000—1800年》（杭州：浙江大学出版社，2016年），第190页。

8. Richard Sennett 著，李继宏译，《匠人》（上海：上海译文出版社，2015年），第53—65页。就经济学的角度，有学者认为欧洲的行会制度能够确保知识与技术的世代传递，保持劳动力市场和产品市场的稳定，保障了产品的品质；但也有学者认为，行会制度有其阴暗面，例如排挤外来者如女性，垄断市场，抑制创新。详见 Jan Luiten van Zanden 著，隋福民译，《通往工业革命的漫长道路：全球视野下的欧洲经济，1000—1800年》（杭州：浙江大学出版社，2016年），第22页。另外，还可参考《国富论》（北京：中华书局，2012年），第十章第二节、亚当·斯密对学徒制的批评。

9. 英国行会制度的控制力在十八世纪时已经减弱了。Jan Luiten van Zanden 著，隋福民译，《通往工业革命的漫长道路：全球视野下的欧洲经济，1000—1800年》（杭州：浙江大学出版社，2016年），第195—198页。

10. Lawrence Stone 著，刁筱华译，《英国的家庭、性与婚姻1500—1800》（北京：商务印书馆，2011年），第50页。

11. Samuel Smiles, *Josiah Wedgwood: His Personal History*(Wiltshire: Routledge/Thoemmes Press, 2009), p. 26.

12. Samuel Smiles, *Josiah Wedgwood: His Personal History*(Wiltshire: Routledge/Thoemmes Press, 2009), p. 26.

13. 转引自 E. P. Thompson 著，贾士蘅译，《英国工人阶级的形成（上）》（台北：麦田出版社，2001年），第509页。

14. E. P. Thompson 著，沈汉、王加丰译，《共有的习惯》（上海：上海人民出版社，2002年），第384页。

15. Max Weber 著，阎克文译，《新教伦理与资本主义精神》（上海：上海人民出版社，2010年），第226—228页。

16. Jacques Le Goff 著，周莽译，《试谈另一个中世纪：西方的时间、劳动和文化》（北京：商务印书馆，2014年），第53—76页。

17. Neil McKendrick, "Josiah Wedgwood and Factory Discipline," *The Historical Journal* 4:1 (March 1961), pp. 30-55.

18. 转引自 Paul Mantoux 著，杨人楩等译，《十八世纪产业革命：英国近代大工业初期的概况》（北京：商务印书馆，2011年），第101页。

19. Paul Mantoux 著，杨人楩等译，《十八世纪产业革命：英国近代大工业初期的概况》（北京：商务印书馆，2011年），第102页。

20. Isser Woloch、Gregory S. Brown 著，陈蕾译，《18世纪的欧洲：传统与进步，1715—1789》（北京：中信出版社，2016年），第47—56页。

21. H. T. Dickinson 著，陈晓律等译，《十八世纪英国的大众政治》（北京：商务印书馆，2015年），特别参见第二章。J. C. D. Clark 著，姜德福译，《1660—1832年的英国社会》（北京：商务印书馆，2014年）。

22. Paul Mantoux 著，杨人楩等译，《十八世纪产业革命：英国近代大工业初期的概况》（北京：商务印书馆，2011年），第99页。

23. Eric Hobsbawm 著，梅俊杰译，《工业与帝国：英国的现代化历程》（北京：中央编译出版社，2016年），第18页。

24. 英国人似乎很擅长针对各类议题撰写出版小册子表达意见，Richard S. Dunn 在描述英国十七世纪内战时说道，"在整个十七世纪四十年代，前所未有的小册子洪流达到平均每年一千五百册的程度，通过多种方式表达了对实现英格兰政治、宗教或社会重生的狂热追求"。Richard S. Dunn 著，康睿超译，《宗教战争的年代：1559—1715》（北京：中信出版社，2017年），第255页。

25. 一七五九年，布林德利为布里奇沃特公爵规划开凿沃尔斯利（Worsley）运河，这是英国的第一条运河。开凿运河的目的，是要把沃尔斯利的煤矿和新兴工业城市曼彻斯特连接起来，以降低煤的运输成本。正如法国经济史家芒图的分析，英国十八世纪的内河航运史，与煤业的发展史紧密相依。Paul Mantoux 著，杨人楩等译，《十八世纪产业革命：英国近代大工业初期的概况》（北京：商务印书馆，2011 年），第105—106 页。而像布里奇沃特公爵这样的贵族地主，之所以愿意支持运河的开凿，主要原因是工业利益不仅不违背，甚至符合贵族的利益。例如，贵族领地下可能刚好蕴藏丰富的煤矿，与欧洲大陆不同的是，开采煤矿的"开采费"是归地主而不是国王所有。英国贵族地主支持开凿运河等交通建设，更期待的是矿藏和工业产品能够更方便、更廉价地运输。Eric Hobsbawm 著，梅俊杰译，《工业与帝国：英国的现代化历程》（北京：中央编译出版社，2016 年），第18 页。

26. 以十八世纪煤产地新堡（Newcastle）为例，当地生产的煤炭价格是伦敦市场的八分之一，根据经济学家Robert C. Allen 的解释，这就意味着运费对于销往远方市场的煤炭而言，将在其最终售价中占有极大的比例。Robert C. Allen 著，毛立坤译，《近代英国工业革命揭秘：放眼全球的深度透视》（北京：浙江大学出版社，2012 年），第124 页。

27. Peter M. Jones 著，李斌译，《工业启蒙：1760—1820 年伯明翰和西米德兰兹郡的科学、技术与文化》（上海：上海交通大学出版社，2017 年），第29—33 页。

28. Joel Mokyr, *The Enlightened Economy: An Economic History of Britain 1700-1850*(New Haven: Yale University Press, 2009), p. 415.

29. Ben Wilson 著，聂永光译，《黄金时代：英国与现代世界的诞生》（北京：社会科学文献出版社，2018 年），第72 页。

30. William Davies, *The Happiness Industry: How the Government and Big Business Sold Us Well-Being*(London: Verso, 2015)；有关宗教信仰与英国科学、工业发展的关联性，可参考Robert K. Merton 著，范岱年等译，《十七世纪英格兰的科学、技术与社会》（北京：商务印书馆，2007 年）。

31. Jean-Jacques Rousseau 著，李平沤译，《爱弥儿（上）（下）》（北京：商务印书馆，2016 年），第270、420 页。

32. Peter Gay 著，刘北成译，《启蒙时代（上）：现代异教精神的兴起》（上海：上海人民出版社，2015 年），第180 页。

33. 有关休谟协助卢梭流亡英国的细节，详见David Edmonds、John Eidinow 著，周保巍、杨杰译，《卢梭与休谟：他们的时代恩怨》（上海：上海人民出版社，2013 年）。

34. Randal Keynes 著，洪佼宜译，《达尔文，他的女儿与进化论》（台北：猫头鹰出版社，2009 年），第123—125 页。

35. Ian Buruma 著，刘雪岚、萧萍译，《伏尔泰的椰子：欧洲的英国文化热》（北京：生活·读书·新知三联书店，2014 年），第30—75 页。

36. Daniel Roche 著，杨亚平、赵静利、尹伟译，《启蒙运动中的法国》（上海：华东师范大学出版社，2011 年），第135—136 页。

37. Jean-Jacques Rousseau 著，李平沤译，《社会契约论》（北京：商务印书馆，2017 年），第121 页。

38. Jean-Jacques Rousseau 著，李平沤译，《爱弥儿（上）》（北京：商务印书馆，2016 年），第293 页。

39. Jean-Jacques Rousseau 著，李平沤译，《论科学与艺术的复兴是否有助于使风俗日趋纯朴》（北京：商务印书馆，2016 年）；James Swenson, *On Jean-Jacques Rousseau: Considered as One of the First Authors of the Revolution* (Stanford: Stanford University Press, 2000), pp. 64-75.

40. Roy Porter 著，殷宏译，《启蒙运动》（北京：北京大学出版社，2018 年），第76—77 页。

41. 有关卢梭的性格特质与思想，参考Frank M. Turner, *European Intellectual History: From Rousseau to Nietzsche* (New Haven: Yale University Press, 2014), pp. 1-20。

42. 有关英王乔治三世人格特质、癖好和两极评价的变化，详见Andrew Jackson

O'Shaughnessy著，林达丰译，《谁丢了美国：英国统治者、美国革命与帝国的命运》（北京：北京大学出版社，2016年），第2—27页。

43. Linda Colley著，周玉鹏、刘耀辉译，《英国人：国家的形成，1707—1837年》（北京：商务印书馆，2017年），第258页。

44. 凯瑟琳大帝统治三十四年间，共有二十一位情夫，若再加上在位之前的两位，总计有二十三人。参见土肥恒之著，林琪祯译，《摇摆于欧亚间的沙皇们：俄罗斯·罗曼诺夫王朝的大地》（台北：八旗文化，2018年），第178页。

45. 凯瑟琳大帝给伏尔泰的信，参见Michael Raeburn, "The Frog Service and Its Source," in Hilary Young, ed., *The Genius of Wedgwood* (London: Victoria and Albert Museum, 1995), pp. 139-140。有关凯瑟琳大帝与伏尔泰的交往互动，详见Robert K. Massie著，徐海幈译，《通往权力之路：叶卡捷琳娜大帝》（北京：北京时代华文书局，2014年）。

46. Arthur O. Lovejoy著，张传有、高秉江译，《存在巨链》（北京：商务印书馆，2015年），第21页；Arthur O. Lovejoy, "The Chinese Origin of Romanticism"，这篇收录在*Essays in History of Ideas* (New York: George Braziller, 1955)的文章，从中西交流的情境，以英国的园林审美情趣为例，解析了浪漫主义对中国文化涵化的轨迹。

47. Nancy F. Koehn, *Brand New: How Entrepreneurs Earned Consumers' Trust from Wedgwood to Dell* (Massachusetts: Harvard Business School Press, 2001), p. 11.

48. Michael Raeburn, "The Frog Service and Its Source," in Hilary Young, ed., *The Genius of Wedgwood* (London: Victoria and Albert Museum, 1995), p. 148.

第二章　波特兰瓶

1. 一七九六年，约书亚·玮致活的长女苏珊娜（Susannah）嫁给科学家，也是约书亚的好友伊拉斯谟斯·达尔文的儿子罗伯特（Robert）。两人的儿子，即约书亚的外孙查尔斯·达尔文于一八〇九年出生。查尔斯·达尔文三十岁时，与约书亚·玮致活的孙女、自己的表妹艾玛·玮致活结婚。玮致活家族的庞大财富支持查尔斯·达尔文登上"小猎犬号"（Beagle）进行著名的海外航行，成就他日后创作《物种的起源》（*The Origin of Species*）重要的部分研究。

2. Nancy F. Koehn, *Brand New: How Entrepreneurs Earned Consumers' Trust from Wedgwood to Dell*(Massachusetts: Harvard Business School Press, 2001), p. 28.

3. D. H. Lawrence著，何悦敏译，《伊特鲁利亚人的灵魂》（上海：上海人民出版社，2016年）。有关伊特鲁里亚人的历史和文明，可参考此书译者的后记《迷人的伊特鲁里亚人及其文化艺术》《伊特鲁里亚墓壁画与卢泓墓石椁浮雕画寓意对比》。

4. Nikolaus Pevsner著，陈平译，《美术学院的历史》（北京：商务印书馆，2015年），第141—142页。为求政治的独立，英国伦敦皇家美术学院一直维持经济上的自主，属于私人性质的学校，活动并没有受到宫廷与贵族阶级的干预。

5. Jean Starobinski著，张亘、夏燕译，《自由的创造与理性的象征》（上海：华东师范大学出版社，2014年），第329页。

6. Umberto Eco著，彭淮栋译，《美的历史》（台北：联经出版社，2006年），第37—97页。

7. Jan Divis著，熊寥译，《欧洲瓷器史》（杭州：浙江美术学院出版社，1991年），第131页。

8. Edmund de Waal著，林继谷译，《白瓷之路》（台北：活字出版，2015年）。

9. 在西方的文献中，因拼音的缘故，"Chit-qua"又作"Chit Qua""Chetqua""Chet-qua""Che Qua"，但由于史料阙如，其中文名字无法确证。甚至，"qua"并非名字，有可能是"官"，乃中国南方沿海地区对人使用的一种敬称，如十八世纪广州知名行商、怡和行的

"伍浩官"，他的本名叫"伍秉鉴"。

10. 有关 Tan Chit-qua 的生平及他在伦敦的活动历程，详见 David Clarke, *Chinese Art and Its Encounter with the World* (Hong Kong: Hong Kong University Press, 2011), pp. 15-84。

11. Jonathan D. Spence 著，朱庆葆等译，《太平天国》（桂林：广西师范大学出版社，2011年），第19—21页。

12. 程美宝，《"Whang Tong"的故事——在域外捡拾普通人的历史》，《史林》，2003年第2期，第106—116页；David Clarke, *Chinese Art and Its Encounter with the World* (Hong Kong: Hong Kong University Press, 2011), p. 30.

13. 有关波特兰瓶这件古罗马文物的历史，以及约书亚·玮致活的复制过程，详见 Robin Reilly, *Wedgwood Jasper* (Singapore: Thames and Hudson, 1989)。

14. Bernard Ashmole, "A New Interpretation of the Portland Vase," *The Journal of Hellenic Studies* 87(November 1967), pp. 1-17.

15. Bernard Ashmole, "A New Interpretation of the Portland Vase," *The Journal of Hellenic Studies* 87(November 1967), p. 9.

16. E. Doyle McCarthy, *Knowledge as Culture: The New Sociology of Knowledge* (London: Routledge, 1996), pp. 55-60.

17. Luc Ferry 著，曹明译，《神话的智慧》（上海：华东师范大学出版社，2017年），第8页。有关特洛伊战争的起源与过程，详见《神话的智慧》第1—8页。

18. Laurence Machet, "The Portland Vase and the Wedgwood copies: the story of a scientific and aesthetic challenge," Miranda, Issue 7 (2012), https://miranda.revues.org/4406.

19. Robert C. Allen 著，毛立坤译，《近代英国工业革命揭秘：放眼全球的深度透视》（杭州：浙江大学出版社，2012年），第218—220页。

20. Brian Dolan, *Wedgwood: The First Tycoon* (New York: Viking, 2004), pp. 296-298.

21. Nikolaus Pevsner 著，陈平译，《美术学院的历史》（北京：商务印书馆，2015年），第142页，注4。

22. Donald Preziosi 主编，易英等译，《艺术史的艺术：批评读本》（上海：上海人民出版社，2016年），第25—34页。十八世纪末、十九世纪初，欧洲人对艺术家角色定位的转变过程，参考 Frank M. Turner, *European Intellectual History: From Rousseau to Nietzsche* (New Haven: Yale University Press, 2016), pp. 136-154。

23. Robert Pogue Harrison 著，梁永安译，《我们为何膜拜青春：年龄的文化史》（北京：生活·读书·新知三联书店，2018年），第146页。

24. Matthew Craske 著，彭筠译，《欧洲艺术：1700—1830——城市经济空前增长时代的视觉艺术史》，第36页；Adam Smith 著，石小竹、孙明丽译，《亚当·斯密哲学文集》（北京：商务印书馆，2016年），第188、190页。

25. 汉密尔顿爵士将驻那不勒斯期间大量搜集的古希腊、古罗马文物，赠送给大英博物馆，日后成为该馆希腊罗马部门的基础，为草创时期的大英博物馆馆藏奠定做出重大贡献。有关汉密尔顿爵士与大英博物馆的渊源，详见出口保夫著，吕理州译，《大英博物馆的故事》（台北：麦田出版社，2009年）。

26. Barbara and Hensleigh Wedgwood, *The Wedgwood Circle, 1730-1897: Four Generations of a Family and Their Friends*(New Jersey: Eastview Editions, Inc., 1980).

27. Margaret C. Jacob and Larry Stewart, *Practical Matter: Newton's Science in the Service of Industry and Empire, 1687-1851*(Mass: Harvard University Press, 2004), p.59.

28. Ileana Baird, ed., *Social Networks in the Long Eighteenth Century: Clubs, Literary Salons, Textual Coteries* (Newcastle: Cambridge Scholars Publishing, 2014).

29. 有关月光社的成员及其生平，可参考 Jenny Uglow, *The Lunar Men: Five Friends*

Whose Curiosity Changed the World (New York: Farrar, Straus and Giroux, 2002); Peter M. Jones, Industrial Enlightenment: Science, Technology and Culture in Birmingham and the West Midlands 1760-1820(Manchester: Manchester University Press, 2008), pp. 82-94; Robert E. Schofield, The Lunar Society of Birmingham: A Social History of Provincial Science and Industry in Eighteenth-Century England (Oxford: Oxford University Press, 1963)。

30. Jenny Uglow, The Lunar Men: Five Friends Whose Curiosity Changed the World (New York: Farrar, Straus and Giroux, 2002), pp. 185-188.

31. 有关卢梭在《爱弥儿》的分析，详见 Anna Stilz 著，童稚超、顾纯译，《自由的忠诚》（北京：中央编译出版社，2017年），第153—185页。

32. 例如，约书亚·玮致活同情美国革命，博尔顿则支持英国政府。Robert E. Schofield, The Lunar Society of Birmingham: A Social History of Provincial Science and Industry in Eighteenth-Century England (Oxford: Oxford University Press, 1963), pp. 135-139.

33. 美国经济史家Deirdre N. McCloskey借由 Christine MacLeod 对英国科学史的研究提醒我们，在英国，像瓦特这类的发明家，直到十九世纪初才跳脱工匠的身份获得崇高的社会地位。一八二四年英国人在西敏寺（Westminster Abbey）为瓦特竖立纪念碑（后来迁移至圣保罗大教堂）是这种转变的象征。碑文写道："不是为了让一个名字永恒，此人的名字必定与和平技艺的繁荣一样永存；而是为了表明，人类学会了尊重那些最值得感激的人……"详见 Deirdre N. McCloskey 著，沈路等译，《企业家的尊严：为什么经济学无法解释现代世界》（北京：中国社会科学出版社，2018年），第19—20页。

34. Max Weber 著，阎克文译，《新教伦理与资本主义精神》（上海：上海人民出版社，2010年）；R. H. Tawney 著，赵月瑟、夏镇平译，《宗教与资本主义的兴起》（上海：上海译文出版社，2013年）；David S. Landes、Joel Mokyr、William J. Baumol 编著，姜井勇译，《历史上的

企业家精神：从美索不达米亚到现代》（北京：中信出版社，2016年），第129—187页。

35. Robert K. Merton 著，范岱年等译，《十七世纪英格兰的科学、技术与社会》（北京：商务印书馆，2007年）。

36. 赖特画的是一只美冠鹦鹉，库克船长的海上冒险已经让英国人认识到这种热带鸟。英国人的实验大多使用本地品种的鸟，如云雀或麻雀，不可能选择这类罕见且珍贵的美冠鹦鹉。赖特的用意，或许是想要通过画一只珍稀的热带鸟，表达征服自然与征服海外殖民地之间的类比，并使这种类比视觉化，而更富有刺激性的戏剧效果。详见 Nicholas Mirzoeff 著，徐达艳译，《如何观看世界》（上海：上海文艺出版社，2017年），第203—204页。

37. Steven Shapin、Simon Schaffer 著，蔡佩君译，《利维坦与空气泵浦：霍布斯、波以耳与实验生活》（台北：行人出版社，2006年）。

38. Stacey Pierson 著，赵亚静译，《中国陶瓷在英国（1560—1960）：藏家、藏品与博物馆》（上海：上海书画出版社，2017年），第28页。

39. Maxine Berg, Luxury & Pleasure in Eighteenth-Century Britain(Oxford: Oxford University Press, 2005), pp. 143-144.

第三章　送给中国皇帝的礼物

1. 有关博尔顿生平与英国的工业发展，详见 Peter M. Jones 著，李斌译，《工业启蒙：1760—1820年伯明翰和西米德兰兹郡的科学、技术与文化》（上海：上海交通大学出版社，2017年）。

2. Maxine Berg, "Britain, Industry and Perceptions of China: Matthew Boulton, 'useful knowledge' and the Macartney Embassy to China 1792-94," Journal of Global History 1:2 (July 2006), p. 280.

3. 详见《马戛尔尼勋爵私人日志》，收录在何高济、何毓宁译，《马戛尔尼使团使华观感》

（北京：商务印书馆，2013年），第60页。

4. George L. Staunton 著，叶笃义译，《英使谒见乾隆纪实》（北京：群言出版社，2014年），第25页。

5. 故宫博物院掌故部编，《掌故丛编》（北京：中华书局，1990年），第657页。

6. Frederic Wakeman, Jr. 著，《广州贸易与鸦片战争》，收录在 John King Fairbank 编，《剑桥中国晚清史：1800—1911年（上卷）》（北京：中国社会科学出版社，1985年），第166页。

7. 英属东印度公司的商业运作，详见 Emily Erikson, *Between Monopoly and Free Trade: The English East India Company, 1600-1757*(New Jersey: Princeton University Press, 2014)。

8. 进口自中国的茶叶，对十八世纪英国经济的重要影响，参见 George L. Staunton 著，叶笃义译，《英使谒见乾隆纪实》（北京：群言出版社，2014年），第11—13页。

9. 马戛尔尼使节团出使中国的动机和目的，见 Joanna Waley-Cohen, *The Sextants of Beijing: Global Currents in Chinese History* (New York: W. W. Norton & Company, 1999), pp. 102-103。另外，广州一口通商制度与清代中国对外贸易的历史，详见 Paul A. Van Dyke 著，江滢河、黄超译，《广州贸易：中国沿海的生活与事业（1700—1845）》（北京：社会科学文献出版社，2018年）；陈国栋，《东亚海域一千年》（台北：远流出版事业股份有限公司，2013年），第242—270页。

10. James L. Hevia, *Cherishing Men from Afar: Qing Guest Ritual and the Macartney Embassy of 1793*(Duke University Press, 1995), p. 64.

11. David E. Mungello, *The Great Encounter of Chinese and the West, 1500-1800* (London: Rowman & Littlefield Publishers, Inc., 1999), pp. 94-95.

12. David E. Mungello, *The Great Encounter of Chinese and the West, 1500-1800*, (London: Rowman & Littlefield Publishers, Inc., 1999), p. 95.

13. Jürgen Osterhammel 著，刘兴华译，《亚洲的去魔化：18世纪的欧洲与亚洲帝国》（北京：社会科学文献出版社，2016年），第154页。

14. 那不勒斯公学，是由康熙年间曾在华宣教的传教士马国贤于一七三二年所创立的。有关马国贤在华传教的经历与创设学院的过程，参见 Matteo Ripa 著，李天纲译，《清廷十三年：马国贤在华回忆录》（上海：上海古籍出版社，2004年）。关于柯孝宗与李自标的记载，参见 Giuliano Bertuccioli、Federico Masini 著，萧晓玲、白玉昆译，《意大利与中国》（北京：商务印书馆，2002年），第176—178页。

15. 故宫博物院掌故部编，《掌故丛编》（北京：中华书局，1990年），第652页。

16. George Macartney 著，刘半农译，《乾隆英使觐见记》（天津：百花文艺出版社，2010年），第65页。

17. 故宫博物院掌故部编，《掌故丛编》（北京：中华书局，1990年），第653—654页。

18. 后来在相关的文书档案里，一直以"天文地理音乐表""天文地理音乐大表""天文地理表""天文地理大表"译名取代"布蜡尼大利翁"。但乾隆本人似乎很仔细批阅这份礼物清单，他在同年稍后为其诗作《红毛英吉利国王差使臣马戛尔尼奉表贡至，诗以志事》所写的按语里，还是使用"布蜡尼大利翁"这个古怪的译名："……该国通晓天文者多年推想所测量天文地理图形象之器，其至大者名布蜡尼大利翁一座，效法天地转运，测量日月星辰度数……"

19. 有关"布蜡尼大利翁"大架这件礼物的译名、制作的过程，见 Alain Peyrefitte, *The Immobile Empire*(New York: Vintage Books, 1992), p. 575；王宏志，《张大其词以自炫其奇巧：翻译与马戛尔尼的礼物》，政治大学"知识之礼再探礼物文化学术论坛"，第101页；James L. Hevia, *Cherishing Men from Afar: Qing Guest Ritual and the Macartney Embassy of 1793*, (Duke University Press, 1995), p. 79。

20. Peter J. Kitson, *Forging Romantic China: Sino-British Cultural Exchange, 1760-1840* (Cambridge: Cambridge University Press, 2013), p. 149.

21. Laura J. Snyder 著，熊亭玉译，《哲学早餐俱乐部：四个杰出科学家如何改变世界》（北京：电子工业出版社，2017 年），第 30 页。

22. 有关"来复来柯督尔""赫汁尔"的译名，参见韩琦，《礼物、仪器与皇帝：马戛尔尼使团来华的科学使命及其失败》，《科学文化评论》，2005 年第 2 卷第 5 期，第 11—18 页。

23. James L. Hevia, *Cherishing Men from Afar: Qing Guest Ritual and the Macartney Embassy of 1793*, (Duke University Press, 1995), p. 103.

24. 使节团的礼物清单把这件天文仪器错误翻译成"坐钟"，这件仪器的正式名称叫"Orrey"，由英国人 William Fraser 制作。其实，乾隆朝初期，清廷至少就藏有两架"Orrey"，记载于允禄奉旨编纂的《皇朝礼器图式》，当时所采用的正式名称是"浑天合七政仪"和"七政仪"。另外，值得一提的是，使节团的礼物清单上说道，"原匠亦跟随贡差进京以便安装"，William Fraser 本人有可能随使节团到了中国。故宫博物院掌故部编，《掌故丛编》（北京：中华书局，1990 年），第 666 页。

25. 使节团陈列在圆明园内的礼物与摆设位置，详见 George Macartney 著，刘半农译，《乾隆英使觐见记》（天津：百花文艺出版社，2010 年），第 64 页；汪荣祖著，钟志恒译，《追寻失落的圆明园》（台北：麦田出版社，2004 年），第 118 页。

26. Alain Peyrefitte, *The Immobile Empire*,（New York:Vintage Books, 2013）, p. 139.

27. Steven Shapin、Simon Schaffer 著，蔡佩君译，《利维坦与空气棒泵浦：霍布斯、波以耳与实验生活》（台北：行人出版社，2006 年）。另外，还可参考 Mark B. Brown 著，李正风等译，《民主政治中的科学：专业知识、制度与代表》（上海；上海交通大学出版社，2015 年），第 74—82 页。

28. 转引自李大光，《科学传播简史》（北京：中国科学技术出版社，2016 年），第 70 页。

29. 转引自 Alan Macfarlane 主讲，清华大学国学研究院主编，《现代世界的诞生》（上海：上海人民出版社，2013 年），第 265 页。

30. James L. Hevia, *Cherishing Men from Afar: Qing Guest Ritual and the Macartney Embassy of 1793*, (Duke University Press, 1995), p. 62

31. William T. Rowe, *China's Last Empire: The Great Qing*(Cambridge: Harvard University Press, 2009), p. 147.

32. 有关利玛窦的生平与在华的传教历程可参考夏伯嘉著，向红艳、李春园译，《利玛窦：紫禁城里的耶稣会士》（上海：上海古籍出版社，2012 年）。

33. 但这并不表示耶稣会传教士像传统的理解一般，只对皈依精英阶层感兴趣，诚如柏理安（Liam Matthew Brockey）所说，耶稣会传教士"其实是希望从中国各个社会阶层吸收新的教徒的"，但他们"并未简单地认为如果精英被转化了，平民也会被转化"，他们"至多也只是希望，天主教会在中国的发展会由于中国文人和官员的转化而得到益处"。参见 Liam Matthew Brockey 著，毛瑞方译，《东方之旅：1579—1724 耶稣会传教团在中国》（南京：江苏人民出版社，2017 年），第 47—48 页。

34. 有关利玛窦的传教策略，详见 Jacques Gernet 著，耿昇译，《中国与基督教：中西文化的首次撞击》（北京：商务印书馆，2013 年）。

35. 有关利玛窦的贡品品项，参见 Jonathan D. Spence 著，章可译，《利玛窦的记忆宫殿》（桂林：广西师范大学出版社，2015 年），第 257—258 页。利玛窦为何会通过马堂的中介，所携带的部分贡品礼物又是如何被马堂中饱私囊，另可参见上田信著，高莹莹译，《海与帝国：明清时代》（桂林：广西师范大学出版社，2014 年），第 263—266 页。

36. 近代欧洲，机械钟被认为是上帝维持宇宙运行的象征，掌握钟表的构造即能更好理解上帝对世界的设计，所以利玛窦接受教育的罗马学院（Collegio Romano），就开设有关机械钟原理的课程。利玛窦是在罗马学院从著名数学家克列乌斯（Christoph Clavius）学习机械钟原理的。Benjamin A. Elman, *On Their Own Terms: Science in China, 1550-1900*(Cambridge: Harvard University

Press, 2005), p. 103。利玛窦奉召入宫的曲折过程，详见利玛窦、金尼阁著，何高济、王遵仲、李申译，《利玛窦中国札记》（桂林：广西师范大学出版社，2001 年），第 280—281 页。

37. 英国政治思想家昆廷·斯金纳（Quentin Skinner）在其讨论霍布斯与共和主义之自由精神的著作中指出，十六、十七世纪欧洲人文主义文化非常迷恋配图文字之视觉意象的渲染作用，这主要是受到昆体良（Quintilian）观念的影响："打动或说服受众的最佳方法，就是向他们提供能够永志不忘的意象或图画。"Quentin Skinner, *Hobbes and Republican Liberty* (Cambridge: Cambridge University Press, 2008), p. 7.

38. 于君方著，陈怀宇等译，《观音：菩萨中国化的演变》（北京：商务印书馆，2012 年），第 138 页。

39. 张敢，《故乡》，收录在上海博物馆编，《利玛窦行旅中国记》（北京：北京大学出版社，2010 年），第 91 页。

40. 转引自 Michael Sullivan 著，赵潇译，《东西方艺术的交会》（上海：上海人民出版社，2014 年），第 55 页。

41. 利玛窦，《西琴曲意》，收录在朱维铮主编，《利玛窦中文著译集》（上海：复旦大学出版社，2001 年）。

42. George H. Dunne 著，余三乐、石蓉译，《从利玛窦到汤若望：晚明的耶稣会传教士》（上海：上海古籍出版社，2003 年），第 314 页。

43. Alexandre Koyre 著，张卜天译，《牛顿研究》（北京：商务印书馆，2016 年），第 27 页。

44. Alexandre Koyre 著，张卜天译，《从封闭世界到无限宇宙》（北京：商务印书馆，2016 年），第 263 页。

45. Steven Shapin 著，许宏彬、林巧玲译，《科学革命：一段不存在的历史》（台北：左岸文化，2013 年），第 178 页。

46. Benjamin A. Elman, *A Cultural History of Modern Science in China* (Cambridge: Harvard University Press, 2006), pp. 65-72.

47. R. P. Henri Bernard 著，管震湖译，《利玛窦神父传（上、下）》（北京：商务印书馆，1998 年），第 336 页。

48. 利玛窦、金尼阁著，何高济、王遵仲、李申译，《利玛窦中国札记》（桂林：广西师范大学出版社，2001 年），第 284 页。

49. 讽刺的是，利玛窦引进自鸣钟，后来被上海钟表匠奉为职业之神，反倒成为他们"崇拜的偶像"。Louis Pfister 著，冯承钧译，《入华耶稣会士列传》（北京：商务印书馆，1938 年），第 30 页。

50. Daniel J. Boorstin 著，吕佩英等译，《发现者——人类探索世界和自我的历史（上）》（上海：上海译文出版社，2014 年），第 72 页。

51. Benjamin A. Elman, *On Their Own Terms: Science in China*, 1550-1900, pp. 206-208. 例如，《红楼梦》第六回，刘姥姥进荣国府去见王熙凤，"忽见堂屋中柱子上挂着一个匣子，底下又坠着一个秤铊似的，却不住地乱晃"。刘姥姥还被"金钟铜磬一般"的声音吓了一跳。从这段描述可以了解，荣国府内已经有西洋挂钟，乡下来的刘姥姥根本不识富贵人家的洋玩意。另外，第十四回，王熙凤协助宁国府操办秦可卿丧事，在调派人手分配工作时，王熙凤说道："素日跟我的人，随身俱有钟表，不论大小事，都有一定的时刻。横竖你们上房里也有时辰钟。"可见干练的王熙凤，管理内务非常强调守时，而且是通过钟表来进行时间管理。第五十八回，从袭人与晴雯的对话中可以了解，贾宝玉房内有钟，也有表。

52. 一七二八年，《乞丐歌剧》在伦敦林肯律师学院（Lincoln's Inn）广场剧院举行首演，总共演了六十二场，像是一场风暴席卷了伦敦，是英国民谣歌剧的典范。

53. George Macartney 著，刘半农译，《乾隆英使觐见记》（天津：百花文艺出版社，2010 年），第 64 页；George L. Staunton 著，叶笃义译，《英使谒见乾隆纪实》（北京：群言出版社，2014 年），第 352 页；John Barrow 著，何高济、何毓宁译，《巴罗中国行纪》，收录在何高济、何毓宁译《马戛尔尼使团使华观感》（北京：商务印书馆，2013 年），第 352—

353页。

54. 一七五一年，即乾隆十六年，乾隆皇帝下令各地督抚为当地少数民族，以及往来国家的人民画像，绘制成《皇清职贡图》。

55. 值得注意的是，文中提到"夷人"。清朝官方文书在使用"夷"这个字时，往往指涉"外地"或"外部"，即满文的"tulergi"，并没有传统汉文化自我中心优越感的贬抑意思。试想，关外的满人，即汉人传统眼中的"夷人"，如果接受汉人的那种贬抑解释，不啻是自我矮化、自我污蔑。与中国通商往来的英属东印度公司，其实也了解清廷使用"夷"字所表达的含义。例如，曾在英属东印度公司担任商务翻译的传教士马礼逊（Robert Morrison），在他编纂最早的《华英字典》（Dictionary of the Chinese Language）中，把"夷人"翻译为"foreigner"（外国人）。所以，英属东印度公司把清廷文书所称的"夷商"，英译为"foreign merchant"（外国商人）。可见，当时英属东印度公司其实是明白清廷文书所使用的"夷"字，并无贬抑洋人的意思。然而，自从一八三二年，另一位普鲁士传教士郭实腊（Karl Gutzlaff，或译郭士立）把夷字翻译成英文的"barbarian"（野蛮人）之后，原本使用上相安无事的"夷"字，就成为清廷对外关系的麻烦焦点，往往成为西方国家攻击清廷歧视洋人的口实。有关清朝对外关系史上"夷"字的翻译政治，详见Lydia H. Liu, The Clash of Empires: The Invention of China in Modern World Making (Cambridge: Harvard University Press, 2004), pp. 31-51。

第四章　欧洲的时尚中国风

1. 意指一七〇〇年前后盛行于法国的一种艺术与建筑风格，强调未经雕琢之自然事物唤起的欢愉感受，推崇不规则、非对称的装饰美学。详见Peter Hanns Reill、Ellen Judy Wilson著，刘北成、王皖强译，《启蒙运动百科全书》（上海：上海人民出版社，2004年），第69—73页。

2. Zhang Longxi, Manufacturing Confucianism: Chinese Traditions and Universal Civilization(Durham and London: Duke University Press, 1997)；Zhang Longxi, Mighty Opposites: From Dichotomies to Differences in the Comparative Study of China (Stanford: Stanford University Press, 1998)。

3. Benjamin A. Elman, On Their Own Terms: Science in China, 1500-1900 (Cambridge: Harvard University Press, 2005).

4. Lydia H. Liu, ed., Tokens of Exchange: The Problem of Translation in Global Circulations (Durham and London: Duke University Press, 1997).

5. J. J. Clarke, Oriental Enlightenment: The Encounter Between Asian and Western Thought (London: Routledge, 1997), pp. 50-53.

6. Christopher M. S. Johns, China and the Church: Chinoiserie in Global Context (Oakland: University of California Press, 2016), pp. 83-87, 114-116.

7. 王致诚，法国人，清廷宫廷画家，传世作品有《十骏图》、《阿尔楚尔之战》（乾隆平定西域战图之一）。

8. Christopher M. S. Johns, China and the Church: Chinoiseri in Global Context (Oakland: University of California Press, 2016), pp. 118-121；Hugh Honour著，刘爱英、秦红译，《中国风：遗失在西方800年的中国元素》（北京：北京大学出版社，2017年），第119—121页。十八世纪法国的中国热，并非是法国人对中国与中国文化浪漫想象与盲目崇拜的历史唯一，详见Richard Wolin, The Wind from the East: French Intellectuals, the Cultural Revolution, and the Legacy of the 1960s (New Jersey: Princeton University Press, 2010)。

9. 魁奈是十八世纪法国重农学派的代表人物之一，该学派赞扬中国的经济，主张奉中国经济为楷模。魁奈深受儒家思想的影响，被门徒誉为"欧洲的孔夫子"，著有《论中国的专制主义》。有关魁奈与重农学派的思想，详见Etiemble著，耿昇译，《中国文化西传欧洲史（下册）》（北京：商务印书馆，2013年），第840—853页。

10. 有关钱伯斯的生平事迹与《东方造园论》的理论体系，详见Sir William Chambers 著，邱博舜译注，《东方造园论》（台北：联经出版社，2012年）。

11. "sharawadgi"，即"巧妙的杂乱无章"（artful disorder），是钱伯斯的前辈坦普尔（William Temple）用来表达中国林园设计的美学体现，后来学者援引坦普尔的这一措辞，进一步用来作为指称中国差异性的核心概念。详见Elizabeth Hope Chang, *Britain's Chinese Eye: Literature, Empire, and Aesthetics in Nineteenth-Century Britain* (Stanford: Stanford University Press, 2010), p. 28。

12. 转引自J. J. Clarke, *Oriental Enlightenment: The Encounter Between Asian and Western Thought*, p. 52。

13. 转引自Patricia Laurence, *Lily Briscoe's Eyes: Bloomsbury, Modernism and China* (Columbia: University of South Carolina Press, 2003), p. 320。

14. 详见Michael Sullivan 著，赵潇译，《东西方艺术的交会》（上海：上海人民出版社，2014年），第120—127页。

15. David Porter, "Beyond the Bounds of Truth: Cultural Translation and William Chambers's Chinese Garden," in Eric Hayot, Haun Saussy, and Steven G. Yao, eds., *Sinographies: Writing China* (Minneapolis: University of Minnesota Press, 2008), pp. 140-158. David Porter, *The Chinese Taste in Eighteenth-Century England*(Cambridge: Cambridge University Press, 2010), p.48.

16. 有关考利工坊的特纳与明顿，详见Arthur Hayden, *Chats on English China* (London: T. Fisher Unwin, 1907), pp. 135-145, 182-189。

17. 关于英国青柳式瓷器，详见Joseph J. Portanova, "Porcelain, the Willow Patterns, and Chinoiserie," http://www.nyu.edu/projects/mediamosaic/madeinchina/pdf/Portanova.pdf; Elizabeth Hope Change, *Britain's Chinese Eye:*

Literature, Empire, and Aesthetics in Nineteenth-Century Britain, pp. 85-97。

18. 孔茜与张生的故事，详见John Haddad著，何道宽译，《中国传奇：美国人眼里的中国》（广州：花城出版社，2015年）。

19. Patricia Laurence, *Lily Briscoe's Eyes: Bloomsbury, Modernism and China*, p. 301.

20. 转引自John Haddad著，何道宽译，《中国传奇：美国人眼里的中国》（广州：花城出版社，2015年），第47—48页。

21. Marshall Sahlins, "Cosmologies of Capitalism: The Trans-Pacific Sector of the 'World-System'," *Proceedings of the British Academy 74*(1988), pp. 1-51.

22. Igor Kopytoff著，杜宁译，《物的文化传记：商品化过程》，收录在罗钢、王中忱主编，《消费文化读本》（北京：中国社会科学出版社，2003年），第397—427页。

23. "制造"（Manufacture）一词的概念与指涉，详见Lionel M. Jensen, *Manufacturing Confucianism: Chinese Traditions and Universal Civilization*, pp. 22-28。

24. Jan Divis著，熊寥译，《欧洲瓷器史》（杭州：浙江美术学院出版社，1991年），第8—9页。刺桐城即泉州，根据学者考据，Tiunguy是指汀州或德化。Marco Polo 著，沙海昂注，冯承钧译，《马可·波罗行纪》（北京：商务印书馆，2012年），第342页；关于刺桐城的对外经济活动，详见Kee-long So著，李润强译，《刺桐梦华录：近世前期闽南的市场经济（946—1368）》（杭州：浙江大学出版社，2012年）。

25. Hugh Honour著，刘爱英、秦红译，《中国风：遗失在西方800年的中国元素》（北京：北京大学出版社，2017年），第46页。

26. 有关美第奇家族的历史和弗朗切斯科·美第奇的生平，详见Christopher Hibbert著，冯璇译，《美第奇家族的兴衰》（北京：社会科学文献出版社，2017年）。

27. Jan Divis著，熊寥译，《欧洲瓷器史》（杭州：浙江美术学院出版社，1991年），第23页；Hugh Honour著，刘爱英、秦红译，《中国风：遗失在西方800年的中国元素》（北京：北京大学出版社，2017年），第47页。

28. 殷弘绪这两封信分别写于一七一二年九月一日、一七二二年一月二十五日，第一封信直到一七一六年才在巴黎的杂志上发表。有关殷弘绪的生平，可参见Louis Pfister著，冯承钧译，《在华耶稣会士列传及书目》（北京：中华书局，1995年），第548—555页。殷弘绪这两封信后来收录在法国耶稣会士杜赫德（Du Halde）主编的《耶稣会士中国书简集》，连带也让《耶稣会士中国书简集》洛阳纸贵。《耶稣会士中国书简集》收录了耶稣会传教士寄回欧洲的书信，这类信件的内容主要是介绍当地传教事业进展的情况。不过，传教士也会在信中谈论当地的哲学宗教、政治外交、历史地理、天文仪象、民风习俗、物产工艺、语言文字、舆地交通、科技医学、伦理道德，使得《耶稣会士中国书简集》成为当时欧洲人理解中国的第一手重要文本。参见Isabelle Landry-Deron著，许明龙译，《请中国作证：杜赫德的〈中华帝国全志〉》（北京：商务印书馆，2015年），第38页。殷弘绪关于中国瓷器制造工序这两封信的中译，详见Jean-Baptiste Du Halde编，郑德弟译，《耶稣会士中国书简集：中国回忆录II》（郑州：大象出版社，2001年），第87—113、247—259页。

29. S. A. M. Adshead著，姜智芹译，《世界历史中的中国》（上海：上海人民出版社，2009年），第330页。

30. 有关契恩豪斯、奥古斯特二世、波特格生平与研发瓷器的过程，详见Edmund de Waal著，林继谷译，《白瓷之路》（台北：活字出版，2016年），第143—218页；Jan Divis著，熊寥译，《欧洲瓷器史》（杭州：浙江美术学院出版社，1991年），第31—49页。

31. 从近代欧洲的科学史来看，其实现代所谓的"化学"是从炼金术这门古老且神秘的技艺发展出来的，而炼金术士、药剂师可以说是近代初期欧洲的"科学家"。详见Deborah E. Harkness著，张志敏、姚利芬译，《珍宝宫：伊丽莎白时代的伦敦与科学革命》（上海：上

海交通大学出版社，2017年）一书的科学民族志分析。

32. Marcel Mauss著，佘碧平译，《论礼物：古代社会里交换的形式与根据》，收录在Marcel Mauss著，佘碧平译，《社会学与人类学》（上海：上海译文出版社，2014年），第171—312页。

33. Yunxiang Yan, *The Flow of Gifts: Reciprocity and Social Networks in a Chinese Village* (Stanford: Stanford University Press, 1996), pp. 147-175.

34. John Barrow著，何高济、何毓宁译，《巴罗中国行纪》，收录在何高济、何毓宁译《马戛尔尼使团使华观感》（北京：商务印书馆，2013年），第296页。

35. John Barrow著，何高济、何毓宁译，《巴罗中国行纪》，收录在何高济、何毓宁译《马戛尔尼使团使华观感》（北京：商务印书馆，2013年），第296页。

36. George L. Staunton著，叶笃义译，《英使谒见乾隆纪实》（北京：群言出版社，2014年），第371页；George Macartney著，刘半农译，《乾隆英使觐见记》（天津：百花文艺出版社，2010年），第71页。

37. George L. Staunton著，叶笃义译，《英使谒见乾隆纪实》（北京：群言出版社，2014年），第456—457页。

38. 有关乾隆皇帝对宋瓷的爱好，详见Robert Finlay著，郑明萱译，《青花瓷的故事》（台北：猫头鹰出版社，2011年），第164—168页。

39. Alain Peyrefitte, *The Immobile Empire* (New York: Vintage Books, 2013), p. 276.

40. 葛士濬，《皇朝经世文续编》，卷一〇一，第1970页。转引自关诗珮，《译者与学者：香港与大英帝国中文知识建构》（香港：牛津大学出版社，2017年），第44页。

41. 有关欧洲人遭遇包括中国在内之东方人的翻译问题和历史，可参考Jürgen Osterhammel著，刘兴华译，《亚洲的去魔化：18世纪的欧

洲与亚洲帝国》（北京：社会科学文献出版社，2016年），第164—170页。

42. 五十多年后，英法联军劫掠圆明园，英军统帅额尔金勋爵的传译官、日后曾经到过台湾考察自然生态的斯温霍（Robert Swinhoe，或译为"郇和"），曾在园内见到这两辆马车完好无缺，还可以操作。法国对华远征军总司令蒙托邦（Cousin de Montauban），在他的回忆录里也提到在圆明园内看到英国马车，但蒙托邦却以为是阿美士德（William Pitt Amherst）使节团所赠送的。参见何高济、何毓宁译，《马戛尔尼使团使华观感》（北京：商务印书馆，2013年），第177—178页；Robert Swinhoe著，邹文华译，《1860年华北战役纪要》（上海：中西书局，2011年）；Cousin de Montauban著，王大智、陈娟译，《蒙托邦征战中国回忆录》（上海：中西书局，2011年），第308页。

43. 中国第一历史档案馆编，《英使马戛尔尼访华档案史料汇编》（北京：国际文化出版公司，1996年），第120页。

44. 清代中国早有反射性望远镜的记载，乾隆年间编纂的《皇朝礼器图式》称之为"摄光千里镜"。有关反射性望远镜的讨论，参见韩琦，《礼物、仪器与皇帝：马戛尔尼使团来华的科学使命及其失败》，《科学文化评论》，2005年第2卷第5期，第3—4页。

45. 所谓七政，是指金星、木星、水星、火星、土星、地球、太阳七星，七政仪是以太阳为中心，由此可见，乾隆时代中国已经接受了哥白尼"日心说"的理论。详见王宏志，《张大其词以自炫其奇巧：翻译与马戛尔尼的礼物》，政治大学"知识之礼：再探礼物文化学术论坛"，第106页。

46. Joanna Waley-Cohen, *The Sextants of Beijing: Global Currents in Chinese History* (New York: W. W. Norton & Company, 1999), p. 105; Alain Peyrefitte, *The Immobile Empire*, pp. 104-105, 132.

47. Joanna Waley-Cohen, *The Sextants of Beijing: Global Currents in Chinese History*, p. 105.

48. William Alexander著，赵省伟、邱丽媛编译，《西洋镜：中国衣冠举止图解》（北京：北京理工大学出版社，2016年）；Matthew Craske著，彭筠译，《欧洲艺术：1700—1830——城市经济空前增长时代的视觉艺术史》（上海：上海人民出版社，2016年），第124页。

49. 根据马士（Hosea Ballou Morse）《东印度公司对华贸易编年史（1635—1834年）第一、二卷》（广州：中山大学出版社，1991年）第673页的记载，英属东印度公司自一八〇一年起，即停止自中国进口瓷器。

第五章　瓷器的贸易流动与物质世界

1. Frances Wood著，方永德、宋光丽、方思源译，《中国的魅力：趋之若鹜的西方作家与收藏家》（香港：三联书店，2009年），第67页。

2. 李明在他的回忆录里提到南京城内佛教徒的偶像崇拜，但李明对中国佛教的批评，是基于耶稣会传统排斥佛教的"补儒易佛"策略；笛福在续集里有一段情节，讲述鲁滨孙来到南京城附近的花园，目睹了一段中国人崇拜妖魔的惊人景象，在这段显然是转引自李明回忆录的情节中，中国人的愚昧无知更显得不堪。参见李明著，郭强、龙云、李伟译，《中国近事报道（1687—1692）》（郑州：大象出版社，2004年），第264—266页；Robert Markley, *The Far East and the English Imagination, 1600-1730* (Cambridge: Cambridge University Press, 2006), p. 193.

3. Jonathan D. Spence著，阮叔梅译，《大汗之国：西方眼中的中国》（台北：台湾商务印书馆，2000年），第87页。

4. 这段小说情节，转引自Frances Wood著，方永德、宋光丽、方思源译，《中国的魅力：趋之若鹜的西方作家与收藏家》（香港：三联书店，2009年），第64—66页，文字稍有更动。

5. 英国销售记录显示以"南京"称呼中国青花瓷，最早出现在一七六七年，这应该与瓷器的产地无关。有关"南京"一词的讨论，详见 Stacey Pierson 著，赵亚静译，《中国陶瓷在英国（1560—1960）：藏家、藏品与博物馆》（上海：上海书画出版社，2017年），第44页。

6. Hugh Honour 著，刘爱英、秦红译，《中国风：遗失在西方800年的中国元素》（北京：北京大学出版社，2017年），第20—21页。另外，有关纽霍芬出使中国时复杂的东亚国际背景，其间涉及中国、荷兰、葡萄牙、日本等方面的政治经济利益，以及延续、重演了欧洲耶稣会与新教之间的矛盾和冲突，详见 Robert Markley, *The Far East and The English Imagination 1600-1730*(Cambridge: Cambridge University Press, 2006), pp. 104-129。

7. 刘禾，《燃烧镜底下的真实：笛福、"真瓷"与十八世纪以来的跨文化书写》，收录在孟悦、罗钢主编，《物质文化读本》（北京：北京大学出版社，2008年），第367页。

8. 有关笛福的生平与著作，详见郭建中，《郭建中讲笛福》（北京：北京大学出版社，2013年）。伦敦这场火灾总共肆虐四天，烧毁房屋一万三千二百幢，教堂八十七所，同业公会大厅四十四所。伦敦大火后的重建，急需数量庞大的建材，二十岁就开始经商的笛福，借由伦敦重建的机会，大大发了一笔灾难财。有关伦敦历经火劫和灾后重建的过程，详见 Asa Briggs 著，陈叔平等译，《英国社会史》（北京：商务印书馆，2015年），第168页；Peter Ackroyd 著，翁海贞等译，《伦敦传》（南京：译林出版社，2016年），第182—205页。

9. 转引自刘禾，《燃烧镜底下的真实：笛福、"真瓷"与十八世纪以来的跨文化书写》，收录在孟悦、罗钢主编，《物质文化读本》，第375页。

10. Joel Mokyr, *The Enlightened Economy: An Economic History of Britain 1700-1856*(New Haven: Yale University Press, 2009), p. 412.

11. Eugenia Zuroski Jenkins, *A Taste for China: English Subjectivity and the Prehistory of Orientalism*(Oxford: Oxford University Press, 2013), pp. 75-78.

12. Hugh Honour 著，刘爱英、秦红译，《中国风：遗失在西方800年的中国元素》（北京：

北京大学出版社，2017年），第88页。

13. Shirley Ganse 著，张关林译，《中国外销瓷》（香港：三联书店，2008年），第88—92页。马洛特，法国人，胡格诺派教徒，但为了躲避愈演愈烈的反新教情绪，逃往荷兰寻求庇护，为奥兰治亲王（Prince of Orange）效力，设计宫殿和花园。后来，他又前往英国在汉普顿宫工作。马洛特极具设计才华，把它们运用到王室宅邸的每一方面，从建筑本身、花园，到家具、钟表等。参见 Hugh Honour 著，刘爱英、秦红译，《中国风：遗失在西方800年的中国元素》（北京：北京大学出版社，2017年），第87页。

14. 袁泉、秦大树，《走向世界的明清陶瓷》（上海：上海古籍出版社，2015年），第83页。

15. 转引自 Frances Wood 著，方永德、宋光丽、方思源译，《中国的魅力：趋之若鹜的西方作家与收藏家》（香港：三联书店，2009年），第68页。笛福对玛丽王后的批评，不全然是因为她在英国社会掀起了荒诞奢靡的时尚流行，应该还涉及笛福对贸易政策的不满，显然他主张政府应该采取干预措施保护本国的产业，而非接受自由贸易原则，放任中国瓷器大量进口。根据经济学家的说法，自十五世纪末，英国数百年的贸易政策都秉持一条简单原则：进口原材料，出口工业制成品，以扶持本国制造业。例如，亨利七世登基后，为了保护英格兰的纺织业，对英格兰羊毛等原料课征出口关税，推升了外国同业的生产成本，让英格兰纺织业更具竞争力。直到一百年后的伊丽莎白一世，英格兰纺织业厚植足够产能吸纳国内生产的原料时，便终止所有原毛料的出口。笛福曾为文盛赞这种贸易战略的高明，并冠以"都铎计划"称号。详见 Erik S. Reinert 著，杨虎涛、陈国涛等译，《富国为什么富，穷国为什么穷》（北京：中国人民大学出版社，2010年），第59—61页。

16. "China"作为帝国和一种商品，对十八世纪英国的文化冲击，详见 Chi-Ming Yang, *Performing China: Virtue, Commerce, and Orientalism in Eighteenth-Century England, 1660-1760*(Baltimore: The Johns Hopkins

University Press, 2011)。

17. Robert Markley, *The Far East and the English Imagination, 1600-1730*(Cambridge: Cambridge University Press, 2006), pp. 8-9.

18. Andre Gunder Frank, *ReOrient: Global Economy in the Asian Age*(Berkeley: University of California Press, 1998); R. Bin Wong, *China Transformed: Historical Change and the Limits of European Experience*(Ithaca: Cornell University Press, 2000); Giovanni Arrighi, *Adam Smith in Beijing: Lineages of the Twenty-First Century*(London: Verso, 2007); Takeshi Hamashiya, *China, East Asia and the Global Economy: Regional and Historical Perspectives*(London: Routledge, 2008); Kenneth Pomeranz, *The Great Divergence: China, Europe, and the Making of the Modern World Economy*(New Jersey: Princeton University Press, 2000).

19. Eric Hayot 著，袁剑译，《假想的"满大人"：同情、现代性与中国疼痛》（南京：江苏人民出版社，2012年），第10—11页；欧洲世界有关中国的知识系谱，详见Timothy Brook and Gregory Blue, eds., *China and Historical Capitalism: Genealogies of Sinological Knowledge*(Cambridge: Cambridge University Press, 1999)。

20. 有关中国朝贡贸易体系的国际政经效应，详见滨下武志著，朱荫贵、欧阳菲译，《近代中国的国际契机：朝贡贸易体系与近代亚洲经济圈》（北京：中国社会科学出版社，1999年）；David C. Kang著，陈昌煦译，《西方之前的东亚：朝贡贸易五百年》（北京：社会科学文献出版社，2016年）。明清时代中国与欧洲的贸易关系，可参考John E. Wills, Jr., ed., *China and Maritime Europe, 1500-1800: Trade, Settlement, Diplomacy, and Mission* (Cambridge: Cambridge University Press, 2011)。国际贸易的白银角色，详见林满红，《银线：十九世纪的世界与中国》（台北：台大出版中心，2016年）。

21. 刘强，《第一次经济全球化中中国制瓷业的兴衰》，收录在张丽等著，《经济全球化的历史视角：第一次经济全球化与中国》（杭州：

浙江大学出版社，2012年），第153—201页；罗苏文，《近代景德镇瓷业的经营环境及瓷都的演变》，收录在姜进、李德英主编，《近代中国城市与大众文化》（北京：新星出版社，2008年），第141—160页；Kee-long So著，李润强译，《刺桐梦华录：近世前期闽南的市场经济（946—1368）》（杭州：浙江大学出版社，2012年），第202—221页。

22. 以下有关各种中国外销瓷、贸易瓷的叙述，主要参考Shirley Ganse著，张关林译，《中国外销瓷》（香港：三联书店，2008年）；袁泉、秦大树，《走向世界的明清陶瓷》（上海：上海古籍出版社，2015年）；曾玲玲，《瓷话中国：走向世界的中国外销瓷》（北京：商务印书馆，2014年）；余春明，《中国名片：明清外销瓷探源与收藏》（北京：生活·读书·新知三联书店，2011年）。

23. 转引自余春明，《中国名片：明清外销瓷探源与收藏》（北京：生活·读书·新知三联书店，2011年），第46页。

24. 有关清代的外贸政策与制度，详见Gang Zhao, *The Qing Opening to the Ocean: Chinese Maritime Policies, 1684-1757*(Honolulu: University of Hawai'i Press, 2013)。

25. 刘强，《第一次经济全球化中中国制瓷业的兴衰》，收录在张丽等著，《经济全球化的历史视角：第一次经济全球化与中国》（杭州：浙江大学出版社，2012年），第167页。

26. "mandarin"系葡萄牙语，意指统治或管理。十七世纪葡萄牙人在与中国通商时，不分文臣或武将，高官或小吏，皆以"mandarin"称呼。从康熙到道光年间，尤以乾隆年间最盛，外销欧美的广彩瓷出现许多以清装人物为主题的式样，西方人习惯称这种纹饰为满大人图案。详见曾玲玲，《瓷话中国：走向世界的中国外销瓷》（北京：商务印书馆，2014年），第108页。

27. 有关中国"文人画"的特质，可参考Susan Bush著，皮佳佳译，《心画：中国文人画五百年》（北京：北京大学出版社，2017年）。

28. 曾玲玲，《瓷话中国：走向世界的中国外销瓷》（北京：商务印书馆，2014年），第92—99页。

29. 熊文华，《荷兰汉学史》（北京：学苑出版社，2012年），第30页。Christopher M. S. Johns, *China and the Church: Chinoiserie in Global Context* (Oakland: University of California Press, 2016), p. 48.

30. 蓝色群青是一种珍贵的颜料，必须经由费力的过程从青金石中提炼制成。早在古埃及文明时期，这种半宝石矿物就被用来作为装饰品，其主要产地在阿富汗，欧洲一直到十四世纪才开始普遍使用群青为颜料。在欧洲，绘画赞助人指定价格不菲的群青作为绘画的颜料，除了夸示财富地位，还有要在绘画中传递虔诚信仰的用意，因为绘画中圣母玛利亚身穿的长袍都是蓝色的。有关群青、青金石及其社会的象征意义，详见英国科普作家 Philip Ball 著，何本国译，《明亮的泥土：颜料发明史》（南京：译林出版社，2018年）。

31. Shirley Ganse 著，张关林译，《中国外销瓷》（香港：三联书店，2008年），第68—69页。

32. Norbert Elias 著，王佩莉、袁志英译，《文明的进程：文明的社会发生和心理发生的研究》（上海：上海译文出版社，2018年），第53—74页。

33. 克拉克瓷的名称由来众说纷纭，比较流行的说法是源自葡萄牙的克拉克船，这种商船往来于东西方之间，以越洋运输瓷器而著称。荷兰人与葡萄牙人海上争霸，经常袭击抢劫葡萄牙人的克拉克商船，并将船货中的瓷器命名为克拉克瓷。另有一说，克拉克瓷一般轻薄易碎，克拉克一词源自英文的 "crack"（破碎）。克拉克瓷的名称由来，参见袁泉、秦大树，《走向世界的明清陶瓷》（上海：上海古籍出版社，2015年），第178页。

34. 余春明，《中国名片：明清外销瓷探源与收藏》（北京：生活·读书·新知三联书店，2011年），第32页。

35. 曾玲玲，《瓷话中国：走向世界的中国外销瓷》（北京：商务印书馆，2014年），第32页。

36. 遮阳伞是一种特权阶级才能享受的奢侈品，在西方文化中象征权力与地位。遮阳伞缘起于古埃及文明，但当时的伞仅能一直保持撑开的状态，无法合拢，直到十三世纪在意大利才出现闭合式的伞，不过无论如何，沉重的木质伞柄一直都是主流，所以王公贵族、豪门富室之家都会有专门打伞的奴隶或仆人。参见中野京子著，俞隽译，《名画之谜：历史故事篇》（北京：中信出版社，2015年），第44页。

37. 有关纹章瓷图案的色彩分类、图案辨识和家族渊源，可参考余春明，《中国名片：明清外销瓷探源与收藏》（北京：生活·读书·新知三联书店，2011年）一书的第四章。

38. Peter Burke 著，杨元、蔡玉辉译，《文化杂交》（南京：译林出版社，2016年）。

39. 十六世纪，利玛窦等耶稣会传教士东渡抵华，带来欧洲的油画、版画，随之也把欧洲的绘画技巧如透视技法传入中国。艺术史家苏立文（Michael Sullivan）认为，西洋透视技法虽然仍受到中国画家的抵制，欧洲绘画技法还是难以全面被中国画家接受，不过已经为中国画家摆脱传统技巧、开启创新带来可能。苏立文以张宏绘画的作品《止园全景》为例，这幅画令人意外地采取全景透视技法，实在很难想象，张宏若是没见过像布劳恩和霍根伯格制作的法兰克福鸟瞰图版画，怎么可能运用全景透视技法画出《止园全景》这样的作品。参见 Michael Sullivan 著，赵潇译，《东西方艺术的交会》（上海：上海人民出版社，2014年），第61页。有关透视法，详见 Marita Sturken、Lisa Cartwright 著，陈品秀、吴莉君译，《观看的实践：给所有影像世代的视觉文化导论》（台北：脸谱出版社，2013年），第四章。

40. 余佩瑾，《清宫传世"仿洋瓷瓶"及相关问题》，《故宫文物月刊》，2017年5月第410期，第78—89页。

41. Edward Wadie Said 著，王宇根译，《东方学》（北京：生活·读书·新知三联书店，2007年）。

42. 曾玲玲，《瓷话中国：走向世界的中国外销瓷》（北京：商务印书馆，2014年），第102—

103 页。十七世纪之前，欧洲人所使用的餐具，多为木质或陶器，还十分粗糙。中国瓷器大量输入欧洲，让欧洲人体验了精致轻盈的餐具，并且懂得成套使用，推动了欧洲的"餐桌革命"。根据艺术史家雷德侯（Lothar Ledderose）的研究，自古以来中国的餐具都是成套烧制的，这凸显饮食作为一种社会活动的性质，同时也符合经济理性；因为对于商人而言，成套烧制量大，有助于合理化生产组织，另一方面，消费者整套而非单件购买，需求量就更多，符合规模经济。这种经济理性也同样适用于外销瓷。雷德侯认为，欧洲人使用成套餐具是受中国的影响。参见 Lothar Ledderose 著，张总等译，《万物：中国艺术中的模件化和规模化生产》（北京：生活·读书·新知三联书店，2012 年），第 136—137 页。

43. Christopher M. S. Johns, *China and the Church: Chinoiserie in Global Context* (Oakland: University of California Press, 2016), pp. 51-52.

44. 有关卡尔夫与同时代荷兰画家的绘画风格与技巧，详见 Mariet Westermann 著，张永俊、金菊译，《荷兰共和国艺术（1585—1718）》（北京：中国建筑工业出版社，2008 年）。

45. Tzvetan Todorov 著，曹丹红译，《日常生活颂歌：论十七世纪荷兰绘画》（上海：华东师范大学出版社，2012 年）。

46. 写实主义一词以现在的意义于一八三五年被法国人使用，但当时并不是用来指十九世纪的小说，而恰恰是指涉十七世纪的荷兰绘画。参见 Tzvetan Todorov 著，曹丹红译，《日常生活颂歌：论十七世纪荷兰绘画》（上海：华东师范大学出版社，2012 年），第 73 页。

47. 杰出的风俗派画家往往都是擅长捕捉光影的大师，但奇怪的是，大多数风俗画对光影的处理，都是让光线的光源从左边照亮人、静物和风景。

48. Svetlana Alpers 著，冯白帆译，《伦勃朗的企业：工作室与艺术市场》（南京：江苏凤凰美术出版社，2014 年），作者以有别于正统艺术史的方式，分析伦勃朗绘画工作室及其市场行销的模式；有关 Frans Hals 的生平与

荷兰绘画的社会生态，可参考 Steven Nadler, *The Philosopher, the Priest, and the Painter: A Portrait of Descartes* (New Jersey: Princeton University Press, 2013)，在这本书中，作者抽丝剥茧，追查卢浮宫典藏署名 Frans Hals 所绘的《笛卡尔画像》，是否真的是出自 Frans Hals。

49. 根据生理学的研究，当一种颜色与其互补色并置时，两种颜色彼此强化，产生共鸣，看起来会更为鲜明，歌德把这种对立的色彩称作"受到召唤"的颜色。这一观点成为十九世纪喜爱着色的艺术家，尤其是印象派画家创作思考的核心。其实，达·芬奇就曾说过："同样完美的不同颜色，在靠近与其相反的颜色时，将显得最为出色……蓝色在黄色附近、红色在绿色附近；因为每种颜色，当与其相反色对立时，将比与它的任何类似色对立显得更清楚。"详见 Philip Ball 著，何本国译，《明亮的泥土：颜料发明史》（南京：译林出版社，2018 年），第 49—50 页。

50. Francoise Barbe-Gall 著，郑柯译，《如何看一幅画》（北京：中信出版社，2014 年），第 79 页；熊文华，《荷兰汉学史》（北京：学苑出版社，2012 年），第 34 页。

51. 有关台夫特陶的历史与风格，详见陈进海，《世界陶瓷（第三卷）》（沈阳：万卷出版公司，2006 年），第 537—541 页。

52. Shirley Ganse 著，张关林译，《中国外销瓷》（香港：三联书店，2008 年），第 83 页。

53. Werner Sombart 著，王燕平、侯小河译，《奢侈与资本主义》（上海：上海人民出版社，2005 年）；Thorstein Veblen 著，李华夏译，《有闲阶级论》（台北：左岸文化，2007 年）。

54. Mariet Westermann 著，张永俊、金菊译，《荷兰共和国艺术（1585—1718）》（北京：中国建筑工业出版社，2008 年），第 82—83 页。《戴珍珠耳环的少女》这部电影，改编自以维梅尔为主题的小说，在电影中设计了一段情节介绍这部玻璃透镜的原始相机。

55. Edward Dolnick 著，黄珮玲译，《机械宇宙：艾萨克·牛顿、皇家学会与现代世界的诞生》（北京：社会科学文献出版社，2016 年），第

115页。

56. 十七世纪的荷兰哲学家斯宾诺莎也是以玻璃镜片生产商为职业生涯的起点的。

57. Leonard Blusse, *Canton, Nagasaki, and Batavia and the Coming of the Americans* (Cambridge: Harvard University Press, 2008).

58. Simon Schama, "Perishable Commodities: Dutch Still-life Painting and the 'Empire of Things'," in John Brewer & Roy Porter, eds., *Consumption and the World of Goods*(London: Routledge, 1994), pp. 478-488.

59. Simon Schama, *The Embarrassment of Riches: An Interpretation of Dutch Culture in the Golden Age*(New York: Vintage, 1987).

60. Richard Sennett著，李继宏译，《匠人》（上海：上海译文出版社，2015年），第90—91页。

61. Mariet Westermann著，张永俊、金菊译，《荷兰共和国艺术（1585—1718）》（北京：中国建筑工业出版社，2008年），第11页。

第六章　英国的消费主义社会与瓷器文化

1.Jerry Z. Muller著，余晓成、芦画泽译，《市场与大师：西方思想如何看待资本主义》（北京：社会科学文献出版社，2016年），第12—31页。法国历史学家Alain Peyrefitte，引述蒙田在其随笔当中一段著名的话，"一个人的获利就是一个人的损失"，点出中古世纪欧洲社会，特别是天主教会对商人与商业活动的排斥与不信任，参见Alain Peyrefitte著，邱海婴译，《信任社会》（北京：商务印书馆，2016年）。

2.Max Weber著，阎克文译，《新教伦理与资本主义精神》（上海：上海人民出版社，2010年），第200页。

3.Timothy Brook著，方骏、王秀丽、罗天佑译，《纵乐的困惑——明朝的商业与文化》（台北：联经出版社，2004年）。明清时代中国人的消费文化，参见巫仁恕，《奢侈的女人：明

清时期江南妇女的消费文化》（北京：商务印书馆，2016年）。

4.Cynthia J. Brokaw著，杜正贞、张林译，《功过格：明清社会的道德秩序》（杭州：浙江人民出版社，1999年）。但是，对佛教徒而言，就没有像儒家文人对财富可能败坏德行的忧虑，根据卜正民（Timothy Brook）的解释，晚明佛教徒认为，"财富是通过业力重新分配而分配的，富人只不过享受前世善业的果报"。参见Timothy Brook著，张华译，《为权力祈祷：佛教与晚明中国士绅社会的形成》（南京：江苏人民出版社，2008年），第337页。

5.Albert O. Hirschman, *The Passions and the Interests: Political Arguments for Capitalism Before Its Triumph*(New Jersey: Princeton University Press, 2013), p. 17. 这段译文转引自Albert O. Hirschman著，冯克利译，《欲望与利益：资本主义胜利之前的政治争论》（杭州：浙江大学出版社，2015年），第14页。

6.在西方近代初期政治思想史上，曼德维尔和马基雅维利、霍布斯三人，被时人公认为是与魔鬼为伍，宣扬败德行为的思想家。参见David Runciman, *Political Hypocrisy: The Mask of Power, From Hobbes to Orwell and Beyond* (New Jersey: Princeton University Press, 2008), pp. 45-73.

7.Bernard Mandeville著，肖聿译，《蜜蜂的寓言》（北京：商务印书馆，2016年）。

8.Albert O. Hirschman, *The Passions and the Interests: Political Arguments for Capitalism Before Its Triumph*(New Jersey: Princeton University Press, 2013), pp. 43-56.

9.Adam Smith著，谢宗林译，《道德情感论》（台北：五南图书出版股份有限公司，2013年），第253—254页；Adam Smith著，谢祖钧译，焦雅君校订，《国富论（上）》（北京：中华书局，2012年），第402页。经济史家Emma Rothschild提到，事实上亚当·斯密分别在三个不同场合提到过"看不见的手"，除《道德情感论》《国富论》之外，亚当·斯密还在成书于一七五八年之前、死后发表的《天

文学的历史》(*History of Astronomy*)中首度使用这一著名隐喻。根据 Emma Rothschild 对亚当·斯密这只"看不见的手"的梳理，尽管当代著名经济学家 Kenneth Arrow 盛赞它代表经济思想对社会过程之认识的最大贡献，但其实亚当·斯密的本意并没有特别推崇这只"看不见的手"。Emma Rothschild 认为，最好把"看不见的手"理解为亚当·斯密一个温和讽刺的笑话。参见 Emma Rothschild 著，赵劲松、别曼译，《经济情操论：亚当·斯密、孔多塞与启蒙运动》(北京：社会科学文献出版社，2013年)，第128—187页。《天文学的历史》一文，收录在 Adam Smith 著，石小竹、孙明丽译，《亚当·斯密哲学文集》(北京：商务印书馆，2016年)，第3—106页。

10.Robert Nozick, *Anarchy, State, and Utopia* (Oxford: Blackwell, 1997), p. 18.另外，还可参考 Hannah Arendt, *The Human Condition*(Chicago: Chicago University Press, 1998), p. 185的讨论。

11.Charles Taylor 著，张国清、朱进东译，《黑格尔》(南京：译林出版社，2009年)，第6页。

12.Charles Taylor 著，张国清、朱进东译，《黑格尔》(南京：译林出版社，2009年)，第534—535页。

13.根据哥伦比亚大学宗教学教授 Mark C. Taylor 的分析，宗教改革家加尔文比亚当·斯密更早使用"看不见的手"这一隐喻，而身为苏格兰人的亚当·斯密，本人也属加尔文教派。有关亚当·斯密市场经济理论与加尔文教派教义之间的亲缘性，详见 Mark C. Taylor 著，文晗译，《为什么速度越快，时间越少：从马丁·路德到大数据时代的速度、金钱与生命》(北京：中国政法大学出版社，2018年)，第53—60页。

14.转引自 Albert O. Hirschman 著，冯克利译，《欲望与利益：资本主义胜利之前的政治争论》(杭州：浙江大学出版社，2015年)，第54—55页。

15.转引自 Albert O. Hirschman 著，冯克利译，《欲望与利益：资本主义胜利之前的政治争论》(杭州：浙江大学出版社，2015年)，第55页。

16.James L. Hevia 对英王乔治三世给乾隆那封信的分析，详见 James L. Hevia, *Cherishing Men from Afar: Qing Guest Ritual and the Macartney Embassy of 1793*(Durham: Duke University Press, 1995), pp. 60-63。

17.Sarah Maza 著，郭科、任舒怀译，《法国资产阶级：一个神话》(杭州：浙江大学出版社，2018年)，第73—74页。

18.转引自 Sarah Maza 著，郭科、任舒怀译，《法国资产阶级：一个神话》(杭州：浙江大学出版社，2018年)，第73页。

19.英国也颁布禁奢令，但到了十六世纪末已经无法抵挡社会上升的消费趋势而成为一纸空文，最后在一六○一年被国王詹姆士一世废除。参见 David Landes 著，谢怀筑译，《解除束缚的普罗米修斯：1750年迄今西欧的技术变革和工业发展》(北京：华夏出版社，2007年)，第50页。

20.详见 Christopher Berry 著，江红译，《奢侈的概念：概念及历史的探究》(上海：上海人民出版社，2005年)一书对奢侈概念的讨论。

21.Maxine Berg and Elizabeth Eger, "The Rise and Fall of Luxury Debates," in Maxine Berg and Elizabeth Eger, eds., *Luxury in the Eighteenth Century: Debates, Desires and Delectable Goods* (New York: Palgrave Macmillan, 2003), pp. 7-27.

22.Bernard Mandeville 著，肖聿译，《蜜蜂的寓言》(北京：商务印书馆，2016年)。

23.Colin Campbell 著，何承恩译，《浪漫伦理与现代消费主义精神》(台北：五南图书出版股份有限公司，2016年)，第22页。

24.Maxine Berg, "Asian Luxuries and the Making of the European Consumer Revolution," in Maxine Berg and Elizabeth Eger, eds., *Luxury in the Eighteenth Century: Debates, Desires and Delectable Goods*, pp. 228-244.

25.浅田实著，顾姗姗译，《东印度公司：巨额商业资本之兴衰》(北京：社会科学文献出版社，2016年)，第42—56页；羽田正著，林咏纯译，《东印度公司与亚洲的海洋：跨国公司如何创造二百年欧亚整体史》(台北：八旗文化，2018年)，第268—274页；Giorgio Riello

著，刘媺译，《棉的全球史》（上海：上海人民出版社，2018年）。

26.Maxine Berg, *Luxury & Pleasure: In Eighteenth-Century Britain*(Oxford: Oxford University Press, 2005), pp. 205-219.

27.Colin Campbell著，何承恩译，《浪漫主义与现代消费主义精神》（台北：五南图书出版股份有限公司，2016年），第21—22页。

28.Neil McKendrick, "Home Demand and Economic Growth: A New View of the Role of Women and Children in the Industrial Revolution," in Neil McKendrick, ed., *Historical Perspectives: Studies in English Thought and Society in Honour of J. H. Plumb* (London: Europa Publications, 1974), p. 200, 209.

29.Bernard Mandeville著，肖聿译，《蜜蜂的寓言》（北京：商务印书馆，2016年），第97—98页。

30.Jean-Christophe Agnew, "Coming Up for Air: Consumer Culture in Historical Perspective," in John Brewer & Roy Porter, eds., *Consumption and the World of Goods*(London: Routledge, 1994), p. 24.

31.Adam Smith著，谢宗林译，《道德情感论》（台北：五南图书出版股份有限公司，2013年），第268页。

32.对约书亚·玮致活行销策略的分析，详见Neil McKendrick, "Josiah Wedgwood and the Commercialization of the Potteries," in Neil McKendrick, John Brew and J. H. Plumb, *The Birth of a Consumer Society: The Commercialization of Eighteenth-Century England* (Bloomington: Indiana University Press, 1982).

33.J. G. A. Pocock著，冯克利译，《德行、商业和历史：18世纪政治思想与历史论辑》（北京：生活·读书·新知三联书店，2012年），第168页。根据希腊神话，普罗米修斯从神那里盗火给人类，天神宙斯为了惩罚人类，于是命令匠神赫菲斯托斯用水和泥土塑造了一个年轻女子潘多拉，她拥有智慧女神雅典娜的织

布巧手，爱神阿佛洛狄忒的魅惑天赋，精通言词的商业之神赫尔墨斯则赋予她欺骗的伎俩和对各种欲望永不餍足的贪念。她还鲁莽地打开了一个奇特的瓶子（即所谓"潘多拉的盒子"），释放出疾病、不幸与苦难。虽然还留着"希望"，但是对希腊人而言，希望就是一直处在某种不可得的需求，还是一种不满意、不幸福的状态。而普罗米修斯所盗的"火"，根据古希腊人的观念，以火烹饪食物是"人"与"兽"的主要分野，又是一种"技术"与"科学"的象征，颇为符合"经济人"的理性寓意。有关普罗米修斯与潘多拉的神话寓意，详见Luc Ferry著，曹明译，《神话的智慧》（上海：华东师范大学出版社，2017年），第136—149页。

34.David Porter, *The Chinese Taste in Eighteenth-Century England*(Cambridge: Cambridge University Press, 2010), p. 31.

35.Maxine Berg, *Luxury & Pleasure: In Eighteenth-Century Britain*(Oxford:Oxford University Press, 2005), p. 236.

36.Werner Sombart著，王燕平、侯小河译，《奢侈与资本主义》（上海：上海人民出版社，2005年）。

37.David Porter, *The Chinese Taste in Eighteenth-Century England*(Cambridge: Cambridge University Press, 2010), p. 137.

38.Georg Simmel著，费勇等译，《时尚的哲学》（广州：花城出版社，2017年），第93—124页。

39.Jan de Vries, "Between purchasing power and the world of goods: understanding the household economy in early modern Europe," in John Brewer & Roy Porter, eds., *Consumption and the World of Goods*, pp. 85-132. 另外，经济学家Jan Luiten van Zanden和Tine de Moor在其《女性的能量：中世纪末期北海地区的劳动力市场和欧洲婚姻模式》一文中，从欧洲的婚姻模式、家庭结构、财产继承等社会生活面向，探讨英国女性相对比较愿意参与劳动市场的原因。参见Jan Luiten van Zanden著，隋福民译，《通往工业革命的漫长道路：全球视野下

的欧洲经济，1000—1800 年》（杭州：浙江大学出版社，2016 年），第 120—167 页。对"范伯伦效应"解释模式的系统性评论和批判，可参见 Colin Campbell 著，何承恩译，《浪漫伦理与现代消费主义精神》（台北：五南图书出版股份有限公司，2016 年），第 44—50 页。

40.Neil McKendrick, John Brew and J. H. Plumb, *The Birth of a Consumer Society: The Commercialization of Eighteen-Century England* (Bloomington: Indiana University Press, 1982), p. 11.

41.Pierre Bourdieu, *Distinction: A Social Critique of the Judgment of Taste* (London: Routledge, 2010)；中文翻译见刘晖译，《区分：判断力的社会批判（上）（下）》（北京：商务印书馆，2015 年），特别是该书的第一章。

42.John Berger 著，戴行钺译，《观看之道》（桂林：广西师范大学出版社，2015 年），第 89 页。

43.David Porter, *The Chinese Taste in Eighteenth-Century England* (Cambridge: Cambridge University Press, 2010), pp. 60-77.

44.详见 Peter Gay 著，刘北成译，《启蒙时代（上）：现代异教精神的兴起》（上海：上海人民出版社，2015 年），第一、二章。

45.Edward Gibbon 著，戴子钦译，《吉本自传》（上海：上海译文出版社，2013 年），第 113 页。

46.转引自 David Porter, *The Chinese Taste in Eighteenth-Century England* (Cambridge: Cambridge University Press, 2010), p. 149.

47.Richard Sennett 著，李继宏译，《公共人的衰落》（上海：上海译文出版社，2014 年），第 111 页。

48.Craig Calhoun, "Introduction: Habermas and the Public Sphere"，有关女性主义者对公共领域概念的批判，见 Lloyd Kramer, "Habermas, History, and Critical Theory"，这两篇文章收录在 Craig Calhoun, ed., *Habermas and the Public Sphere* (Cambridge: The MIT Press, 1992)；有关英国咖啡馆的社会角色与功能，详见 Brian Cowan, *The Social Life of Coffee:* *The Emergence of the British Coffeehouse* (New Haven: Yale University Press, 2005)。

49.详见王笛，《茶馆：成都的公共生活和微观世界，1900—1950》（北京：社会科学文献出版社，2010 年），第 175—184 页。

50.Alan Macfarlane、Iris Macfarlane 著，扈喜林译，《绿色黄金：茶叶帝国》（北京：社会科学文献出版社，2016 年），第 111 页。

51.Jane Pettigrew 著，邵立荣译，《茶设计》（济南：山东画报出版社，2013 年），第 80 页。

52.Alan Macfarlane、Iris Macfarlane 著，扈喜林译，《绿色黄金：茶叶帝国》（北京：社会科学文献出版社，2016 年），第 118—119 页。

53.文基营著，殷潇云、曹慧译，《红茶帝国》（武汉：华中科技大学出版社，2016 年），第 60 页。有不少学者认为，"Bohea"是指武夷山所产的茶，通常是用于上等的红茶，所以应该把西方文献中的"Bohea Tea"翻译成"红茶"。参见肖坤冰，《茶叶的流动：闽北山区的物质、空间与历史叙事（1644—1949）》（北京：北京大学出版社，2013 年），第 100 页。另外，直到十九世纪中叶，英国茶叶猎人福钧（Robert Fortune）前往中国盗取茶种之后，英国人才知道红茶与绿茶其实是同一种植物，差别只在于制造有无氧化过程，红茶是经过发酵的，绿茶则否，从而推翻过去林奈（Carols von Linné）对茶叶的分类方法。见 Sarah Rose 著，孟驰译，《茶叶大盗：改变世界史的中国茶》（北京：社会科学文献出版社，2015 年）。

54.肖坤冰，《茶叶的流动：闽北山区的物质、空间与历史叙事（1644—1949）》（北京：北京大学出版社，2013 年），第 97—100 页。

55.Victor H. Mair、Erling Hoh 著，高文海译，《茶的世界史》（香港：商务印书馆，2013 年），附录三《茶的词源考》，第 256—270 页。

56.George L. Staunton 著，叶笃义译，《英使谒见乾隆纪实》（北京：群言出版社，2014 年），第 11—12 页。

57.Fernand Braudel 著，施康强、顾良译，《十五至十八世纪的物质文明、经济和资本主义

（第一卷）》（北京：商务印书馆，2017年），第332页。

58.Sarah Rose 著，孟驰译，《茶叶大盗：改变世界史的中国茶》（北京：社会科学文献出版社，2015年），第46页。

59.有关邱园的历史沿革，详见 Kathy Willis、Carolyn Fry 著，珍栎译，《绿色宝藏：英国皇家植物园史话》（北京：生活·读书·新知三联书店，2018年）。

60.有关班克斯的生平，可参考科学史家 Patricia Fara 著，李猛译，《性、植物学与帝国》（北京：商务印书馆，2017年）。其在马夏尔尼使节团中所扮演的角色，详见 Peter J. Kitson, *Forging Romantic China: Sino-British Cultural Exchange 1760-1840* (Cambridge: Cambridge University Press, 2013), pp. 134-143; Fa-ti Fan 著，袁剑译，《清代在华的英国博物学家：科学、帝国与文化遭遇》（北京：中国人民大学出版社，2011年），第12页；Lucile H. Brockway, "Science and Colonial Expansion: The Role of the British Royal Botanic Gardens," in Sandra Harding, ed., *The Postcolonial Science and Technology Studies Reader* (Durham: Duke University Press, 2011), pp. 127-149.

61.Stacey Pierson 著，赵亚静译，《中国陶瓷在英国（1560—1960）：藏家、藏品与博物馆》（上海：上海书画出版社，2017年），第28页。

62.Longxi Zhang, *Mighty Opposites: From Dichotomies to Differences in the Comparative Study of China*(Stanford: Stanford University Press, 1998); Timothy Brook and Gregory Blue, eds., *China and Historical Capitalism: Genealogies of Sinological Knowledge* (Cambridge: Cambridge University Press, 1999).

63.详见 Patricia Fara 著，李猛译，《性、植物学与帝国》（北京：商务印书馆，2017年）。

第七章　科学企业家

1.Steven Shapin, *The Scientific Life: A Moral History of Late Modern Vocation*(Chicago: Chicago University Press, 2008), pp. 209-267.

2.Sidney Pollard, *The Genesis of Modern Management* (London: Penguin, 1968).

3.Robert E. Schofield, *The Lunar Society of Birmingham: A Social History of Provincial Science and Industry in Eighteenth-Century England* (Oxford: Oxford University Press, 1963), p. 48.

4.Regina Lee Blaszczyk, *Imagining Consumers: Design and Innovation from Wedgwood to Corning*(Baltimore: The Johns Hopkins University Press, 2000), pp. 6-9.

5.详见 Richard Sennett 著，李继宏译，《公共人的衰落》（上海：上海译文出版社，2014年），第61—85页，第三章《观众：陌生人的聚集》，对伦敦、巴黎城市布尔乔亚化后衍生出陌生人现象及相关问题的讨论。

6.Georg Simmel 著，费勇等译，《陌生人》，收录在《时尚的哲学》（广州：花城出版社，2017年），第148、150页。

7.Joel Mokyr, *The Enlightened Economy: An Economic History of Britain 1700-1850*(New Heaven: Yale University Press, 2012), p. 3.

8.James Vernon 著，张祝馨译，《远方的陌生人：英国是如何成为现代国家的》（北京：商务印书馆，2017年），第144—145页。

9.Hilton L. Root 著，刘宝成译，《国家发展动力》（北京：中信出版社，2018年），第47页。

10.Peter Clark, *British Clubs and Societies 1580-1800: The Origins of an Associational World* (Oxford: Oxford University Press, 2000).

11.Francis Fukuyama 著，郭华译，《信任：社会美德与创造经济繁荣》（桂林：广西师范大学出版社，2016年）。Robert I. Rotberg, ed., *Patterns of Social Capital: Stability and Change in Historical Perspective*(Cambridge: Cambridge University Press, 2001).

12.Nan Lin, *Social Capital: A Theory of Social Structure and Action*(Cambridge: Cambridge University Press, 2002), p. 20.

13.Joel Mokyr 著，姜井勇译，《企业家精神和英国工业革命》，收录在 David S. Landes、Joel Mokyr、William J. Baumol 编著，姜井勇译，《历史上的企业家精神：从古代美索不达米亚到现代》（北京：中信出版社，2016年），第220—252页。

14.Joel Mokyr, *The Enlightened Economy: An Economic History of Britain 1700-1850*(New Haven: Yale University Press, 2009), pp. 28-29; Bruce G. Carruthers, "From City of Capital: Politics and Markets in the English Financial Revolution," in Frank Dobbin, eds., *The New Economic Sociology: A Reader*(New Jersey: Princeton University Press, 2004), pp. 457-481.

15.有关这时期英国的财政政策和税收制度，可参考 Isser Woloch、Gregory S. Brown 著，陈蕾译，《18世纪的欧洲：传统与进步，1715—1789》（北京：中信出版社，2016年），第59—64页。

16.南海公司成立后，英国政府授予这家公司南美洲的贸易垄断权；作为回报，该公司同意购买因西班牙王位继承战争所导致的公共债务。英国大众认为西班牙的势力很快就会衰落，南海公司大幅获利前景可期，所以，社会各阶层的人士争相购买该公司股票，造成该公司股价飙涨。到了一七二〇年夏天，泡沫破裂，股价暴跌，造成投资人血本无归。讽刺的是，英国政府通过《泡沫法案》的原本目的，非但不是要遏止投机的歪风，反而是为了协助南海公司，在投资狂潮之下，避免其他类似的公司对股票市场资金造成排挤作用。结果，法案通过后，反而引起投资人的疑虑，造成股价的狂泻。参见 Norton Reamer、Jesse Downing 著，张田、舒林译，《投资：一部历史》（北京：中信出版社，2017年），第74—75页，以及 Charles P. Kindleberger、Robert Z. Aliber 著，朱隽、叶翔、李伟杰译，《疯狂、惊恐和崩溃：金融危机史》（北京：中国金融出版社，2017年）对南海泡沫事件的解释。

17.Fernand Braudel 著，顾良、施康强译，《十五至十八世纪的物质文明、经济和资本主义（第三卷）：世界的时间》（北京：商务印书馆，2017年），第766页。这类所谓地方银行（country bank），往往只是已经存在的老企业中增设一间办公室，在那里开展发行票证、贴现期票、发放贷款等业务，以便助邻居一臂之力。所以，银行家的职业出身形形色色，有采矿主、小麦商、针织商等。

18.Anne L. Murphy, "The Financial Revolution and Its Consequence," in Roderick Floud, Jane Humphries and Paul Johnson, eds., *The Cambridge Economic History of Modern Britain, Volume 1, 1700-1870* (New Heaven: Yale University Press, 2012), pp. 321-343.

19.有关瓦特的生平与改良蒸汽机的历程，参见 Roger Osborne 著，曹磊译，《钢铁、蒸汽与资本》（北京：电子工业出版社，2016年），第82—114页。

20.Fernand Braudel 著，顾良、施康强译，《十五至十八世纪的物质文明、经济和资本主义（第三卷）：世界的时间》（北京：商务印书馆，2017年），第464页。

21.Jack Goldstone 著，关永强译，《为什么是欧洲？世界史视角下的西方崛起（1500—1850）》（杭州：浙江大学出版社，2010年），第185页。

22.Jack Goldstone 著，关永强译，《为什么是欧洲？世界史视角下的西方崛起（1500—1850）》（杭州：浙江大学出版社，2010年），第154页。

23.伦敦素有"雾都"之称，伦敦雾的形成，其实与伊丽莎白一世时代以来伦敦人广泛使用煤作为燃料有很大的关系。伊丽莎白一世抱怨自纽卡斯特尔（Newcastle）海运至伦敦的"海煤"，味道让她难以忍受。到了十七世纪，胡克估算，伦敦的烟尘有半英里高，二十英里长。参见 Christine L. Corton 著，张春晓译，《伦敦雾：一部演变史》（北京：中信出版社，2017年），第3页。

24.Robert E. Schofield, *The Lunar Society of Birmingham: A Social History of Provincial Science and Industry in Eighteenth-Century England*(Oxford: Oxford University Press, 1963), p. 149, 186.

25.Joel Mokyr, *A Culture of Growth: The Origins of the Modern Economy* (New Jersey: Princeton University Press, 2017), p. 184.

26.Margaret C. Jacob 著，李红林、赵立新、李军平译，《科学文化与西方工业化》(上海：上海交通大学出版社，2017 年)，第 170、172—173 页。

27.有关瓦特蒸汽机专利权的正反评价，详见 Roger Osborne 著，曹磊译，《钢铁、蒸汽与资本》(北京：电子工业出版社，2016 年)，第 97—98 页；Robert C. Allen 著，毛立坤译，《近代英国工业革命揭秘：放眼全球的深度透视》(杭州：浙江大学出版社，2012 年)，第 255—256 页。

28.Peter M. Jones, *Industrial Enlightenment: Science, Technology and Culture in Birmingham and the West Midlands 1760-1828*(Manchester: Manchester University Press, 2008), pp. 52-53.

29.Robert E. Schofield, *The Lunar Society of Birmingham: A Social History of Provincial Science and Industry in Eighteenth-Century England*(Oxford: Oxford University Press, 1963), p. 84.

30.Robert E. Schofield, *The Lunar Society of Birmingham: A Social History of Provincial Science and Industry in Eighteenth-Century England*(Oxford: Oxford University Press, 1963), pp. 84-85.

31.Jenny Uglow, *The Lunar Men: Five Friends Whose Curiosity Changed the World*(New York: Farrar, Straus and Giroux, 2002), p. 298.

32.Robert E. Schofield, *The Lunar Society of Birmingham: A Social History of Provincial Science and Industry in Eighteenth-Century England*(Oxford: Oxford University Press, 1963), pp. 172-173.

33.Joel Mokyr, *The Gifts of Athena: Historical Origins of the Knowledge Economy* (New Jersey: Princeton University Press, 2002), p. 44.

34.有关培根的科学乌托邦，参见 Jerry Weinberger 著，张新樟译，《科学、信仰与政治：弗兰西斯·培根与现代世界的乌托邦根源》(北京：生活·读书·新知三联书店，2008 年)。

35.Thomas Kuhn 著，程树德、傅大为、王道还、钱永祥译，《科学革命的结构》(台北：远流出版事业股份有限公司，1991 年)。

36.Steven Shapin 著，林巧玲、许宏彬译，《科学革命》(台北：左岸文化，2016 年)，第 128 页。

37.Herbert Butterfield 著，张卜天译，《现代科学的起源》(上海：上海交通大学出版社，2017 年)，第 76—91 页。

38.参见 Michel Foucault 著，莫伟民译，《词与物：人文科学的考古学》(上海：上海三联书店，2016 年)；Michel Foucault 著，谢强、马月译，《马奈的绘画：米歇尔·福柯，一种目光》(郑州：河南大学出版社，2017 年)。

39.详见本书第五章。

40.Steven Shapin、Simon Schaffer 著，蔡佩君译，《利维坦与空气泵浦：霍布斯、波以耳与实验生活》(台北：行人出版社，2006 年)，第 23—25 页。

41.Richard Rorty 著，李幼蒸译，《哲学和自然之镜》(北京：商务印书馆，2003 年)。

42.Steven Shapin 著，林巧玲、许宏彬译，《科学革命》(台北：左岸文化，2016 年)，第 131 页。

43.Herbert Butterfield 著，张卜天译，《现代科学的起源》(上海：上海交通大学出版社，2017 年)，第 79—80 页。

44.Herbert Butterfield 著，张卜天译，《现代科学的起源》(上海：上海交通大学出版社，2017 年)，第 81 页。

45.Steven Shapin、Simon Schaffer 著，蔡佩君译，《利维坦与空气泵浦：霍布斯、波以耳与实验生活》(台北：行人出版社，2006 年)，第 34—36 页。

46.详见 David N. Livingston 著，孟锴译，《科学知识的地理》(北京：商务印书馆，2017 年)对波以耳实验室空间的讨论，第 25—27 页。

47.难怪在电影《王牌特工：特工学院》（*Kingsman: The Secret Service*）中，科林·费尔斯（Colin Firth）要喋喋不休地教导塔伦·埃哲顿（Taron Egerton），真正"绅士"所该具备的品格。

48.Steven Shapin 著，赵万里等译，《真理的社会史：17世纪英国的文明与科学》（南昌：江西教育出版社，2002年），第118页。

49.有关十七、十八世纪欧洲科学仪器的使用，可参考 Abraham Wolf 著，周昌忠等译，《十六、十七世纪科学、技术和哲学史（上）（下）》（北京：商务印书馆，2016年）；Abraham Wolf 著，周昌忠等译，《十八世纪科学、技术和哲学史（上）（下）》（北京：商务印书馆，2016年）。

50.Peter M. Jones, *Industrial Enlightenment: Science, Technology and Culture in Birmingham and the West Midlands 1760-1828*(Manchester: Manchester University Press, 2008), p. 8.

51.转引自 Robert K. Merton 著，鲁旭东、林聚任译，《清教对科学的激励》，收录在《科学社会学（上）》（北京：商务印书馆，2010年），第317页。

52.Robert K. Merton 著，鲁旭东、林聚任译，《清教对科学的激励》，收录在《科学社会学（上）》（北京：商务印书馆，2010年），第323页。

53.Margaret C. Jacob and Larry Stewart, *Practical Matter: Newton's Science in the Service of Industry and Empire 1687-1851* (Massachusetts: Harvard University Press, 2004), p. 63.

54.David N. Livingston 著，孟锴译，《科学知识的地理》（北京：商务印书馆，2017年），第111页。

55.Stephen Gaukroger 著，罗晖、冯翔译，《科学文化的兴起：科学与现代性的塑造（1210—1685）（上）》（上海：上海交通大学出版社，2017年），第25页。

56.转引自 Robert K. Merton 著，鲁旭东、林聚任译，《清教对科学的激励》，收录在《科学社会学（上）》（北京：商务印书馆，2010

年），第317页。

57.Charles Taylor 著，张容南等译，《世俗时代》（上海：上海三联书店，2016年），第110页。

58.参见 Peter Burke 著，汪一帆等译，《知识社会史（下卷）：从〈百科全书〉到维基百科》（杭州：浙江大学出版社，2016年），第三章《知识的传播》，第97—123页。

59.Robert Darnton 著，叶桐、顾杭译，《启蒙运动的生意：〈百科全书〉出版史（1775—1800）》（北京：生活·读书·新知三联书店，2005年）。

60.即 Society for the Encouragement of Arts, Manufacture and Commerce,详见 Matthew Paskins, "Society for the Encouragement of Arts, Manufacture and Commerce and the Material Public Sphere, 1754-1766," in Ileana Baird, ed., *Social Networks in the Long Eighteenth Century: Clubs, Literary Salons, Textual Coteries* (Newcastle: Cambridge Scholars Publishing, 2014), pp. 77-98。

61.Brian Cowan, *The Social Life of Coffee: The Emergence of the British Coffeehouse*(New Haven: Yale University Press, 2005), pp. 105-106.

62.Margaret C. Jacob and Larry Stewart, *Practical Matter: Newton's Science in the Service of Industry and Empire 1687-1851*(Mass: Harvard University Press, 2004), p. 64.

63.Peter Ackroyd 著，翁海贞等译，《伦敦传》（南京：译林出版社，2016年），第428页。

64.Margaret C. Jacob and Larry Stewart, *Practical Matter: Newton's Science in the Service of Industry and Empire 1687-1851*(Mass: Harvard University Press, 2004), pp. 75-77.

65.详见 Jan Luiten van Zanden 著，隋福民译，《通往工业革命的漫长道路：全球视野下的欧洲经济，1000—1800年》（杭州：浙江大学出版社，2016年），第六章《哲学家与印刷机的革命》。根据 Jan Luiten van Zanden 的分析，这段时间欧洲书籍与印刷品普及的主要原因：收入增长，特别是实质收入的增长，导致书籍需求的多样化和出版市场的兴盛；读写能力的提高；新教运动强调个人阅读宗教典籍特别是《圣经》的重要性。

66.不包括小册子、杂志和报纸。另外，值得一提的是，根据统计资料显示，强调个人阅读宗教典籍，而不必借助神父诠释的新教信仰区域，购买书籍的量也显得相对比较突出。

67.详见 Margaret C. Jacob 著，李红林、赵立新、李军平译，《科学文化与西方工业化》（上海：上海交通大学出版社，2017年），第296—330页。

68.参见 Douglass C. North、Robert Paul Thomas 著，刘瑞华译，《西方世界的兴起》（台北：联经出版社，2016年）；Douglass C. North 著，刘瑞华译，《经济史的结构与变迁》（台北：联经出版社，2016年）。

69.Terence Kealey 著，王耀德等译，《科学研究的经济定律》（石家庄市：河北科学技术出版社，2002年），第11—22页。亚当·斯密以"哲学家"统称我们今日所谓的"科学家"，他将他们区分为机械、化学、天文学、形而上学、道德、政治和评论性这几大类。

70.Joel Mokyr, *The Gifts of Athena: Historical Origins of the Knowledge Economy* (New Jersey: Princeton University Press, 2002), pp. 1-27.

71.Joel Mokyr, *The Gifts of Athena: Historical Origins of the Knowledge Economy* (New Jersey: Princeton University Press, 2002), pp. 28-77.

72.Charles Taylor 著，张容南等译，《世俗时代》（上海：上海三联书店，2016年），第18页。

第八章　审美资本主义

1.Sara Horrell, "Consumption, 1700-1870," in Roderick Floud, Jane Humphries and Paul Johnson, eds., *The Cambridge Economic History of Modern Britain, Volume 1, 1700-1870* (Cambridge: Cambridge University Press, 2014), pp. 237-239.

2.Jan de Vries, *The Industrious Revolution:*
Consumer Behavior and the Household Economy, 1650 to the Present (Cambridge: Cambridge University Press, 2008); "Between Purchasing Power and the World of Goods: Understanding the Household Economy in Early Modern Europe," in John Brewer and Roy Porter, eds., *Consumption and the World of Goods* (London: Routledge, 1994), pp. 85-132.

3.Robert C. Allen 著，毛立坤译，《近代英国工业革命揭秘：放眼全球的深度透视》（杭州：浙江大学出版社，2012年），第74页。

4.Celia Lury, *Consumer Culture* (Cambridge: Polity Press, 2011), p. 53.

5.关于佐梵尼创作《乌菲齐美术馆收藏室》的背景与分析，详见 Stephen Jones 著，钱乘旦译，《剑桥艺术史：18世纪艺术》（南京：译林出版社，2009年），第10页。

6.尽管这幅画充分展现了佐梵尼精湛的技巧和绝妙的视觉戏谑，委托作画的夏洛特王后大概也解读到性的意涵，据说王后以"不合礼仪"为由，拒绝将这幅画挂在会议厅上。参见 Matthew Craske 著，彭筠译，《欧洲艺术：1700—1830——城市经济空前增长时代的视觉艺术史》（上海：上海人民出版社，2016年），第189—190页。

7.M. H. Abrams, *How to Do Thing with Texts: Essays in Criticism and Critical Theory* (New York: Norton, 1989).

8.Austin Harrington 著，周计武、周雪娉译，《艺术与社会理论：美学中的社会学论争》（南京：南京大学出版社，2010年），第83页。

9.Bernard Mandeville 著，肖聿译，《蜜蜂的寓言》（北京：商务印书馆，2016年），第103页。

10.John Heskett 著，丁珏译，《设计，无处不在》（南京：译林出版社，2013年），第15—16页。

11.有关科尔贝的生平和重商主义政策，详见 Ines Murat 著，梅俊杰译，《科尔贝：法国重商主义之父》（上海：上海远东出版社，2012年）。

12.Nikolaus Pevsner 著，陈平译，《美术学院的历史》（北京：商务印书馆，2015 年），第97 页。

13.Arnold Hauser 著，黄燎宇译，《艺术社会史》（北京：商务印书馆，2015 年），第 355 页。

14.在荷马史诗中，拉奥孔是特洛伊城内阿波罗神庙的祭司，他识破希腊人的诈术，向特洛伊人发出"木马"诡计的警告。最后，拉奥孔与他的两个幼子被两条可怕的毒蛇缠绕而死。

15.温克尔曼评论古希腊美学的经典《关于在绘画和雕刻中模仿希腊作品的一些意见》，收录在 Donald Preziosi 主编，易英等译，《艺术史的艺术：批评读本》（上海：上海人民出版社，2016 年），第 25—34 页。

16.温克尔曼虽然向往希腊艺术、弘扬希腊美学，但他本人从未到过希腊。有关温克尔曼的生平，以及古希腊文化对其美学的影响，参见 Eliza Marian Butler 著，林国荣译，《希腊对德意志的暴政：论希腊艺术与诗歌对德意志伟大作家的影响》（北京：社会科学文献出版社，2017 年），第 11—65 页。

17.Laura C. Mayer, "The Society of Dilettanti: Bacchanalians & Aesthetes," in Ileana Baird, ed., *Social Networks in the Long Eighteenth Century: Clubs, Literary Salons, Textual Coteries*(Newcastle: Cambridge Scholars Publishing, 2014) ,p. 210.

18.有关旅行造成的身体与精神"错位"和其效应，参见田晓菲，《神游：早期中古时代与十九世纪中国的行旅写作》（北京：生活·读书·新知三联书店，2015 年）；欧洲人对希腊的重新发现，详见希腊学者 ΝΑΣΙΑ ΓΙΑΚΩΒΑΚΗ，刘瑞洪译，《欧洲由希腊走来：欧洲自我意识的转折点，17 至 18 世纪》（广州：花城出版社，2012 年）。

19.庞贝与赫库兰姆的考古过程，详见 G. W. Bowersock 著，于海生译，《赫库兰尼姆和庞贝的重现》，收录在《从吉本到奥登：古典传统论集》（北京：华夏出版社，2017 年），第 97—112 页。

20.Arnold Hauser 著，黄燎宇译，《艺术社会史》（北京：商务印书馆，2015 年），第 356 页。

21.G. W. Bowersock 著，于海生译，《赫库兰尼姆和庞贝的重现》，收录在《从吉本到奥登：古典传统论集》（北京：华夏出版社，2017 年），第 109 页。

22.汉密尔顿爵士身为英国公使、全权代表，在那不勒斯生活了二十六年，爱好古希腊、古罗马文物收藏的他，几乎每天与庞贝、赫库兰尼姆古城的考古学家通信，他也是"第一个到现场购买农民的私藏文物并把它们从发掘地带走的有钱人"。汉密尔顿爵士的夫人、有英伦第一美人称号的艾玛·莱昂（Emma Lyon），也是一位颇有造诣的钱币和徽章收藏家，她后来成了特拉法尔加海战英雄的英国海军名将纳尔逊（Horatio Nelson）的情妇。参见 Francis Henry Taylor 著，秦传安译，《艺术收藏的历史》（北京：北京大学出版社，2013 年），第 337—338 页。

23.Stephen Jones 著，钱乘旦译，《剑桥艺术史：18 世纪艺术》（南京：译林出版社，2009 年），第 33—34 页。

24.有关迪勒坦蒂社的会员、成立沿革以及组织活动，详见 Laura C. Mayer, "The Society of Dilettanti: Bacchanalians & Aesthetes," in Ileana Baird, ed., *Social Networks in the Long Eighteenth Century: Clubs, Literary Salons, Textual Coteries*(Newcastle: Cambridge Scholars Publishing, 2014), pp. 199-220。

25.托马斯·安森的弟弟乔治·安森（George Anson）是英国海军上将，他最为人熟知的壮举是驾"百夫长号"航行世界一周，后依据其日记整理出版《安森环球航海记》，引起轰动。值得一提的是，乔治·安森曾航抵中国东南沿海，为了补给之事与清官员交涉，发生严重不快。乔治·安森在《安森环球航海记》一书中大篇幅记述在中国的见闻，并对中国社会生活与科技文化提出严厉的批判，在英国引起热烈的回响，致使英国人开始反思先前的"中国热"。托马斯·安森与乔治·安森都是迪勒坦蒂社的灵魂成员。

26.NAΣIA ΓIAKΩBAKH 著，刘瑞洪译，《欧洲由希腊走来：欧洲自我意识的转折点，17至18世纪》（广州：花城出版社，2012年），第292页。

27.转引自 Deyan Sudjic 著，庄靖译，《设计的语言》（桂林：广西师范大学出版社，2015年），第108页。

28.Michel de Certeau 著，方琳琳、黄春柳译，《日常生活实践：1.实践的艺术》（南京：南京大学出版社，2015年），第31—45页。

29.Adrian Forty 著，苟娴煦译，《欲求之物：1750年以来的设计与社会》（南京：译林出版社，2014年），第27页。

30.埃斯库罗斯与索福克勒斯、欧里庇得斯并列古希腊悲剧三大作家，他的悲剧作品，除了有流传至今最早的《波斯人》，还有《被缚的普罗米修斯》（是否为埃斯库罗斯的作品仍有争议）、《阿伽门农》、《奠酒人》、《复仇女神》之《俄瑞斯忒亚》三部曲等。其实，除了《波斯人》，埃斯库罗斯的悲剧都采取三部曲的形式。有关埃斯库罗斯生平与著作，详见 Jacqueline de Romilly 著，高建红译，《古希腊悲剧研究》（上海：华东师范大学出版社，2017年），第52—88页。

31.斐拉克斯曼的新古典主义风格，详见 Jean Starobinski 著，张亘、夏燕译，《自由的创作与理性的象征》（上海：华东师范大学出版社，2015年），第96、229、328、333—336、351页。

32.Elizabeth Currid, *The Warhol Economy* (New Jersey: Princeton University Press, 2007).

33.有关约书亚·玮致活如何获取、利用新古典主义时尚，详见 Adrian Forty 著，苟娴煦译，《欲求之物：1750年以来的设计与社会》（南京：译林出版社，2014年），第25—29页。

34.Olivier Assouly 著，黄琰译，《审美资本主义》（上海：华东师范大学出版社，2013年），第8、204页。

35.Regina Lee Blaszczyk, *Imagining Consumers: Design and Innovation from Wedgwood to Corning* (Baltimore: The Johns Hopkins University Press, 2000), p. 9.

36.Joel Mokyr 著，姜井勇译，《企业家精神和英国工业革命》，收录在 David S. Landes、Joel Mokyr、William J. Baumol 编著，姜井勇译，《历史上的企业家精神：从古代美索不达米亚到现代》（北京：中信出版社，2016年），第236页。

第九章　时尚魔法师

1.Ashok Som、Christian Blanckaert 著，谢绮红译，《奢侈品之路：顶级奢侈品品牌战略与管理》（北京：机械工业出版社，2016年），第104—105页。

2.详见 Nancy F. Koehn, *Brand New: How Entrepreneurs Earned Consumers' Trust from Wedgwood to Dell* (Massachusetts: Harvard Business School Press, 2001), pp. 35-36。

3.Neil McKendrick, "Josiah Wedgwood and Cost Accounting in the Industrial Revolution," in *The Economic History Review 23:1* (April 1970), p. 55.

4.Hermann Simon 著，蒙卉薇、孙雨熙译，《精准订价：在商战中跳脱竞争的获利策略》（台北：天下杂志股份有限公司，2018年），第35—36页。

5.Olav Velthuis 著，何国卿译，《艺术品如何定价：价格在当代艺术市场中的象征意义》（南京：译林出版社，2017年），第205页。

6.详见 Nancy F. Koehn, *Brand New: How Entrepreneurs Earned Consumers' Trust from Wedgwood to Dell* (Massachusetts: Harvard Business School Press, 2001), p. 35。

7.Neil McKendrick, John Brewer and J. H. Plumb, *The Birth of a Consumer Society: The Commercialization of Eighteenth-Century England* (Bloomington: Indiana University Press, 1982), p. 110.

8.Adrian Forty 著，苟娴煦译，《欲求之物：1750年以来的设计与社会》（南京：译林出版社，2014年），第26、30—32页。

9.Bernard Mandeville著，肖津译，《蜜蜂的寓言》（北京：商务印书馆，2016年），第103页。

10.Richard E. Caves著，康蓉等译，《创意产业经济学：艺术的商品性》（北京：商务印书馆，2017年），第279、285—288页。

11.Neil McKendrick, John Brewer and J. H. Plumb, *The Birth of a Consumer Society: The Commercialization of Eighteenth-Century England* (Bloomington: Indiana University Press, 1982), pp. 123-124.

12.Malcolm Baker, "A Rage for Exhibitions: The Display and Viewing of Wedgwood's Frog Service," in Hilary Young, ed., *The Genius of Wedgwood* (London: Victoria and Albert Museum, 1995), pp. 118-127.

13.Neil McKendrick, John Brewer and J. H. Plumb, *The Birth of a Consumer Society: The Commercialization of Eighteenth-Century England* (Bloomington: Indiana University Press, 1982), p. 122.

14.Malcolm Baker, "A Rage for Exhibitions: The Display and Viewing of Wedgwood's Frog Service," in Hilary Young, ed., *The Genius of Wedgwood*(London:Victoria and Albert Museum,1995), p. 118.

15.Paco Underhill著，缪青青、刘尚焱译，《顾客为什么购买》（北京：中信出版社，2016年），第162页。

16.转引自Sally Dugan、David Dugan著，孟新译，《剧变：英国工业革命》（北京：中国科学技术出版社，2018年），第58—59页。

17.George Ritzer著，罗建平译，《赋魅于一个祛魅的世界：消费圣殿的传承与变迁》（北京：社会科学文献出版社，2015年）。

18.Herbert Marcuse, *One-Dimensional Man: Studies in the Ideology of Advanced Industrial Society* (London: Routledge, 2002), p. 11.

19.转引自Michael Kwass著，江晟译，《走私如何威胁政府：路易·马德林的全球性地下组织》（杭州：浙江大学出版社，2017年），第6页。

20.Peter Ackroyd著，翁海贞等译，《伦敦传》（南京：译林出版社，2016年），第437页。

21.Richard Sennett著，李继宏译，《公共人的衰落》（上海：上海译文出版社，2014年），第116页。

22.Michel de Certeau著，方琳琳、黄春柳译，《日常生活实践：1.实践的艺术》（南京：南京大学出版社，2015年），第97—99页。

23.Maxine Berg, *Luxury & Pleasure: In Eighteenth-Century Britain*(Oxford: Oxford University Press, 2005), pp. 268-269.

24.Neil McKendrick, John Brewer and J. H. Plumb, *The Birth of a Consumer Society: The Commercialization of Eighteenth-Century England* (Bloomington: Indiana University Press, 1982), pp. 122-123.

25.有关棉花贸易与战争资本主义，详见Sven Beckert著，林添贵译，《棉花帝国：资本主义全球化的过去与未来》（台北：远见天下文化出版股份有限公司，2017年）；Sidney W. Mintz著，王超、朱建刚译，《甜与权力：糖在近代历史上的地位》（北京：商务印书馆，2010年）。

26.只要存在黑奴制度，对美国人以自由之名脱离英国的独立革命就是一种反讽，富兰克林也曾面对英国人针对美国人虚伪的辛辣批评。详见Domenico Losurdo, *Liberalism: A Counter-History* (London: Verso, 2011)。富兰克林废奴主张的思想演变，可参考Walter Isaacson著，洪慧芳译，《班杰明·富兰克林：美国心灵的原型》（台北：脸谱出版社，2017年）。

27.有关十八世纪末英国废除奴隶贸易的主张和运动，详见Lisa A. Lindsay著，杨志译，《海上囚徒：奴隶贸易四百年》（北京：中国人民大学出版社，2014年），第168—176页。

28.Nancy F. Koehn, *Brand New: How Entrepreneurs Earned Consumers' Trust from Wedgwood to Dell*(Massachusetts: Harvard Business School Press, 2001), p. 32.

29.Nancy F. Koehn, *Brand New: How Entrepreneurs Earned Consumers' Trust from Wedgwood to Dell*(Massachusetts: Harvard Business School Press, 2001), p. 32.

30.转引自 Sally Dugan、David Dugan 著，孟新译，《剧变：英国工业革命》（北京：中国科学技术出版社，2018年），第61页。

31.Nancy F. Koehn, *Brand New: How Entrepreneurs Earned Consumers' Trust from Wedgwood to Dell*(Massachusetts: Harvard Business School Press, 2001), p. 32.

32.Gaye Blake Roberts, "Josiah Wedgwood's Trade with Russia," in Hilary Young, ed., *The Genius of Wedgwood* (London:Victoria and Albert Museum,1995), p. 214.

33.Gaye Blake Roberts, "Josiah Wedgwood's Trade with Russia," in Hilary Young, ed., *The Genius of Wedgwood* (London:Victoria and Albert Museum,1995), p. 217.

34.法国人称写字桌为"bonheur-du-jour"，是盛行于十八世纪法国的时尚家具，详见 Dena Goodman, "Furnishing Discourses: Readings of a Writing Desk in Eighteenth-Century France," in Maxine Berg and Elizabeth Eger, eds., *Luxury in the Eighteenth-Century: Debates, Desires and Delectable Goods*(New York: Palgrave Macmillan, 2003), pp. 71-88。

35.Maxine Berg, *Luxury & Pleasure: In Eighteenth-Century Britain*, pp. 147-148.

36.Thorstein Veblen 著，李华夏译，《有闲阶级论》（台北：左岸文化，2007年），第76—77页。

37.Jean Baudrillard 著，夏莹译，《符号政治经济学批判》（南京：南京大学出版社，2015年），第2—4页。

38.Walter Benjamin 著，张旭东、魏文生译，《发达资本主义时代的抒情诗人：论波特莱尔》（台北：脸谱出版社，2010年），第268页。

39.Jean Baudrillard 著，夏莹译，《符号政治经济学批判》（南京：南京大学出版社，2015

年），第37—38页。

第十章　约书亚·玮致活与工业资本主义

1.有关"瓶子疯"和约书亚·玮致活的财务危机，详见 Nancy F. Koehn, *Brand New: How Entrepreneurs Earned Consumers' Trust from Wedgwood to Dell*(Massachusetts: Harvard Business School Press, 2001), pp. 38-40。

2.Jane Gleeson-White, *Double Entry: How the Merchants of Venice Created Modern Finance* (New York: W. W. Norton & Company, 1912), pp. 136-138.

3.William N. Goetzmann 著，张亚光、熊金武译，《千年金融史》（北京：中信出版社，2017年），第188页。

4.Jack Goody, *The Eat in the West* (Cambridge: Cambridge University Press, 1996), pp. 49-81；Nathan Rosenberg、L. E. Birdzell Jr. 著，曾刚译，《西方现代社会的经济变迁》（北京：中信出版社，2009年），第102页。事实上，Jack Goody 认为韦伯、桑巴特夸大了复式簿记法的西方独特性以及对资本主义发展的影响作用。

5.Nathan Rosenberg、L. E. Birdzell Jr. 著，曾刚译，《西方现代社会的经济变迁》（北京：中信出版社，2009年），第102页。

6.Robert C. Allen 著，毛立坤译，《近代英国工业革命揭秘：放眼全球的深度透视》（杭州：浙江大学出版社，2012年），第80页。

7.例如，伊丽莎白一世时代，伦敦最成功的数学教师 Humfrey Baker，他的算术教材《科学之源》（*The Well Spring of Sciences*）书中有一道题目：甲、乙、丙三人合伙开公司。甲投资数目不详，乙投资二十块布料，丙投资五百英镑。生意结束时，公司共获利一千英镑，其中，甲应得三百五十英镑，丙应得四百英镑。问：甲投资多少英镑，乙投资的二十块布料值多少英镑？有关伊丽莎白一世时代英国伦敦的数学教育，详见 Deborah E. Harkness 著，张志敏、姚利芬译，《珍宝宫：

伊丽莎白时代的伦敦与科学革命》（上海：上海交通大学出版社，2017年），第140—166页。

8.Neil McKendrick, "Josiah Wedgwood and Cost Accounting in the Industrial Revolution," in *Economic History Review 23:1*(April 1970), pp. 56-62.

9.Peter M. Jones, *Industrial Enlightenment: Science, Technology and Culture in Birmingham and the West Midlands 1760-1828*(Manchester: Manchester University Press, 2008),p. 55.

10.Robin Reilly, *Wedgwood: The New Illustrated Dictionary* (Woodbridge: Antique Collectors' Club, 1995), p. 336.

11.Gavin Weightman著，贾士蘅译，《你所不知道的工业革命：现代世界的创建1776—1914年》（台北：五南图书出版股份有限公司，2013年），第29页。

12.Douglass C. North 著，刘瑞华译，《经济史的结构与变迁》（台北：联经出版社，2017年），第217、231—246页；Douglass C. North、Robert Paul Thomas 著，刘瑞华译，《西方世界的兴起》（台北：联经出版社，2016年），第287页。

13.详见Deborah E. Harkness著，张志敏、姚利芬译，《珍宝宫：伊丽莎白时代的伦敦与科学革命》（上海：上海交通大学出版社，2017年），第四章，第200—253页。

14."达尔西诉艾连"案的来龙去脉，详见William Rosen著，王兵译，《世界上最强大的思想：蒸汽机、产业革命和创新的故事》（北京：中信出版社，2016年），第55—65页。

15.Douglass C. North、Robert Paul Thomas著，刘瑞华译，《西方世界的兴起》（台北：联经出版社，2016年），第277页。

16.详见Adam Smith著，陈福生、陈振骅译，《亚当·斯密全集（第六卷）》（北京：商务印书馆，2014年），第153页。

17.以下有关英国专利权执行问题的讨论，见Joel Mokyr, *The Enlightened Economy: An Economic History of Britain 1700-1850*(New Haven: Yale University Press, 2009), pp. 403-410。

18.根据科技史家Christine MacLeod的分析，英国法官这种先入为主的敌意，直到十九世纪三十年代才为之改观："法官和评审团对专利的态度有了明显的改变……对侵权行为的诉讼逐渐有了更大的胜算，同时专利所有者逐渐不再被认为是贪婪的垄断者（在伊丽莎白一世时期是如此），更多地被认为是对国家有益的人。"详见Deirdre N. McCloskey著，沈路等译，《企业家的尊严：为什么经济学无法解释现代世界》（北京：中国社会科学出版社，2018年），第20页。

19.Peer Vries著，郭金兴译，《国家、经济与大分流：17世纪80年代到19世纪50年代的英国和中国》（北京：中信出版社，2018年），第64页。

20.Joel Mokyr, *The Enlightened Economy: An Economic History of Britain 1700-1850*(New Haven: Yale University Press, 2009), p. 3.

21.奇彭代尔（Thomas Chippendale）是英国著名家具工匠，有"欧洲家具之父"称号。现代评论家认为，他的家具设计，崇尚比例匀称，不用过多装饰，"表现了贵族的矜持"。一七五九年，奇彭代尔为邓弗里斯伯爵（Earl of Dumfries）宅邸设计家具，要价九十镑十一先令，比邓弗里斯庄园工人盖一幢房子的价格还要高。这张床在二〇〇七年拍卖时的底价是四百万英镑。参见Deyan Sudjic著，庄靖译，《设计的语言》（桂林：广西师范大学出版社，2015年），第104—106页。

22.阿克莱特发明水力纺纱机，创办了英国第一家纺织厂，是英国工业革命的代表人物之一。有关阿克莱特及他对英国纺织业的影响，详见Nathan Rosenberg、L. E. Birdzell Jr. 著，曹刚译，《西方现代社会的经济变迁》（北京：中信出版社，2009年），第127—128页。

23.Neil McKendrick, "Josiah Wedgwood and Factory Discipline," *The Historical Journal, 4:1*(March 1961), p. 39.

24.Joyce Appleby著，宋非译，《无情的革命：

资本主义的历史》（北京：社会科学文献出版社，2014年），第153—154页。

25.转引自Nathan Rosenberg、L. E. Birdzell Jr.著，曹刚译，《西方现代社会的经济变迁》（北京：中信出版社，2009年），第129—130页。

26.景德镇的窑场分工，单单绘画就有不同的专业领域，根据殷弘绪的描述，"绘画工作是由许多画工在同一个工厂分工完成的。一个画工只负责在瓷器边缘涂上人们可以看得到的第一个彩色的圈，另一个画上花卉，第三个上颜色，有的专画山水，有的专画鸟和其他动物"。参见Jean-Baptiste Du Halde编，郑德弟译，《耶稣会中国书简集：中国回忆录II》（郑州：大象出版社，2001年），第98页。

27.Neil McKendrick, "Josiah Wedgwood and Factory Discipline," *The Historical Journal 4:1*(March 1961), p. 34.

28.Nancy F. Koehn, *Brand New: How Entrepreneurs Earned Consumers' Trust from Wedgwood to Dell*(Massachusetts: Harvard Business School Press, 2001), p. 38.

29.Patrick Wallis, "Labour Markets and Training," in Roderick Floud, Jane Humphries and Paul Johnson, eds., *The Cambridge Economic History of Modern Britain, Volume 1, 1700-1870*(Cambridge: Cambridge University Press, 2014), p. 201.

30.Nancy F. Koehn, *Brand New: How Entrepreneurs Earned Consumers' Trust from Wedgwood to Dell*(Massachusetts: Harvard Business School Press, 2001), p. 38.

31.Neil McKendrick, "Josiah Wedgwood and Factory Discipline," *The Historical Journal 4:1*(March 1961), p. 34, pp. 36-37.

32.有关英国转印技术的发展，详见Maxine Berg, *Luxury & Pleasure in Eighteenth-Century Britain* (Oxford: Oxford University Press, 2005), pp. 136-139。

33.Neil McKendrick, "Josiah Wedgwood and Factory Discipline," *The Historical Journal 4:1*(March 1961), pp. 41-42.

34.详见E. P. Thompson著，沈汉、王加丰译，《共有的习惯》（上海：上海人民出版社，2002年），第六章《时间、工作纪律和工业资本主义》，第382—442页。

35.Lewis Mumford著，陈允明等译，《技术与文明》（北京：中国建筑工业出版社，2009年），第16页。

36.根据历史学家William George Hoskins的研究，直到十九世纪初，英国人才显著意识到现代化工厂制度对自然景观与生活环境的剧烈影响。参见William George Hoskins著，梅雪芹、刘梦霏译，《英格兰景观的形成》（北京：商务印书馆，2018年），第215—235页。

37.转引自Nancy F. Koehn, *Brand New: How Entrepreneurs Earned Consumers' Trust from Wedgwood to Dell*(Massachusetts: Harvard Business School Press, 2001), p. 41。

38.Eric J. Hobsbawm著，蔡宜刚译，《非凡小人物：反对、造反及爵士乐》（北京：社会科学文献出版社，2015年），第二章《破坏机器的人》，第17—34页。

39.Robert C. Allen著，毛立坤译，《近代英国工业革命揭秘：放眼全球的深度透视》（杭州：浙江大学出版社，2012年），第214页。

40.Nathan Rosenberg、L. E. Birdzell Jr.著，曹刚译，《西方现代社会的经济变迁》（北京：中信出版社，2009年），第130页；Joyce Appleby著，宋非译，《无情的革命：资本主义的历史》（北京：社会科学文献出版社，2014年），第158页。

41.这场暴动起因是一七八二年粮食歉收而导致的玉米短缺，影响遍及全英国陶匠，伊特鲁里亚厂并不是单一的个案。参见Neil McKendrick, "Josiah Wedgwood and Factory Discipline," *The Historical Journal 4:1*(March 1961), p. 52. Nancy F. Koehn, *Brand New: How Entrepreneurs Earned Consumers' Trust from Wedgwood to Dell* (Massachusetts: Harvard Business School Press, 2001), p. 41。

42.Jean-Jacques Rousseau著，范希衡等译，《忏悔录》（北京：人民文学出版社，2012年），第6—8页。

43.转引自Dany-Robert Dufour著，赵飒译，《西方的妄想：后资本时代的工作、休闲与爱情》（北京：中信出版社，2017年），第49页；有关十八世纪之后英国工匠（artisan）地位的没落，详见E. P. Thompson著，贾士蘅译，《英国工人阶级的形成（上）》（台北：麦田出版社，2001年），第八章，第325—372页。

44.Karl Marx著，中共中央编译局编译，《资本论》（北京：人民出版社，1975年），第一卷第三篇第五章，第202页。

45.Sven-Eric Liedman, *A World to Win: The Life and Works of Karl Marx* (London: Verso, 2018), pp. 225-228；Perry Anderson著，章永乐、魏磊杰主编，《大国协调及其反抗者》（北京：北京大学出版社，2018年），第64页。

46.Hannah Arendt, *The Human Condition* (Chicago: Chicago University Press, 1998), p. 169.

47.转引自E. P. Thompson著，沈汉、王加丰译，《共有的习惯》（上海：上海人民出版社，2002年），第424页。

后 记

1.Deirdre N. McCloskey著，沈路等译，《企业家的尊严：为什么经济学无法解释现代世界》（北京：中国社会科学出版社，2018年），第115页。

2.Jean Starobinski著，张亘、夏燕译，《自由的创作与理性的象征》（上海：华东师范大学出版社，2015年），第164页；吉朋写作《罗马帝国衰亡史》的背景，详见井野濑久美惠著，黄钰晴译，《大英帝国的经验：丧失美洲，帝国的认同危机与社会蜕变》（台北：八旗文化，2018年），第22—29页。

3.根据法国历史学家Jacques Le Goff的研究，受到神学家奥古斯丁（Saint Augustine）的影响，欧洲中古世纪盛行世界没落及"世界衰老"的世界衰落理论，直到十八世纪都还在阻碍着进步理念的诞生。详见Jacques Le Goff著，杨嘉彦译，《我们必须给历史分期吗?》（上海：华东师范大学出版社，2018年），第1—20页。

4.转引自Joel Mokyr, *The Enlightened Economy: An Economic History of Britain 1700-1850*(New Heaven: Yale University Press, 2012), p. 79。

5.转引自Brian Dolan,*Wedgwood: The First Tycoon* (New York: Viking, 2004), p. 266。

6.Joseph A. Schumpeter, *Capitalism, Socialism and Democracy* (London: Routledge, 2010), pp. 71-92.

7.Marshall Berman, *All That Is Solid Melts into Air: The Experience of Modernity* (London: Verso, 1995), p. 40. 另外，根据Robert Payne有关马克思生平的描述，《浮士德》是他最喜欢的文学作品之一，马克思可以没完没了讲述这个作品。在伦敦的酒吧里，当他喝醉的时候，喜欢用粗糙混浊的德语朗诵其中的诗句。有关Robert Payne的马克思传记内容，转引自Scott Hamilton著，程祥钰译，《理论的危机：E. P. 汤普森、新左派和战后英国政治》（上海：上海人民出版社，2018年），第270页。

8.关于"富士康事件"，见Yukari Iwatani Kane著，钱峰译，《后帝国时代：乔布斯之后的苹果》（北京：中信出版社，2018年），第131—154、243—254页。

9.转引自Brian Dolan, *Wedgwood: The First Tycoon* (New York: Viking, 2004), p. 324。

10.一九〇三年，老罗斯福主政的白宫，订制了一套一千三百件的餐具组；一九九五年，苏联解体后，俄罗斯的克里姆林宫订制了一套四万七千件的餐具组，这是玮致活有史以来最大的一笔订单，比当年凯瑟琳大帝的手笔更大。

11.英国神学家奥坎曾经提出一个著名的论断：切勿浪费较多的东西，去做"用较少的东西，同样可以做好的事情"。换言之，针对一个问题，存在许多可以解释问题的理论时，那就应该选择假设最少的理论。奥坎的剃刀，在于阐释理论证明的简约原则。

参考书目

中文著作

曾玲玲，《瓷话中国：走向世界的中国外销瓷》，北京：商务印书馆，2014年。

陈国栋，《东亚海域一千年》，台北：远流出版事业股份有限公司，2013年。

陈进海，《世界陶瓷（第三卷）》，沈阳：万卷出版公司，2006年。

故宫博物院掌故部编，《掌故丛编》，北京：中华书局，1990年。

关诗珮，《译者与学者：香港与大英帝国中文知识建构》，香港：牛津大学出版社，2017年。

郭建中，《郭建中讲笛福》，北京：北京大学出版社，2013年。

姜进、李德英主编，《近代中国城市与大众文化》，北京：新星出版社，2008年。

李大光，《科学传播简史》，北京：中国科学技术出版社，2016年。

林满红，《银线：十九世纪的世界与中国》，台北：台大出版中心，2016年。

上海博物馆编，《利玛窦行旅中国记》，北京：北京大学出版社，2010年。

田晓菲，《神游：早期中古时代与十九世纪中国的行旅写作》，北京：生活·读书·新知三联书店，2015年。

王笛，《茶馆：成都的公共生活和微观世界，1900—1950》，北京：社会科学文献出版社，2010年。

巫仁恕，《奢侈的女人：明清时期江南妇女的消费文化》，北京：商务印书馆，2016年。

肖坤冰，《茶叶的流动：闽北山区的物质、空间与历史叙事（1644—1949）》，北京：北京大学出版社，2013年。

熊文华，《荷兰汉学史》，北京：学苑出版社，2012年。

余春明，《中国名片：明清外销瓷探源与收藏》，北京：生活·读书·新知三联书店，2011年。

袁泉、秦大树，《走向世界的明清陶瓷》，上海：上海古籍出版社，2015年。

张丽等著，《经济全球化的历史视角：第一次经济全球化与中国》，杭州：浙江大学出版社，2012年。

中国第一历史档案馆编，《英使马戛尔尼访华档案史料汇编》，北京：国际文化出版公司，1996年。

朱维铮主编，《利玛窦中文著译集》，上海：复旦大学出版社，2001年。

中文译著

Abraham Wolf著，周昌忠等译，《十八世纪科学、技术和哲学史（上）（下）》，北京：商务印书馆，2016年。

Abraham Wolf著，周昌忠等译，《十六、十七世纪科学、技术和哲学史（上）（下）》，北京：商务印书馆，2016年。

Adam Smith著，陈福生、陈振骅译，《亚当·斯密全集（第六卷）》，北京：商务印书馆，2014年。

Adam Smith 著，石小竹、孙明丽译，《亚当·斯密哲学文集》，北京：商务印书馆，2016 年。

Adam Smith 著，谢宗林译《道德情感论》，台北：五南图书出版股份有限公司，2013 年。

Adam Smith 著，谢祖钧译，焦雅君校订，《国富论（上）》，北京：中华书局，2012 年。

Adrian Forty 著，苟娴煦译，《欲求之物：1750 年以来的设计与社会》，南京：译林出版社，2014 年。

Alain Peyrefitte 著，邱海婴译，《信任社会》，北京：商务印书馆，2016 年。

Alan Macfarlane、Iris Macfarlane 著，扈喜林译，《绿色黄金：茶叶帝国》，北京：社会科学文献出版社，2016 年。

Alan Macfarlane 主讲，清华大学国学研究院主编，《现代世界的诞生》，上海：上海人民出版社，2013 年。

Albert O. Hirschman 著，冯克利译，《欲望与利益：资本主义胜利之前的政治争论》，杭州：浙江大学出版社，2015 年。

Alexandre Koyre 著，张卜天译，《从封闭世界到无限宇宙》，北京：商务印书馆，2016 年。

Alexandre Koyre 著，张卜天译，《牛顿研究》，北京：商务印书馆，2016 年。

Andrew Jackson O'Shaughnessy 著，林达丰译，《谁丢了美国：英国统治者、美国革命与帝国的命运》，北京：北京大学出版社，2016 年。

Anna Stilz 著，童志超、顾纯译，《自由的忠诚》，北京：中央编译出版社，2017 年。

Arnold Hauser 著，黄燎宇译，《艺术社会史》，北京：商务印书馆，2015 年。

Arthur O. Lovejoy 著，张传有、高秉江译，《存在巨链》，北京：商务印书馆，2015 年。

Asa Briggs 著，陈叔平等译，《英国社会史》，北京：商务印书馆，2015 年。

Ashok Som、Christian Blanckaert 著，谢绮红译，《奢侈品之路：顶级奢侈品品牌战略与管理》，北京：机械工业出版社，2016 年。

Austin Harrington 著，周计武、周雪娉译，《艺术与社会理论：美学中的社会学论争》，南京：南京大学出版社，2010 年。

Axel Honneth 著，罗名珍译，《物化：承认理论探析》，上海：华东师范大学出版社，2018 年。

Ben Wilson 著，聂永光译，《黄金时代：英国与现代世界的诞生》，北京：社会科学文献出版社，2018 年。

Bernard Mandeville 著，肖聿译，《蜜蜂的寓言》，北京：商务印书馆，2016 年。

Charles P. Kindleberger、Robert Z. Aliber 著，朱隽、叶翔、李伟杰译，《疯狂、惊恐和崩溃：金融危机史》，北京：中国金融出版社，2017 年。

Charles Taylor 著，张国清、朱进东译，《黑格尔》，南京：译林出版社，2009 年。

Charles Taylor 著，张容南等译，《世俗时代》，上海：上海三联书店，2016 年。

Christine L. Corton 著，张春晓译，《伦敦雾：一部演变史》，北京：中信出版社，2017 年。

Christopher Berry 著，江红译，《奢侈的概念：概念及历史的探究》，上海：上海人民出版社，2005 年。

Christopher Hibbert 著，冯璇译，《美第奇家族的兴衰》，北京：社会科学文献出版社，2017 年。

Chun-fang Yu（于君方）著，陈怀宇等译，《观音：菩萨中国化的演变》，北京：商务印书馆，2012 年。

Colin Campbell 著，何承恩译，《浪漫伦理与现代消费主义精神》，台北：五南图书出版股份有限公司，2016 年。

Cousin de Montauban 著，王大智、陈娟译，《蒙托邦征战中国回忆录》，上海：中西书局，2011 年。

Craig Clunas 著，高昕丹、陈恒译，《长物：早期现代中国的物质文化与社会状况》，北京：生活·读书·新知三联书店，2015 年。

Cynthia J. Brokaw著，杜正贞、张林译，《功过格：明清社会的道德秩序》，杭州：浙江人民出版社，1999年。

D. H. Lawrence著，何悦敏译，《伊特鲁利亚人的灵魂》，上海：上海人民出版社，2016年。

Daniel J. Boorstin著，吕佩英等译，《发现者——人类探索世界和自我的历史（上）》，上海：上海译文出版社，2014年。

Daniel Roche著，杨亚平、赵静利、尹伟译，《启蒙运动中的法国》，上海：华东师范大学出版社，2011年。

Dany-Robert Dufour著，赵飒译，《西方的妄想：后资本时代的工作、休闲与爱情》，北京：中信出版社，2017年。

David Abulafia著，宋伟航译，《伟大的海：地中海世界人文史》，台北：广场出版社，2017年。

David C. Kang著，陈昌煦译，《西方之前的东亚：朝贡贸易五百年》，北京：社会科学文献出版社，2016年。

David Edmonds、John Eidinow著，周保巍、杨杰译，《卢梭与休谟：他们的时代恩怨》，上海：上海人民出版社，2013年。

David Frisby著，卢晖临等译，《现代性的碎片》，北京：商务印书馆，2013年。

David Harvey著，张寅译，《资本的限度》，北京：中信出版社，2017年。

David Landes著，谢怀筑译，《解除束缚的普罗米修斯：1750年迄今西欧的技术变革和工业发展》，北京：华夏出版社，2007年。

David N. Livingstone著，孟锴译，《科学知识的地理》，北京：商务印书馆，2017年。

David S. Landes、Joel Mokyr、William J. Baumol编著，姜井勇译，《历史上的企业家精神：从古代美索不达米亚到现代》，北京：中信出版社，2016年。

Deborah E. Harkness著，张志敏、姚利芬译，《珍宝宫：伊丽莎白时代的伦敦与科学革命》，上海：上海交通大学出版社，2017年。

Deirdre N. McCloskey著，沈路等译，《企业家的尊严：为什么经济学无法解释现代世界》，北京：中国社会科学出版社，2018年。

Deyan Sudjic著，庄靖译，《设计的语言》，桂林：广西师范大学出版社，2015年。

Donald Preziosi主编，易英等译，《艺术史的艺术：批评读本》，上海：上海人民出版社，2016年。

Douglass C. North著，刘瑞华译，《经济史的结构与变迁》，台北：联经出版社，2017年。

Douglass C. North、Robert Paul Thomas著，刘瑞华译，《西方世界的兴起》，台北：联经出版社，2016年。

E. P. Thompson著，贾士蘅译，《英国工人阶级的形成（上）》，台北：麦田出版社，2001年。

E. P. Thompson著，沈汉、王加丰译，《共有的习惯》，上海：上海人民出版社，2002年。

Edmund de Waal著，林继谷译，《白瓷之路》，台北：活字出版，2016年。

Edward Dolnick著，黄珮玲译，《机械宇宙：艾萨克·牛顿、皇家学会与现代世界的诞生》，北京：社会科学文献出版社，2016年。

Edward Gibbon著，戴子钦译，《吉本自传》，上海：上海译文出版社，2013年。

Edward Wadie Said著，王宇根译，《东方学》，北京：生活·读书·新知三联书店，2007年。

Eliza Marian Butler著，林国荣译，《希腊对德意志的暴迁：论希腊艺术与诗歌对德意志伟大作家的影响》，北京：社会科学文献出版社，2017年。

Emma Rothschild著，赵劲松、别曼译，《经济情操论：亚当·斯密、孔多塞与启蒙运动》，北京：社会科学文献出版社，2013年。

Eric Hayot著，袁剑译，《假想的"满大人"：同情、现代性与中国疼痛》，南京：江苏人民出版社，2012年。

Eric Hobsbawm著，梅俊杰译，《工业与帝国：英国的现代化历程》，北京：中央编译出版社，2016年。

Eric J. Hobsbawm 著，蔡宜刚译，《非凡小人物：反对、造反及爵士乐》，北京：社会科学文献出版社，2015年。

Erik S. Reinert 著，杨虎涛、陈国涛等译，《富国为什么富，穷国为什么穷》，北京：中国人民大学出版社，2010年。

Etiemble 著，耿昇译，《中国文化西传欧洲史（下册）》，北京：商务印书馆，2013年。

Fa-ti Fan 著，袁剑译，《清代在华的英国博物学家：科学、帝国与文化遭遇》，北京：中国人民大学出版社，2011年。

Fernand Braudel 著，顾良、施康强译，《十五至十八世纪的物质文明、经济和资本主义（第二卷）：形形色色的交换》，北京：商务印书馆，2017年。

Fernand Braudel 著，顾良、施康强译，《十五至十八世纪的物质文明、经济和资本主义（第三卷）：世界的时间》，北京：商务印书馆，2017年。

Frances Wood 著，方永德、宋光丽、方思源译，《中国的魅力：趋之若鹜的西方作家与收藏家》，香港：三联书店，2009年。

Francis Fukuyama 著，郭华译，《信任：社会美德与创造经济繁荣》，桂林：广西师范大学出版社，2016年。

Francis Henry Taylor 著，秦传安译，《艺术收藏的历史》，北京：北京大学出版社，2013年。

Francoise Barbe-Gall 著，郑柯译，《如何看一幅画》，北京：中信出版社，2014年。

G. W. Bowersock 著，于海生译，《从吉本到奥登：古典传统论集》，北京：华夏出版社，2017年。

Gavin Weightman 著，贾士蘅译，《你所不知道的工业革命：现代世界的创建1776—1914年》，台北：五南图书出版股份有限公司，2013年。

Georg Simmel 著，费勇等译，《时尚的哲学》，广州：花城出版社，2017年。

George H. Dunne 著，余三乐、石蓉译，《从利玛窦到汤若望：晚明的耶稣会传教士》，上海：上海古籍出版社，2003年。

George L. Staunton 著，叶笃义译，《英使谒见乾隆纪实》，北京：群言出版社，2014年。

George Macartney、John Barrow 著，何高济、何毓宁译，《马戛尔尼使团使华观感》，北京：商务印书馆，2013年。

George Macartney 著，刘半农译，《乾隆英使觐见记》，天津：百花文艺出版社，2010年。

George Ritzer 著，罗建平译，《赋魅于一个祛魅的世界：消费圣殿的传承与变迁》，北京：社会科学文献出版社，2015年。

Giorgio Riello 著，刘媺译，《棉的全球史》，上海：上海人民出版社，2018年。

Giuliano Bertuccioli、Federico Masini 著，萧晓玲、白玉昆译，《意大利与中国》，北京：商务印书馆，2002年。

H. T. Dickinson 著，陈晓律等译，《十八世纪英国的大众政治》，北京：商务印书馆，2015年。

Herbert Butterfield 著，张卜天译，《现代科学的起源》，上海：上海交通大学出版社，2017年。

Hermann Simon 著，蒙卉薇、孙雨熙译，《精准订价：在商战中跳脱竞争的获利策略》，台北：天下杂志股份有限公司，2018年。

Hilton L. Root 著，刘宝成译，《国家发展动力》，北京：中信出版社，2018年。

Hosea Ballou Morse 著，区宗华译，《东印度公司对华贸易编年史（1635—1834年）第一、二卷》，广州：中山大学出版社，1991年。

Hugh Honour 著，刘爱英、秦红译，《中国风：遗失在西方800年的中国元素》，北京：北京大学出版社，2017年。

Ian Buruma 著，刘雪岚、萧萍译，《伏尔泰的椰子：欧洲的英国文化热》，北京：生活·读书·新知三联书店，2014年。

Ines Murat 著，梅俊杰译，《科尔贝：法国重商主义之父》，上海：上海远东出版社，2012年。

Isser Woloch、Gregory S. Brown 著，陈蕾译，《18世纪的欧洲：传统与进步，1715—1789》，北京：中信出版社，2016年。

J. C. D. Clark 著，姜德福译，《1660—1832年的英国社会》，北京：商务印书馆，2014年。

J. G. A. Pocock 著，冯克利译，《德行、商业和历史：18世纪政治思想与历史论辑》，北京：生活·读书·新知三联书店，2012年。

Jack Goldstone 著，关永强译，《为什么是欧洲？世界史视角下的西方崛起（1500—1850）》，杭州：浙江大学出版社，2010年。

Jacqueline de Romilly 著，高建红译，《古希腊悲剧研究》，上海：华东师范大学出版社，2017年。

Jacques Gernet 著，耿昇译，《中国与基督教：中西文化的首次撞击》，北京：商务印书馆，2013年。

Jacques Le Goff 著，杨嘉彦译，《我们必须给历史分期吗？》，上海：华东师范大学出版社，2018年。

Jacques Le Goff 著，周莽译，《试谈另一个中世纪：西方的时间、劳动和文化》，北京：商务印书馆，2014年。

James Vernon 著，张祝馨译，《远方的陌生人：英国是如何成为现代国家的》，北京：商务印书馆，2017年。

Jan Divis 著，熊寥译，《欧洲瓷器史》，杭州：浙江美术学院出版社，1991年。

Jan Luiten van Zanden 著，隋福民译，《通往工业革命的漫长道路：全球视野下的欧洲经济，1000—1800年》，杭州：浙江大学出版社，2016年。

Jane Pettigrew 著，邵立荣译，《茶设计》，济南：山东画报出版社，2013年。

Jean Baudrillard 著，夏莹译，《符号政治经济学批判》，南京：南京大学出版社，2015年。

Jean Starobinski 著，张亘、夏燕译，《自由的创造与理性的象征》，上海：华东师范大学出版社，2014年。

Jean-Baptiste Du Halde 编，郑德弟译，《耶稣会士中国书简集：中国回忆录II》，郑州：大象出版社，2001年。

Jean-Jacques Rousseau 著，范希衡等译，《忏悔录》，北京：人民文学出版社，2012年。

Jean-Jacques Rousseau 著，李平沤译，《爱弥儿（上）（下）》，北京：商务印书馆，2016年。

Jean-Jacques Rousseau 著，李平沤译，《论科学与艺术的复兴是否有助于使风俗日趋纯朴》，北京：商务印书馆，2016年。

Jean-Jacques Rousseau 著，李平沤译，《社会契约论》，北京：商务印书馆，2017年。

Jerry Weinberger 著，张新樟译，《科学、信仰与政治：弗兰西斯·培根与现代世界的乌托邦根源》，北京：生活·读书·新知三联书店，2008年。

Jerry Z. Muller 著，余晓成、芦画泽译，《市场与大师：西方思想如何看待资本主义》，北京：社会科学文献出版社，2016年。

John Berger 著，戴行钺译，《观看之道》，桂林：广西师范大学出版社，2015年。

John Haddad 著，何道宽译，《中国传奇：美国人眼里的中国》，广州：花城出版社，2015年。

John Heskett 著，丁珏译，《设计，无处不在》，南京：译林出版社，2013年。

John King Fairbank 编，《剑桥中国晚清史：1800—1911年（上卷）》，北京：中国社会科学出版社，1985年。

Jonathan D. Spence 著，阮叔梅译，《大汗之国：西方眼中的中国》，台北：台湾商务印书馆，2000年。

Jonathan D. Spence 著，章可译，《利玛窦的记忆宫殿》，桂林：广西师范大学出版社，2015年。

Jonathan D. Spence 著，朱庆葆等译，《太平天国》，桂林：广西师范大学出版社，2011年。

Jonathan Hay 著，刘芝华、方慧译，《魅惑的表面：明清的玩好之物》，北京：中央编译出版社，2017年。

Joyce Appleby著，宋非译，《无情的革命：资本主义的历史》，北京：社会科学文献出版社，2014年。

Jürgen Osterhammel著，刘兴华译，《亚洲的去魔化：18世纪的欧洲与亚洲帝国》，北京：社会科学文献出版社，2016年。

Karl Marx著，中共中央编译局译，《资本论（第一卷）》，北京：人民出版社，2008年。

Kathy Willis、Carolyn Fry著，珍栎译，《绿色宝藏：英国皇家植物园史话》，北京：生活·读书·新知三联书店，2018年。

Kee-long So著，李润强译，《刺桐梦华录：近世前期闽南的市场经济（946—1368）》，杭州：浙江大学出版社，2012年。

Laura J. Snyder著，熊亭玉译，《哲学早餐俱乐部：四个杰出科学家如何改变世界》，北京：电子工业出版社，2017年。

Lawrence Stone著，刁筱华译，《英国的家庭、性与婚姻1500—1800》，北京：商务印书馆，2011年。

Lewis Mumford著，陈允明等译，《技术与文明》，北京：中国建筑工业出版社，2009年。

Liam Matthew Brockey著，毛瑞方译，《东方之旅：1579—1724耶稣会传教团在中国》，南京：江苏人民出版社，2017年。

Linda Colley著，周玉鹏、刘耀辉译，《英国人：国家的形成，1707—1837年》，北京：商务印书馆，2017年。

Lisa A. Lindsay著，杨志译，《海上囚徒：奴隶贸易四百年》，北京：中国人民大学出版社，2014年。

Lothar Ledderose著，张总等译，《万物：中国艺术中的模件化和规模化生产》，北京：生活·读书·新知三联书店，2012年。

Louis Pfister著，冯承钧译，《入华耶稣会士列传》，北京：商务印书馆，1938年。

Louis Pfister著，冯承钧译，《在华耶稣会士列传及书目》，北京：中华书局，1995年。

Louise Le Comte（李明）著，郭强、龙云、李伟译，《中国近事报道（1687—1692）》，郑州：大象出版社，2004年。

Luc Ferry著，曹明译，《神话的智慧》，上海：华东师范大学出版社，2017年。

Marcel Mauss著，佘碧平译，《社会学与人类学》，上海：上海译文出版社，2014年。

Marco Polo著，沙海昂注，冯承钧译，《马可·波罗行纪》，北京：商务印书馆，2012年。

Margaret C. Jacob著，李红林、赵立新、李军平译，《科学文化与西方工业化》，上海：上海交通大学出版社，2017年。

Mariet Westermann著，张永俊、金菊译，《荷兰共和国艺术（1585—1718）》，北京：中国建筑工业出版社，2008年。

Marita Sturken、Lisa Cartwright著，陈品秀、吴莉君译，《观看的实践：给所有影像世代的视觉文化导论》，台北：脸谱出版社，2013年。

Mark B. Brown著，李正风等译，《民主政治中的科学：专业知识、制度与代表》，上海：上海交通大学出版社，2015年。

Mark C. Elliott著，青石译，《乾隆帝》，北京：社会科学文献出版社，2014年。

Mark C. Taylor著，文晗译，《为什么速度越快，时间越少：从马丁·路德到大数据时代的速度、金钱与生命》，北京：中国政法大学出版社，2018年。

Matteo Ricci（利玛窦）、Nicolas Trigault（金尼阁）著，何高济、王遵仲、李申译，《利玛窦中国札记》，桂林：广西师范大学出版社，2001年。

Matteo Ripa著，李天纲译，《清廷十三年：马国贤在华回忆录》，上海：上海古籍出版社，2004年。

Matthew Craske著，彭筠译，《欧洲艺术：1700—1830 ——城市经济空前增长时代的视觉艺术史》，上海：上海人民出版社，

2016 年。

Max Weber 著，阎克文译，《新教伦理与资本主义精神》，上海：上海人民出版社，2010 年。

Michael Kwass 著，江晟译，《走私如何威胁政府：路易·马德林的全球性地下组织》，杭州：浙江大学出版社，2017 年。

Michael Sullivan 著，赵潇译，《东西方艺术的交会》，上海：上海人民出版社，2014 年。

Michel de Certeau 著，方琳琳、黄春柳译，《日常生活实践：1.实践的艺术》，南京：南京大学出版社，2015 年。

Michel Foucault 著，莫伟民译，《词与物：人文科学的考古学》，上海：上海三联书店，2016 年。

Michel Foucault 著，谢强、马月译，《马奈的绘画：米歇尔·福柯，一种目光》，郑州：河南大学出版社，2017 年。

Nathan Rosenberg、L. E. Birdzell Jr. 著，曾刚译，《西方现代社会的经济变迁》，北京：中信出版社，2009 年。

Neil MacGregor 著，周全译，《德意志：一个国家的记忆》，台北：左岸文化，2017 年。

Nicholas Mirzoeff 著，徐达艳译，《如何观看世界》，上海：上海文艺出版社，2017 年。

Nikolaus Pevsner 著，陈平译，《美术学院的历史》，北京：商务印书馆，2015 年。

Norbert Elias 著，王佩莉、袁志英译，《文明的进程：文明的社会发生和心理发生的研究》，上海：上海译文出版社，2018 年。

Norton Reamer、Jesse Downing 著，张田、舒林译，《投资：一部历史》，北京：中信出版社，2017 年。

Olav Velthuis 著，何国卿译，《艺术品如何定价：价格在当代艺术市场中的象征意义》，南京：译林出版社，2017 年。

Olivier Assouly 著，黄琰译，《审美资本主义》，上海：华东师范大学出版社，2013 年。

Paco Underhill 著，缪青青、刘尚焱译，《顾客为什么购买》，北京：中信出版社，2016 年。

Patricia Fara 著，李猛译，《性、植物学与帝国》，北京：商务印书馆，2017 年。

Paul A. Van Dyke 著，江滢河、黄超译，《广州贸易：中国沿海的生活与事业（1700—1845）》，北京：社会科学文献出版社，2018 年。

Paul Claudel 著，周皓译，《倾听之眼》，上海：华东师范大学出版社，2018 年。

Paul Mantoux 著，杨人楩等译，《十八世纪产业革命：英国近代大工业初期的概况》，北京：商务印书馆，2011 年。

Peer Vries 著，郭金兴译，《国家、经济与大分流：17 世纪 80 年代到 19 世纪 50 年代的英国和中国》，北京：中信出版社，2018 年。

Perry Anderson 著，章永乐、魏磊杰主编，《大国协调及其反抗者》，北京：北京大学出版社，2018 年。

Peter Ackroyd 著，翁海贞等译，《伦敦传》，南京：译林出版社，2016 年。

Peter Burke 著，汪一帆等译，《知识社会史（下卷）：从〈百科全书〉到维基百科》，杭州：浙江大学出版社，2016 年。

Peter Burke 著，杨元、蔡玉辉译，《文化杂交》，南京：译林出版社，2016 年。

Peter Gay 著，刘北成译，《启蒙时代（上）：现代异教精神的兴起》，上海：上海人民出版社，2015 年。

Peter Hanns Reill、Ellen Judy Wilson 著，刘北成、王皖强译，《启蒙运动百科全书》，上海：上海人民出版社，2004 年。

Peter M. Jones 著，李斌译，《工业启蒙：1760—1820 年伯明翰和西米德兰兹郡的科学、技术与文化》，上海：上海交通大学出版社，2017 年。

Philip Ball 著，何本国译，《明亮的泥土：颜料发明史》，南京：译林出版社，2018 年。

Pierre Bourdieu 著，刘晖译，《区分：判断力的社会批判（上）（下）》，北京：商务印书馆，2015 年。

R. H. Tawney 著，赵月瑟、夏镇平译，《宗教与资本主义的兴起》，上海：上海译文出版社，2013 年。

R. P. Henri Bernard 著，管震湖译，《利玛窦神父传（上、下）》，北京：商务印书馆，1998 年。

R. Po-Chia Hsia（夏伯嘉）著，向红艳、李春园译，《利玛窦：紫禁城里的耶稣会士》，上海：上海古籍出版社，2012 年。

Randal Keynes 著，洪佼宜译，《达尔文，他的女儿与进化论》，台北：猫头鹰出版社，2009 年。

Richard E. Caves 著，康蓉等译，《创意产业经济学：艺术的商品性》，北京：商务印书馆，2017 年。

Richard Rorty 著，李幼蒸译，《哲学和自然之镜》，北京：商务印书馆，2003 年。

Richard S. Dunn 著，康睿超译，《宗教战争的年代：1559—1715》，北京：中信出版社，2017 年。

Richard Sennett 著，李继宏译，《公共人的衰落》，上海：上海译文出版社，2014 年。

Richard Sennett 著，李继宏译，《匠人》，上海：上海译文出版社，2015 年。

Robert C. Allen 著，毛立坤译，《近代英国工业革命揭秘：放眼全球的深度透视》，杭州：浙江大学出版社，2012 年。

Robert Darnton 著，叶桐、顾杭译，《启蒙运动的生意:〈百科全书〉出版史（1775—1800）》，北京：生活·读书·新知三联书店，2005 年。

Robert Finlay 著，郑明萱译，《青花瓷的故事》，台北：猫头鹰出版社，2011 年。

Robert K. Massie 著，徐海幭译，《通往权力之路：叶卡捷琳娜大帝》，北京：北京时代华文书局，2014 年。

Robert K. Merton 著，范岱年等译，《十七世纪英格兰的科学、技术与社会》，北京：商务印书馆，2007 年。

Robert K. Merton 著，鲁旭东、林聚任译，《科学社会学（上）》，北京：商务印书馆，2010 年。

Robert Pogue Harrison 著，梁永安译，《我们为何膜拜青春：年龄的文化史》，北京：生活·读书·新知三联书店，2018 年。

Robert Swinhoe 著，邹文华译，《1860 年华北战役纪要》，上海：中西书局，2011 年。

Roger Osborne 著，曹磊译，《钢铁、蒸汽与资本》，北京：电子工业出版社，2016 年。

Roy Porter 著，殷宏译，《启蒙运动》，北京：北京大学出版社，2018 年。

S. A. M. Adshead 著，姜智芹译，《世界历史中的中国》，上海：上海人民出版社，2009 年。

Sally Dugan、David Dugan 著，孟新译，《剧变：英国工业革命》，北京：中国科学技术出版社，2018 年。

Sarah Maza 著，郭科、任舒怀译，《法国资产阶级：一个神话》，杭州：浙江大学出版社，2018 年。

Sarah Rose 著，孟驰译，《茶叶大盗：改变世界史的中国茶》，北京：社会科学文献出版社，2015 年。

Scott Hamilton 著，程祥钰译，《理论的危机：E. P. 汤普森、新左派和战后英国政治》，上海：上海人民出版社，2018 年。

Shirley Ganse 著，张关林译，《中国外销瓷》，香港：三联书店，2008 年。

Sidney W. Mintz 著，王超、朱健刚译，《甜与权力：糖在近代历史上的地位》，北京：商务印书馆，2010 年。

Simon Winchester 著，潘震泽译，《爱上中国的人：李约瑟传》，台北：时报文化，2010 年。

Sir William Chambers 著，邱博舜译注，《东方造园论》，台北：联经出版社，2012 年。

Stacey Pierson 著，赵亚静译，《中国陶瓷在英国（1560—1960）：藏家、藏品与博物馆》，上海：上海书画出版社，2017年。

Stephen Gaukroger著，罗晖、冯翔译，《科学文化的兴起：科学与现代性的塑造（1210—1685）（上）》，上海：上海交通大学出版社，2017年。

Stephen Jones著，钱乘旦译，《剑桥艺术史：18世纪艺术》，南京：译林出版社，2009年。

Steven Shapin、Simon Schaffer著，蔡佩君译，《利维坦与空气泵浦：霍布斯、波以耳与实验生活》，台北：行人出版社，2006年。

Steven Shapin著，林巧玲、许宏彬译，《科学革命》，台北：左岸文化，2016年。

Steven Shapin著，赵万里等译，《真理的社会史：17世纪英国的文明与科学》，南昌：江西教育出版社，2002年。

Susan Bush著，皮佳佳译，《心画：中国文人画五百年》，北京：北京大学出版社，2017年。

Sven Beckert著，林添贵译，《棉花帝国：资本主义全球化的过去与未来》，台北：远见天下文化出版股份有限公司，2017年。

Svetlana Alpers著，冯白帆译，《伦勃朗的企业：工作室与艺术市场》，南京：江苏凤凰美术出版社，2014年。

Terence Kealey著，王耀德等译，《科学研究的经济定律》，石家庄：河北科学技术出版社，2002年。

Thomas Kuhn著，程树德、傅大为、王道还、钱永祥译，《科学革命的结构》，台北：远流出版事业股份有限公司，1991年。

Thorstein Veblen著，李华夏译，《有闲阶级论》，台北：左岸文化，2007年。

Timothy Brook著，方骏、王秀丽、罗天佑译，《纵乐的困惑——明朝的商业与文化》，台北：联经出版社，2004年。

Timothy Brook著，张华译，《为权力祈祷：佛教与晚明中国士绅社会的形成》，南京：江苏人民出版社，2008年。

Tzvetan Todorov著，曹丹红译，《日常生活颂歌：论十七世纪荷兰绘画》，上海：华东师范大学出版社，2012年。

Umberto Eco著，彭淮栋译，《美的历史》，台北：联经出版社，2006年。

Victor H. Mair、Erling Hoh著，高文海译，《茶的世界史》，香港：商务印书馆，2013年。

Walter Benjamin著，张旭东、魏文生译，《发达资本主义时代的抒情诗人：论波特莱尔》，台北：脸谱出版社，2010年。

Walter Isaacson著，洪慧芳译，《班杰明·富兰克林：美国心灵的原型》，台北：脸谱出版社，2017年。

Werner Sombart著，王燕平、侯小河译，《奢侈与资本主义》，上海：上海人民出版社，2005年。

William Alexander著，赵省伟、邱丽媛编译，《西洋镜：中国衣冠举止图解》，北京：北京理工大学出版社，2016年。

William George Hoskins著，梅雪芹、刘梦霏译，《英格兰景观的形成》，北京：商务印书馆，2018年。

William N. Goetzmann著，张亚光、熊金武译，《千年金融史》，北京：中信出版社，2017年。

William Rosen著，王兵译，《世界上最强大的思想：蒸汽机、产业革命和创新的故事》，北京：中信出版社，2016年。

Young-tsu Wong（汪荣祖）著，钟志恒译，《追寻失落的圆明园》，台北：麦田出版社，2004年。

Yukari Iwatani Kane著，钱峰译，《后帝国时代：乔布斯之后的苹果》，北京：中信出版社，2018年。

NAΣIA ΓIAKΩBAKH著，刘瑞洪译，《欧洲由希腊走来：欧洲自我意识的转折点，17至18世纪》，广州：花城出版社，2012年。

滨下武志著，朱荫贵、欧阳菲译，《近代中国的国际契机：朝贡贸易体系与近代亚洲经济圈》，北京：中国社会科学出版社，1999年。

出口保夫著，吕理州译，《大英博物馆的故事》，杭州：浙江大学出版社，2012年。

井野瀬久美惠著，黄钰晴译，《大英帝国的经验：丧失美洲，帝国的认同危机与社会蜕变》，台北：八旗文化，2018年。

罗钢、王中忱主编，《消费文化读本》，北京：中国社会科学出版社，2003年。

孟悦、罗钢主编，《物质文化读本》，北京：北京大学出版社，2008年。

浅田实著，顾姗姗译，《东印度公司：巨额商业资本之兴衰》，北京：社会科学文献出版社，2016年。

上田信著，高莹莹译，《海与帝国：明清时代》，桂林：广西师范大学出版社，2014年。

土肥恒之著，林琪祯译，《摇摆于欧亚间的沙皇们：俄罗斯·罗曼诺夫王朝的大地》，台北：八旗文化，2018年。

文基营著，殷潇云、曹慧译，《红茶帝国》，武汉：华中科技大学出版社，2018年。

羽田正著，林咏纯译，《东印度公司与亚洲的海洋：跨国公司如何创造二百年欧亚整体史》，台北：八旗文化，2018年。

中野京子著，俞隽译，《名画之谜：历史故事篇》，北京：中信出版社，2015年。

中文期刊论文

余佩瑾，《清宫传世"仿洋瓷瓶"及相关问题》，《故宫文物月刊》，2017年5月第410期，第78—89页。

程美宝，《"Whang Tong"的故事——在域外捡拾普通人的历史》，《史林》，2003年第2期，第106—116页。

韩琦，《礼物、仪器与皇帝：马戛尔尼使团来华的科学使命及其失败》，《科学文化评论》，2005年第2卷第5期，第11—18页。

英文专著

Abrams, M. H. *How to Do Thing with Texts: Essays in Criticism and Critical Theory*. New York: Norton, 1989.

Adorno, Theodor W., and Max Horkheimer. *Dialectic of Enlightenment*. London: Verso, 1999.

Arendt, Hannah. *The Human Condition*. Chicago: Chicago University Press, 1998.

Arrighi, Giovanni. *Adam Smith in Beijing: Lineages of the Twenty-First Century*. London: Verso, 2007.

Baird, Ileana, ed. *Social Networks in the Long Eighteenth Century: Clubs, Literary Salons, Textual Coteries*. Newcastle: Cambridge Scholars Publishing, 2014.

Baird, Ileana, ed. *Social Networks in the Long Eighteenth Century: Clubs, Literary Salons, Textual Coteries*. Newcastle: Cambridge Scholars Publishing, 2014.

Berg, Maxine, and Elizabeth Eger, eds. *Luxury in the Eighteenth Century: Debates, Desires and Delectable Goods*. New York: Palgrave Macmillan, 2003.

Berg, Maxine. *Luxury & Pleasure: In Eighteenth-Century Britain*. Oxford: Oxford University Press, 2005.

Berman, Marshall. *All That Is Solid Melts into Air: The Experience of Modernity*. London: Verso, 1995.

Blaszczyk, Regina Lee. *Imagining Consumers: Design and Innovation from Wedgwood to Corning*. Baltimore: The Johns Hopkins University Press, 2000.

Blusse, Leonard. *Canton, Nagasaki, and Batavia and the Coming of the Americans*. Cambridge: Harvard University Press, 2008.

Bourdieu, Pierre. *Distinction: A Social Critique of the Judgment of Taste*. London: Routledge, 2010.

Brewer, John, and Roy Porter, eds. *Consumption and the World of Goods*. London: Routledge, 1994.

Brook, Timothy, and Gregory Blue, eds. *China and Historical Capitalism: Genealogies of Sinological Knowledge*. Cambridge: Cambridge University Press, 1999.

Calhoun, Craig, ed. *Habermas and the Public Sphere*. Cambridge: The MIT Press, 1992.

Chang, Elizabeth Hope. *Britain's Chinese Eye: Literature, Empire, and Aesthetics in Nineteenth-Century Britain*. Stanford: Stanford University Press, 2010.

Clark, Peter. *British Clubs and Societies 1580-1800: The Origins of an Associational World*. Oxford: Oxford University Press, 2000.

Clarke, David. *Chinese Art and Its Encounter with the World*. Hong Kong: Hong Kong University Press, 2011.

Clarke, J. J. *Oriental Enlightenment: The Encounter Between Asian and Western Thought*. London: Routledge, 1997.

Cowan, Brian. *The Social Life of Coffee: The Emergence of the British Coffeehouse*. New Haven: Yale University Press, 2005.

Currid, Elizabeth. *The Warhol Economy*. New Jersey: Princeton University Press, 2007.

Davies, William. *The Happiness Industry: How the Government and Big Business Sold Us Well-Being*. London: Verso, 2015.

Dobbin, Frank, ed. *The New Economic Sociology: A Reader*. New Jersey: Princeton University Press, 2004.

Dolan, Brian. *Wedgwood: The First Tycoon*. New York: Viking, 2004.

Elman, Benjamin A. *A Cultural History of Modern Science in China*. Cambridge: Harvard University Press, 2006.

Elman, Benjamin A. *On Their Own Terms: Science in China, 1550-1900*. Cambridge: Harvard University Press, 2005.

Erikson, Emily. *Between Monopoly and Free Trade: The English East India Company, 1600-1757*. New Jersey: Princeton University Press, 2014.

Floud, Roderick, Jane Humphries, and Paul Johnson, eds. *The Cambridge Economic History of Modern Britain, Volume 1, 1700-1870*. Cambridge: Cambridge University Press, 2014.

Frank, Andre Gunder. *ReOrient: Global Economy in the Asian Age*. Berkeley: University of California Press, 1998.

Gleeson-White, Jane. *Double Entry: How the Merchants of Venice Created Modern Finance*. New York: W. W. Norton & Company, 1912.

Goody, Jack. *The Eat in the West*. Cambridge: Cambridge University Press, 1996.

Habermas, Jürgen. *The Structural Transformation of the Public Sphere*. Cambridge, MA: MIT Press, 1989.

Hamashiya, Takeshi. *China, East Asia and the Global Economy: Regional and Historical Perspectives*. London: Routledge, 2008.

Harding, Sandra, ed. *The Postcolonial Science and Technology Studies Reader*. Durham: Duke University Press, 2011.

Hayden, Arthur. *Chats on English China*. London: T. Fisher Unwin, 1907.

Hayot, Eric, Haun Saussy, and Steven G. Yao, eds. *Sinographies: Writing China*. Minneapolis: University of Minnesota Press, 2008.

Hevia, James L. *Cherishing Men From Afar: Qing Guest Ritual and the Macartney Embassy of 1793*. Durham: Duke University Press, 1995.

Hirschman, Albert O. *The Passions and the Interests: Political Arguments for Capitalism Before Its Triumph*. New Jersey: Princeton University Press, 2013.

Jacob, Margaret C., and Larry Stewart. *Practical Matter: Newton's Science in the Service of Industry and Empire 1687-1851*. Massachusetts: Harvard University Press, 2004.

Jenkins, Eugenia Zuroski. *A Taste for China: English Subjectivity and the Prehistory of Orientalism*. Oxford: Oxford University Press, 2013.

Jensen, Lionel M.*Manufacturing Confucianism: Chinese Traditions and Universal Civilization*. Durham and London: Duke University Press, 1997.

Johns, Christopher M. S. *China and the Church: Chinoiseri in Global Context*. Oakland: University of California Press, 2016.

Jones, Peter M. *Industrial Enlightenment: Science, Technology and Culture in Birmingham and the West Midlands 1760-1820*. Manchester: Manchester University Press, 2008.

Koehn, Nancy F. *Brand New: How Entrepreneurs Earned Consumers' Trust from Wedgwood to Dell*. Massachusetts: Harvard Business School Press, 2001.

Laurence, Patricia. *Lily Briscoe's Eyes: Bloomsbury, Modernism and China*. Columbia: University of South Carolina Press, 2003.

Liedman, Sven-Eric. *A World to Win: The Life and Works of Karl Marx*. London: Verso, 2018.

Lin, Nan. *Social Capital: A Theory of Social Structure and Action*. Cambridge: Cambridge University Press, 2002.

Liu, Lydia H. *The Clash of Empires: The Invention of China in Modern World Making*. Cambridge: Harvard University Press, 2004.

Liu, Lydia H., ed. *Tokens of Exchange: The Problem of Translation in Global Circulations*. Durham and London: Duke University Press, 1997.

Losurdo, Domenico. *Liberalism : A Counter-History*. London: Verso, 2011.

Lovejoy, Arthur O. *Essays in History of Ideas*. New York: George Braziller, 1955.

Lury, Celia. *Consumer Culture*. Cambridge: Polity Press, 2011.

Marcuse, Herbert. *One-Dimensional Man: Studies in the Ideology of Advanced Industrial Society*. London: Routledge, 2002.

Markley, Robert. *The Far East and the English Imagination, 1600-1730*. Cambridge: Cambridge University Press, 2006.

McCarthy, E. Doyle. *Knowledge as Culture: The New Sociology of Knowledge*. London: Routledge, 1996.

McKendrick, Neil, ed. *Historical Perspectives: Studies in English Thought and Society in Honour of J. H. Plumb*. London: Europa Publications, 1974.

McKendrick, Neil, John Brewer, and J. H. Plumb. *The Birth of a Consumer Society: The Commercialization of Eighteenth-Century England*. Bloomington: Indiana University Press, 1982.

Mokyr, Joel. *A Culture of Growth: The Origins of the Modern Economy*. New Jersey: Princeton University Press, 2017.

Mokyr, Joel. *The Enlightened Economy: An Economic History of Britain 1700-1850*. New Heaven: Yale University Press, 2012.

Mokyr, Joel. *The Gifts of Athena: Historical Origins of the Knowledge Economy*. New Jersey: Princeton University Press, 2002.

Mungello, David E. *The Great Encounter of Chinese and the West, 1500-1800*. London: Rowman & Littlefield Publishers, Inc., 1999.

Nadler, Steven. *The Philosopher, the Priest, and the Painter: A Portrait of Descartes*. New Jersey: Princeton University Press, 2013.

Nozick, Robert. *Anarchy, State, and Utopia*. Oxford: Blackwell, 1997.

Peter J. Kitson. *Forging Romantic China: Sino-British Cultural Exchange, 1760-1840*. Cambridge: Cambridge University Press, 2013.

Peyrefitte, Alain. *The Immobile Empire*. New York: Vintage Books, 2013.

Pollard, Sidney. *The Genesis of Modern Management*. London: Penguin, 1968.

Pomeranz, Kenneth. *The Great Divergence: China, Europe, and the Making of the Modern World Economy*. New Jersey: Princeton University Press, 2000.

Porter, David. *The Chinese Taste in Eighteenth-Century England*. Cambridge: Cambridge University Press, 2010.

Reilly, Robin. *Wedgwood Jasper*. Singapore: Thames and Hudson, 1989.

Reilly, Robin. *Wedgwood: The New Illustrated Dictionary*. Woodbridge: Antique Collectors' Club, 1995.

Rotberg, Robert I., ed. *Patterns of Social Capital: Stability and Change in Historical Perspective*. Cambridge: Cambridge University Press, 2001.

Rowe, William T. *China's Last Empire: The Great Qing*. Cambridge: Harvard University Press, 2009.

Runciman, David. *Political Hypocrisy: The Mask of Power, From Hobbes to Orwell and Beyond*. New Jersey: Princeton University Press, 2008.

Schama, Simon. *The Embarrassment of Riches: An Interpretation of Dutch Culture in the Golden Age*. New York: Vintage, 1987.

Schofield, Robert E. *The Lunar Society of Birmingham: A Social History of Provincial Science and Industry in Eighteenth-Century England*. Oxford: Oxford University Press, 1963.

Schumpeter, Joseph A. *Capitalism, Socialism and Democracy*. London: Routledge, 2010.

Shapin, Steven. *The Scientific Life: A Moral History of Late Modern Vocation*. Chicago: Chicago University Press, 2008.

Skinner, Quentin. *Hobbes and Republican Liberty*. Cambridge: Cambridge University Press, 2008.

Smiles, Samuel. *Josiah Wedgwood: His Personal History*. Wiltshire: Routledge /Thoemmes Press, 2009.

Swenson, James. *On Jean-Jacques Rousseau: Considered as One of the First Authors of the Revolution*. Stanford: Stanford University Press, 2000.

Trentmann, Frank. *Empire of Things: How We Became a World of Consumers, from the Fifteenth Century to the Twenty-First*. London: Penguin, 2017.

Turner, Frank M. *European Intellectual History: From Rousseau to Nietzsche*. New Haven: Yale University Press, 2016.

Uglow, Jenny. *The Lunar Men: Five Friends Whose Curiosity Changed the World*. New York: Farrar, Straus and Giroux, 2002.

Vries, Jan de. *The Industrious Revolution: Consumer Behavior and the Household Economy, 1650 to the Present*. Cambridge: Cambridge University Press, 2008.

Waley-Cohen, Joanna. *The Sextants of Beijing: Global Currents in Chinese History*. New York: W. W. Norton & Company, 1999.

Wedgwood, Barbara, and Hensleigh Wedgwood. *The Wedgwood Circle 1730-1897: Four Generations of a Family and Their Friends*. New Jersey: Eastview Editions, Inc., 1980.

Wills, John E. Jr., ed. *China and Maritime Europe, 1500-1800: Trade, Settlement, Diplomacy, and Mission*. Cambridge: Cambridge University Press, 2011.

Wolin, Richard. *The Wind from the East: French Intellectuals, the Cultural Revolution, and the Legacy of the 1960s*. New Jersey: Princeton University Press, 2010.

Wong, R. Bin. *China Transformed: Historical Change and the Limits of European Experience*. Ithaca: Cornell University Press, 2000.

Yan, Yunxiang. *The Flow of Gifts: Reciprocity and Social Networks in a Chinese Village*. Stanford: Stanford University Press, 1996.

Yang, Chi-Ming. *Performing China: Virtue, Commerce, and Orientalism in Eighteenth-Century England, 1660-1760*. Baltimore: The Johns Hopkins University Press, 2011.

Young, Hilary, ed. *The Genius of Wedgwood*. London: Victoria and Albert Museum, 1995.

Zhang, Longxi. *Mighty Opposites: From Dichotomies to Differences in the Comparative Study of China*. Stanford: Stanford University Press, 1998.

Zhao, Gang. *The Qing Opening to the Ocean: Chinese Maritime Policies, 1684-1757*. Honolulu: University of Hawai'i Press, 2013.

英文期刊论文

Ashmole, Bernard. "A New Interpretation of the Portland Vase." *The Journal of Hellenic Studies* 87 (November 1967): 1-17.

Berg, Maxine. "Britain, industry and perceptions of China: Matthew Boulton, 'useful knowledge' and the Macartney Embassy to China 1792-94." *Journal of Global History 1:2* (July 2006): 269-288.

Klekar, Cynthia. " 'Prisoners in Silken Bonds' : Obligation, Trade, and Diplomacy in English Voyages to Japan and China." *Journal of Early Modern Cultural History 6:1* (Spring/Summer 2006): 84-105.

McKendrick, Neil. "Josiah Wedgwood and Cost Accounting in the Industrial Revolution." *The Economic History Review 23:1* (April 1970): 45-67.

McKendrick, Neil. "Josiah Wedgwood and Factory Discipline." *The Historical Journal 4:1* (March 1961): 30-55.

Sahlins, Marshall. "Cosmologies of Capitalism: The Trans-Pacific Sector of the 'World-System' ." *Proceedings of the British Academy 74* (1988): 1-51.

网络期刊

Joseph J. Portanova, "Porcelain, the Willow Patterns, and Chinoiserie." http://www.nyu.edu/projects/mediamosaic/madeinchina/pdf/Portanova.pdf.

Laurence Machet, "The Portland Vase and the Wedgwood copies: the story of a scientific and aesthetic challenge." Miranda, Issue 7 (2012), https://miranda.revues.org/4406.

王宏志,《张大其词以自炫其奇巧:翻译与马戛尔尼的礼物》,政治大学"知识之礼:再探礼物文化学术论坛",2013年,http://nccur.lib.nccu.edu.tw/handle/140.119/80257。